高职高专"十二五"规划教材

计算机应用基础案例教程
（第2版）

主编　周艳芳

副主编　刘晓辉　张红兰　孙　奇　秦爱梅

主审　郭贺彬

北京航空航天大学出版社

内 容 简 介

在教育部有关进一步改革高职高专教材的要求下，编者针对高职高专教育的培养目标，并结合当今计算机技术的最新发展和教育教学改革的需求，本着“案例驱动、重在实践、方便自学”的原则，在第1版的基础上，修订、编写了这本以实际工作需要为导向，以培养学生的实际操作能力为目的的计算机应用案例教程。本教材共十一个案例，包括：组装台式计算机，个性化 Windows 7 操作系统，制作个人简历，制作简报，排版毕业论文，制作成绩通知单，制作客户基本情况表，管理企业工资，统计、分析员工工资表，制作新员工岗前培训演示文稿和计算机基础知识。每个案例不仅有案例分析、案例实现和案例总结，还配有知识拓展和实践训练等实用性极强的内容。所用到的素材、编辑后的效果图和教学课件，都可以发邮件至 goodtextbook@126.com 或致电 010-82317036 免费索取。

本书可作为普通高等院校、高职高专非计算机专业学生的计算机基础课教材，也可作为计算机应用基础培训和广大计算机爱好者提高计算机技能的参考书。

图书在版编目(CIP)数据

计算机应用基础案例教程 / 周艳芳主编. --2 版
. --北京 ：北京航空航天大学出版社，2013.8
ISBN 978-7-5124-1230-9

Ⅰ. ①计… Ⅱ. ①周… Ⅲ. ①电子计算机—高等学校—教材 Ⅳ. ①TP3

中国版本图书馆 CIP 数据核字(2013)第 186780 号

计算机应用基础案例教程
(第 2 版)
主编 周艳芳
副主编 刘晓辉 张红兰 孙 奇 秦爱梅
主审 郭贺彬
责任编辑 史 东
*
北京航空航天大学出版社出版发行
北京市海淀区学院路 37 号(邮编 100191) http://www.buaapress.com.cn
发行部电话：(010)82317024 传真：(010)82328026
读者信箱：goodtextbook@126.com 邮购电话：(010)82316936
北京时代华都印刷有限公司印装 各地书店经销
*
开本：787×1 092 1/16 印张：15 字数：384 千字
2013 年 8 月第 2 版 2013 年 8 月第 1 次印刷 印数：3 000 册
ISBN 978-7-5124-1230-9 定价：29.00 元

前　言

“计算机应用基础”是高等学校非计算机专业学生的公共必修课，掌握计算机知识和应用技术是高等学校培养新型人才的一个重要环节。目前，高校计算机基础教育面临学生的计算机应用水平参差不齐，计算机应用基础教程种类繁多的情况。为满足不同层次学习者的需求，充分体现对学生能力的培养，本教材改变第1版的按软件功能分类组织教学的方法，大胆地采用案例教学法，将基础知识和基本功能融合到实际应用中。从现代办公应用中所遇到的实际问题出发，以常用的文字编辑排版、数据分析处理、演示文稿的综合应用为主线，结合当今流行的Office 2010办公平台，通过“提出问题—分析问题—解决问题”的案例式教学，来适应高职学生及从事现代办公应用人员的需求。

本书编写的特点：

1. 结合实例讲理论，注重学以致用。精选的实例均与实际工作需要紧密相关。

2. 内容深入浅出、图文并茂。书中附有大量素材供学生操作练习用，并附样本供学生对照学习。

3. 案例分析、案例实现和案例总结——构建一个完整的教学设计布局，突出案例的趣味性、实用性和完整性。

4. 说明——针对教学中常见的疑难问题、易混问题提供说明和提示。

5. 知识拓展——帮助扩展知识面，在实际应用中找到更多解决问题的方法。

6. 实践训练——帮助读者巩固所学知识，同时训练读者的动手操作能力和创新能力。

本书主要内容：

1. 计算机硬件系统和软件系统。选取了组装台式计算机和个性化Windows 7操作系统两个案例。

2. Microsoft Word 2010的综合应用中，选取了制作个人简历、制作简报、排版毕业论文和制作成绩通知单4个案例。

3. Microsoft Excel 2010的综合应用中，选取了制作客户基本情况表，管理企业工资，统计、分析员工工资表3个案例。

4. Microsoft PowerPoint 2010的综合应用中，选取了制作新员工岗前培训演示文稿案例。

5. 计算机的发展和数据表示，选取了计算机基础知识案例。

全书由北京京北职业技术学院计算机教研室的教师共同编写完成，周艳芳任主编，刘晓辉、张红兰、孙奇、秦爱梅任副主编。案例1、案例2由孙奇编写，案例3、案例4、案例11由周艳芳编写，案例5、案例6由秦爱梅编写。案例7、案例9由刘晓辉编写，案例8、案例10由张红兰编写。全书由周艳芳负责统稿。

北京京北职业技术学院教学院长郭贺彬在百忙之中拨冗审稿，为本书的编写提出了指导性的建议，在此表示衷心的感谢。

由于编写时间仓促且作者水平有限，书中难免有错误和不妥之处，恳请各位读者和专家批评指正。

编　者

2013年7月

目　　录

案例1　组装台式计算机

1.1　案例分析

本案例通过展示组装台式计算机的流程，学习计算机的硬件知识和安装技能，包括安装Windows 7系统和Office 2010办公软件。通过本案例的学习，了解计算机硬件的基础知识，掌握计算机的组装流程。

1.1.1　任务提出

小孙近期准备花费6000元人民币组装一台台式计算机。因为专业所限，对计算机的硬件和软件知识了解不够，需要学习相关知识。特别是要学习中央处理器(Central Processing Unit，CPU)的选购、内存条的选取、硬盘的选择，以及如何将这些硬件组装起来并安装合适的操作系统，使其成为一台能够稳定运行的个人计算机。这笔预算未包含软件的费用。组装完成后，除一部分免费软件外，大部分正版软件也要付费。

1.1.2　解决方案

计算机能够稳定运行，主要依靠硬件和软件的有机结合。硬件主要包括CPU、内存、硬盘、主板、显卡、网卡、光驱、显示器、键盘、鼠标等，软件主要包含操作系统和各种应用软件。硬件系统和软件系统是计算机系统的主要组成部分，缺一不可。

1.2　案例实现

组装计算机的一般流程：预算报价—硬件选购—硬件组装—软件安装。本例将严格按照这4个步骤执行。

1.2.1　预算报价

组装一台性价比较高的个人台式计算机，主要取决于用户的使用需求。通常个人计算机的使用需求主要集中在工作和娱乐两方面。本案例中，小孙是一名在校大学生，组装台式计算机首先要满足学习需要，主要是安装一些大型软件，比如Office办公软件、CAD制图软件、数据库软件、Visual Studio软件等，这些软件要求有比较大的内存和较高的数据处理能力。此外，还要满足娱乐的需求，主要是一些大型的3D类游戏，这就对计算机的显卡提出了较高要求。当然，还需考虑到计算机的存储能力，要选择容量大小合适的硬盘。在组装计算机之前必须要充分考虑用户的主要和次要需求，只有这样才能组装出性价比较高的计算机。

通过以上分析，结合本案例中用户的使用特点，平衡工作和娱乐两个方面，给出初步方案，如表1-1所列。

表1-1 预算方案

硬　件	性能要求	预　算	备　注
CPU	64位;主频3.0 GHz以上;4核;支持DDR3内存	1300元,可上下浮动300元	Intel品牌
主板	支持DDR3内存;支持双通道;支持独立显卡;支持SATA接口;集成网卡;集成声卡	1000元,可上下浮动100元	支持Intel
内存	4GB以上容量;双通道	200元,上下浮动50元	单条内存
硬盘	1000GB容量;SATA接口	500元,上下浮动100元	—
显卡	1GB独立显卡	800元,上下浮动100元	—
电源	额定功率300 W左右	200元左右,上下浮动50元	适用Intel
机箱	前置USB;立式;有风扇;	300元,上下浮动100元	—
光驱	能刻录	150元,上下浮动50元	—
显示器	液晶23in*;分辨率1920×1080;宽屏	1200元,上下左右浮动100元	—
键盘、鼠标	支持USB接口	200元左右,上下浮动50元	—

以上预算为初步估算,总费用可能超出预算。实际选购时,在保证主要部件,比如CPU、主板、内存、硬盘的性能前提下,可适当缩减开支,以保证预算资金的合理使用。当然,如果资金充裕,可适当增加预算。

1.2.2 硬件选购

1. 中央处理器CPU

CPU是计算机系统中最为重要的核心设备,包括运算器和控制器。运算器负责运算,控制器负责控制计算机的工作流程,如图1-1所示。

CPU可称作计算机的大脑。

1) 主要指标

(1) 字长:CPU一次运算能处理的二进制位数,如32位、64位。

(2) 内核数:集成的CPU数目,常见的有单核、双核、4核、8核等。

(3) 主频:CPU的运算速度,基本单位是Hz,如1.8 GHz、2.0 GHz、2.2 GHz等。

图1-1 CPU

(4) 前端总线频率:CPU和北桥芯片之间的传输速度,如533 MHz、800 MHz等。

(5) 缓存:CPU中的存储部件,是CPU和内存之间的缓冲器,运算速度高于内存。如:2 MB、8 MB等。

2) 主要品牌

主要的CPU生产商:Intel和AMD(超微)。

* "in"为非法定计量单位,1 in=2.54 cm。

3）产品选择

结合方案的需求和预算情况，选购Intel公司的酷睿I5 4430，其主要参数和报价如表1-2所列。

表1-2　酷睿I5 4430主要参数和报价

主要参数		报　价
型号	酷睿I5 4430	￥1260元
接口类型	LGA1150	
主频	3 GHz	
支持内存频率	DDR3 1333 MHz DDR3 1600 MHz	
64位CPU	是	

2. 主　板

如果把CPU比做计算机的“大脑”，主板便是计算机的“躯干”。主板将CPU、内存、显卡、鼠标、键盘等部件连接在一起，为计算机的设备提供数据通道。主板对所有计算机部件的工作起统一协调的作用，因此主板的稳定工作是系统发挥最优性能的前提。主板上有各种插槽和接口，为不同设备提供不同的连接方式，如图1-2所示。

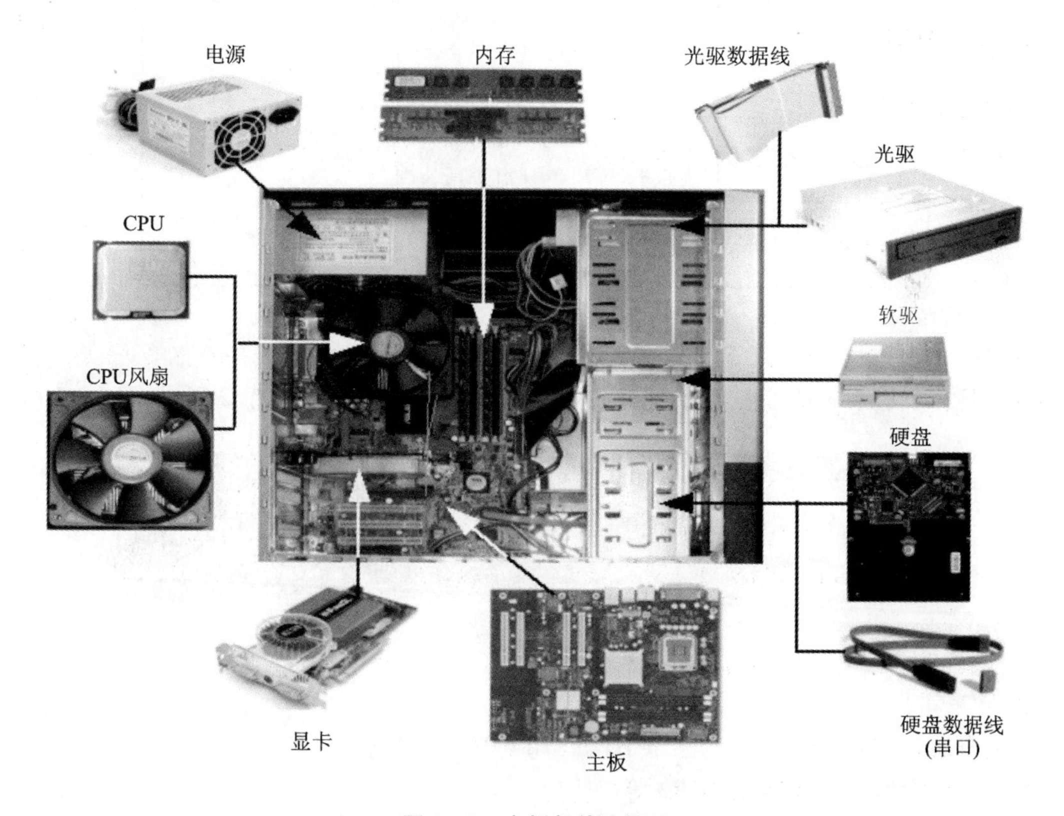

图1-2　主板部件连接图

1) 主要指标

(1) 北桥芯片组支持的前端总线频率：北桥芯片组支持的工作速度。

(2) 北桥芯片组支持的内存类型：DDR2、DDR3。

(3) 北桥芯片组支持的显卡速度：4×、8×、16×等。

(4) 北桥芯片可分为两大阵营：Intel 和 AMD。

(5) 主板的制作工艺：如主板的层数(4 层或 7 层)、主板的电容(铝或钽电容)、电路布局等。

2) 主要品牌

主要品牌有华硕、微星、技嘉、升技等。

3) 产品选择

结合方案的需求和预算，主板选购华硕 Z87 - A，其主要参数和报价如表 1 - 3 所列。

表 1 - 3 主板主要参数和报价

主要参数		报　价
型号	Z87 - A	￥1099 元
芯片厂商	Intel Z87	
接口类型	LGA1150	
支持内存类型	DDR3	
支持双通道	是	
板载声卡	集成 Realtek ALC1150 8 声道音效芯片	
板载网卡	板载 Intel I217V/Realtek RTL8111GR 千兆网卡兆网卡	
硬盘接口	SATA III	
支持显卡标准	PCIE2.0	

3. 内　存

内存是计算机系统的核心部件之一，是计算机数据运算的主要工作场所，如图 1 - 3 所示。

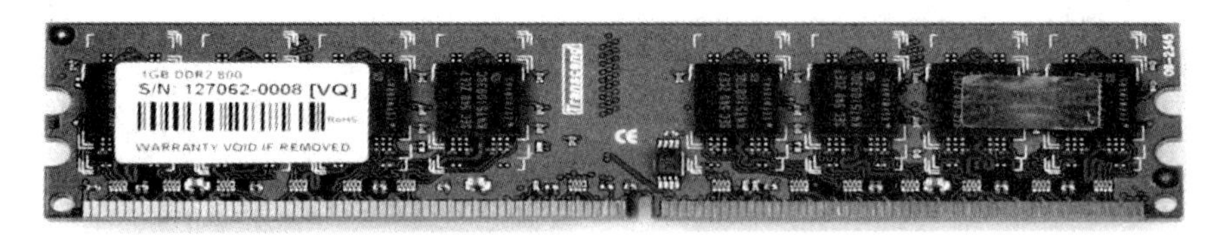

图 1 - 3 内存外观图

1) 主要指标

(1) 容量：内存大小，单位为字节 B，如 512 MB、1 GB 等。

(2) 接口类型：如 DDR2、DDR3 等。

(3) 工作频率：如 533 MHz、800 MHz、1333 MHz 等。

2）主要品牌

主要品牌有日立、三星、金士顿(Kingston)、胜创(Kingmax)、金邦、威刚、现代、宇瞻(Apacer)和勤茂等。

3)产品选购

结合方案的需求和预算，内存选购金士顿品牌，其主要参数和报价如表 1－4 所列。

表 1－4　内存主要参数和报价

主要参数		报　价
型号	KVR1333D3N9/4G	￥158 元
内存总容量	4 GB	
内存主频	DDR3 1333MHz	

4. 硬　盘

硬盘是存储数据最重要的外部存储器之一。硬盘采用全密封设计，将盘片和驱动器放在一起，使硬盘具有高速和稳定的特点。硬盘工作的时候最好保持水平放置，并且不能受到较大的震动。现在常用的是 IDE 接口的硬盘和 SATA 接口的硬盘。SATA 硬盘在读取速度上高于 IDE 硬盘，如图 1－4、图 1－5 所示。

图 1－4　IDE 接口硬盘

图 1－5　SATA 接口硬盘

1）主要指标

(1) 容量：指硬盘所能存储数据的多少。

(2) 转速：硬盘的转动速度，单位为 r/min(转/分钟)。主流硬盘为 7200 r/min 缓存。

(3) 接口：IDE 接口、SCSI(小型计算机接口)和 SATA 接口。SCSI 接口硬盘转速和数据传输率高，系统资源占用少，多用于服务器硬盘。

2）主要品牌

主要品牌有西部数据(WD)、日立(Hitachi)、希捷(Seagate)、迈拓(Maxtor)、三星(SAMSUNG)等。

3）产品选购

结合方案的需求和预算，硬盘选购希捷品牌，其主要参数和报价如表 1－5 所列。

5. 显　卡

显卡是计算机中主要的板卡之一，用来处理计算机中的图像信息。现在的显卡可独立进行图形处理方面的工作,并将处理的结果转换成显示器能够显示的模拟信号,这样在显示器上就能看到输出的结果。现在常用的显卡类型包括AGP显卡和PCI-E显卡,由于PCI-E显卡的性能远优于AGP显卡,所以AGP显卡逐步被淘汰,如图1-6、图1-7所示。

表1-5 硬盘主要参数和报价

主要参数		报 价
型号	ST1000DM003	¥760元
总容量	1 TB	
接口	SATA 3	
转速	7200 r/min	

图1-6 PCI-E接口

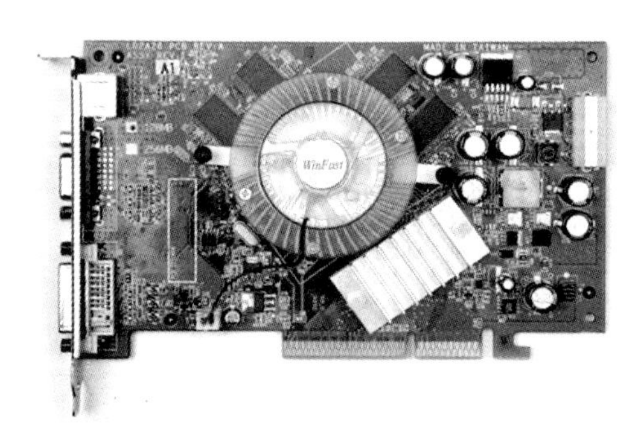

图1-7 AGP显卡

1) 主要指标

显卡芯片:主要有Intel、NVDIA、ATI。

显存容量:显存容量是显卡上本地显存的容量数,这是选择显卡的关键参数之一。显存容量的大小决定着显存临时存储数据的能力,在一定程度上也会影响显卡的性能。

显卡接口:指和主板连接的接口,现在主流显卡接口都采用PCI-E接口。

显卡独立性:集成和独立两种。

2) 主要品牌

主要品牌有华硕、微星、技嘉、七彩虹等。

3) 产品选择

结合方案的需求和预算,显卡选购七彩虹,其主要参数和报价如表1-6所列。

表1-6 显卡主要参数和报价

主要参数		报 价
型号	iGame650 烈焰战神 U D5 1024M	¥799元
显存容量	1024 MB	
接口	PCI-E	
独立性	独立	

6. 电　源

电源是把220 V交流电转换成直流电，并专门为计算机配件，如主板、驱动器、显卡等供电的设备，是计算机各部件供电的枢纽，是计算机的重要组成部分，如图1－8所示。

1）主要指标

（1）输出电压的稳定性：电压太低，计算机无法工作；电压太高，会烧坏主板及附属设备。

（2）输出电压的纹波：纹波电压（交流成分）越小越好，纹波电压高会产生数字电路中不能容忍的杂讯，会让电路做出误动作甚至不工作。

2）主要品牌

主要品牌有：航嘉、鑫谷劲持、长城静音大师等。

3）产品选择

结合方案的需求和预算，电源选购鑫谷劲持，其主要参数和报价如表1－7所列。

表1－7　电源主要参数和报价

主要参数		报　价
型号	劲持370静音版	￥189元
额定功率	270 W	
适用CPU范围	适用Intel全系列	

7. 机　箱

机箱作为计算机配件中的一部分，主要作用是放置和固定各计算机配件，起到一个承托和保护作用。此外，计算机机箱还具有屏蔽电磁辐射的重要作用，如图1－9所示。

图1－8　电　源

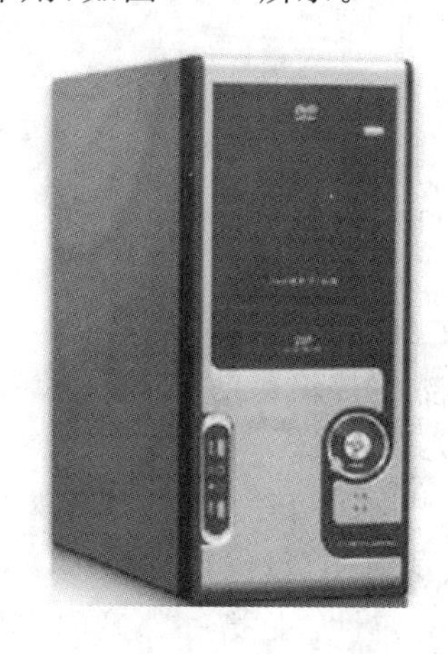

图1－9　机　箱

1）主要指标

（1）防尘性：主要是散热孔的防尘性能和扩展插槽PCI挡板的防尘能力。

（2）散热性：提供了多少散热风扇，或散热风扇预留位置和散热孔的多少。

（3）前置接口：主要是USB接口和音频的输入输出接口。

（4）机箱仓位：固定硬盘、光驱等。

2) 主要品牌

主要品牌有：航嘉、鑫谷、酷冷至尊、金河田等。

3) 产品选择

结合方案的需求和预算，机箱选购金河田，其主要参数和报价如表1-8所列。

表1-8 机箱主要参数和报价

主要参数		报价
型号	飓风8209B	￥149元
前置接口	2×USB 2.0接口，1×耳机接口，1×麦克风接口	
机箱仓位	4个5.25in光驱位，6个3.5in硬盘位，1个软驱位	

8. 光　驱

光盘驱动器主要用于读/写光盘。根据光驱所读/写光盘的类型，可分为DVD光驱、DVD刻录光驱，如图1-10所示。

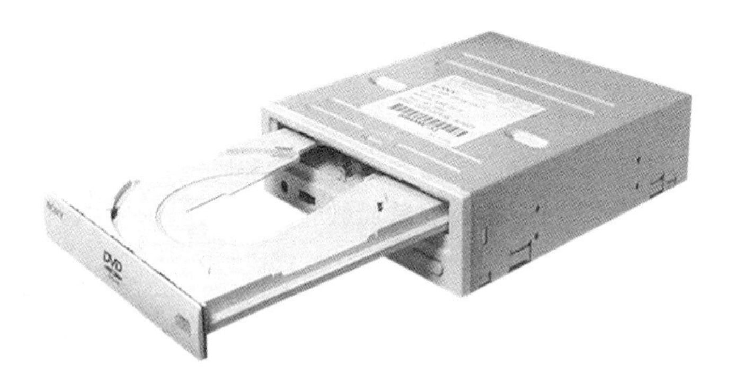

图1-10 DVD光驱

1) 主要指标

(1) 数据传输速率：光驱最基本的性能指标，该指标直接决定了光驱的数据传输速度，通常以KB/s来计算。

(2) 平均访问时间：衡量光驱性能的一个标准，是指从检测光头定位到开始读盘这个过程所需要的时间，单位是ms。该参数与数据传输速率有关。

(3) 稳定性：是指一部光驱在较长的一段时间(至少1年)内能保持稳定的、较好的读盘能力。

(4) 接口：主要是SATA接口。

2) 主要品牌

主要品牌有：三星、先锋等。

3) 产品选择

结合方案的需求和预算，光驱选购三星，其主要参数和报价如表1-9所列。

表1-9　光驱主要参数和报价

主要参数		报　价
型号	SH-224BB	¥139元
接口	SATA	

9. 显示器

显示器是一种重要的输出设备。显示器分为CRT显示器和液晶显示器，如图1-11和图1-12所示。

图1-11　液晶显示器

图1-12　CRT显示器

1) 主要指标

(1) 分辨率：屏幕显示矩阵的行数和列数，如800×600、1024×768。

(2) 带宽(行宽)：显示器的输出带宽。

(3) 色彩数：显示器能实现的色彩种数。

(4) 刷新率：刷新的频率。

(5) 可视角(液晶显示器)。

2) 主要品牌

主要品牌有：三星、LG、飞利浦等。

3) 产品选择

结合方案的需求和预算，显示器选购飞利浦，其主要参数和报价如表1-10所列。

表1-10　显示器主要参数和报价

主要参数		报　价
型号	234CL2SB/93	¥1070元
分辨率	1920×1080	
屏幕大小	23 in	

10. 键盘和鼠标

键盘是最常用的也是最主要的输入设备，如图1-13所示，主要接口有PS/2和USB两种。

鼠标因形似老鼠而得名。标准称呼是“鼠标器”,英文名Mouse,如图1-14所示。主要类型有机械鼠标、光电鼠标和无线鼠标,主要接口有PS/2和USB。

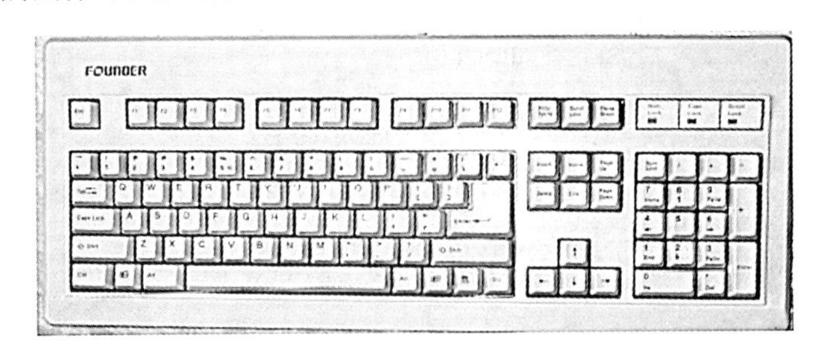

图1-13 键 盘

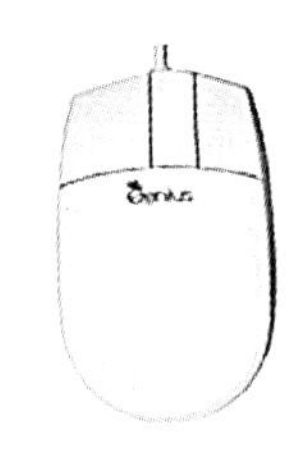

图1-14 鼠 标

1)主要指标

键盘和鼠标作为计算机主要输入设备,并无特别的技术指标。选购时主要考虑用户对产品的认可度和使用时的手感。

2)主要品牌

主要品牌有:罗技和双飞燕等。

3)产品选择

结合方案的需求和预算,键盘和鼠标选购罗技,其主要参数和报价如表1-11所列。

表1-11 键盘鼠标主要参数和报价

主要参数		报 价
型号	G1游戏键盘鼠标套装(包含键盘和鼠标)	￥199元

到此为止,所用的硬件设备选购完毕,总价合计5822元,低于预算,说明方案合理可行。资金的大部分用在了CPU、主板、硬盘、显卡、显示器上,约占资金的80%以上。这样的投入保证了用户的需求,是当前的主流配置机型。接下来将进行硬件的安装。

1.2.3 硬件组装

1. 组装前准备

组装机器前,应放掉身上的静电,清理出一张装机专用的工作台,并准备好所有配件和工具。装机常用的工具有十字螺丝刀、一字螺丝刀、尖嘴钳、镊子,还要准备一些导热硅胶。常用工具如图1-15所示。

2. 组装注意事项

(1)在组装计算机前,为避免人体所携带的静电对精密的电子元件或集成电路造成损伤,要先清除身上的静电。例如,可用手摸一摸铁制水龙头。

(2)在组装过程中,要对计算机各个配件轻拿轻放。在不知道怎样安装的情况下,要仔细查看说明书,严禁粗暴装卸配件。

(3)对于安装需要螺丝固定的配件,在拧紧螺丝前一定要检查安装是否对位,否则容易造成板卡变形、接触不良等情况。

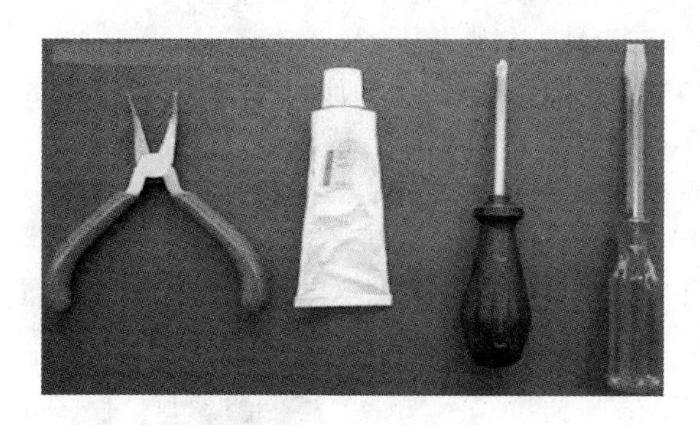

图 1－15　常用工具

(4) 在安装那些带有针脚的配件时，应注意安装是否到位，避免安装过程中针脚断裂或变形。

(5) 在对各个配件进行连接时，应注意插头、插座的方向，如缺口、倒角等。插接的插头一定要完全插入插座，以保证接触可靠。另外，在拔插时不要抓住连接线拔插头，以免损伤连接线。

(6) 手握显卡、声卡、内存条、CPU 等部件时，应尽量避免捏握板卡上的组件、印刷线路板的线路部分和 CPU 的引脚。

(7) 加电前，一定要仔细检查机箱内有没有残留的金属片等物体，以及各种配件的安装是否正确。

(8) 不要带电插拔各种板卡。

3. 组装流程

组装流程没有绝对标准。组装过程以方便、安全为原则，常见组装的流程如图 1－16 所示。

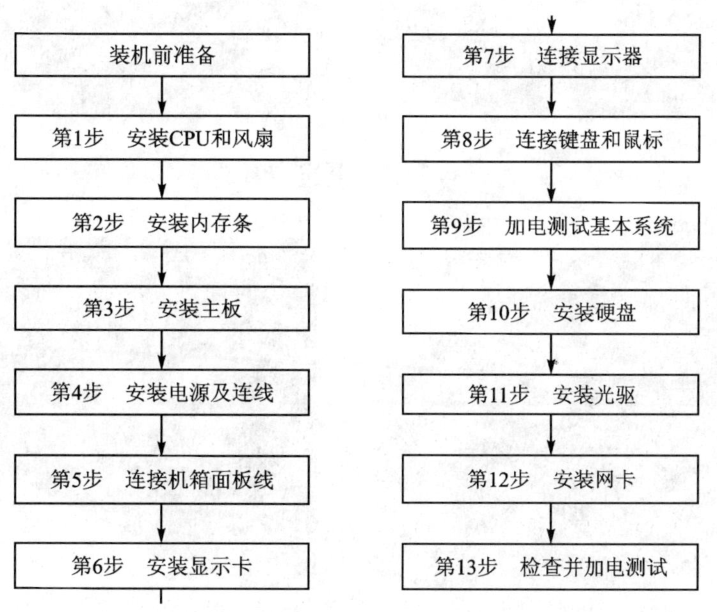

图 1－16　硬件组装流程

1) 安装CPU和风扇

(1) 先将主板平放,找到主板上的CPU插座。将CPU插座侧面的锁紧杆轻按并向外侧轻扳,将锁紧杆向上抬起到垂直位置,如图1-17所示。

(2) 将CPU针脚排列中缺针的一角对准插座上也相应缺针的位置(图1-17中的圆圈),然后放下CPU,使其自动落到底。再将锁紧杆拉下,成水平方向,向内推靠一下使其卡住,如图1-18所示。

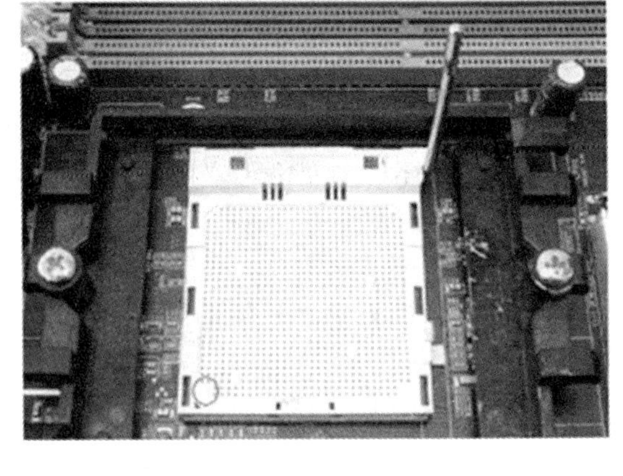

图1-17 CPU插座

(3) 安装CPU风扇。先在CPU表面涂上一层导热硅胶,然后将风扇与CPU接触在一起,不要很用力去压。再将扣子扣在CPU插槽的突出位置上,如图1-19所示。然后将风扇电源线插到电源上,如图1-20所示。

2) 安装内存条

安装内存条时,先用手将内存条插槽两端的扣具打开,然后将内存条平行放入内存插槽中(安装时对照一下内存条与插槽上的缺口,反方向无法插入)。用两拇指按住内存条两端轻微向下压,听到"啪"的一声响后,即说明内存条安装到位,如图1-21所示。

图1-18 固定CPU

图1-19 固定风扇

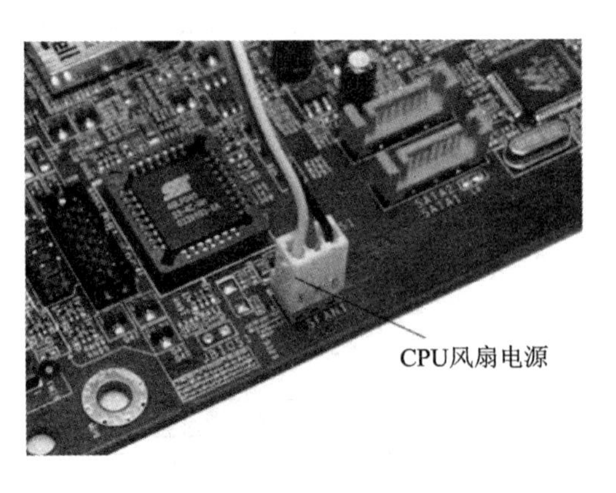

图1-20 连接风扇电源

图1-21　安装内存条

3）安装主板

（1）将机箱平放，并将固定主板的螺丝柱或塑料钉拧进机箱内托板上对应的孔内，如图1-22所示。

（2）将主板放入机箱，应注意主板上定位孔与前面拧好的螺丝柱或塑料钉对应，还要注意主板侧面的接口和机箱侧面的孔相对应。如果安装不对，就无法固定主板，如图1-23所示。

图1-22　安装机箱螺丝

图1-23　固定主板

（3）用螺钉将主板固定在机箱的托板上，注意不要有任何细小物体残留在主板与机箱托板之间，以免因短路损坏主板或者使机箱带电。

4）安装电源及其连线

（1）安装电源：安装电源比较简单，把电源放在电源固定架上，使电源后的螺丝孔和机箱上的螺丝孔一一对应，然后拧上螺丝即可，如图1-24所示。

（2）连接主板和电源，如图1-25所示。

图1-24　安装电源

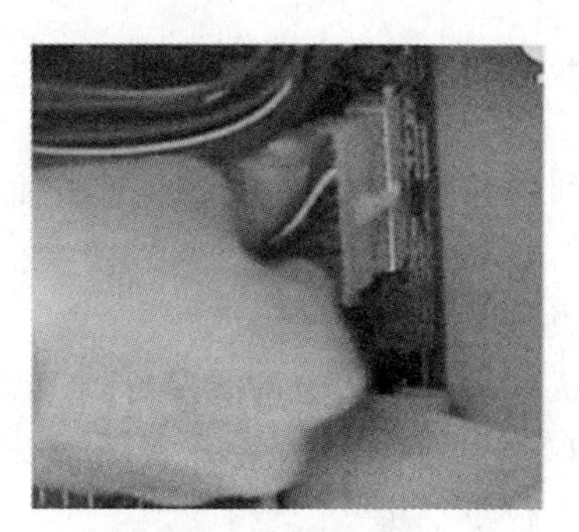

图1-25　连接主板和电源

5) 连接机箱面板线

常见的机箱面板线如图1-26所示。连接机箱面板线时,只要将它们接到主板对应的插针上即可,如图1-27所示。

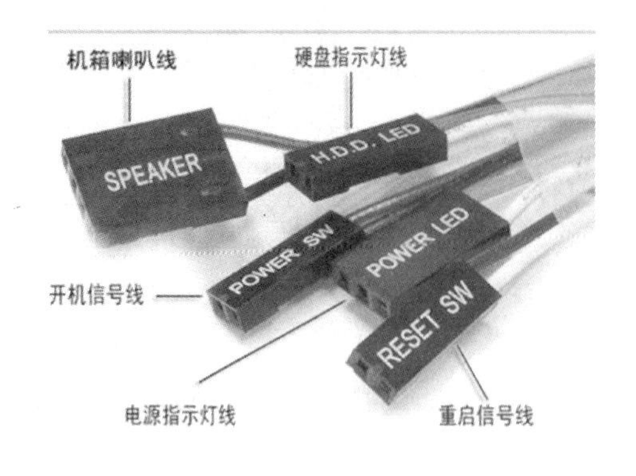

图1-26 常见面板线

图1-27 面板线连接主板插针

6) 安装显示卡

(1) 确定PCI-E显卡插槽的位置,根据PCI-E插槽的位置拆除机箱背后相应的防尘片。

(2) 轻扳住插槽末尾的塑料卡扣,再将显卡对准插槽,用力插到底。然后用螺丝将显卡尾部的金属接口挡板固定在机箱后部,如图1-28所示。

7) 连接显示器

只要将显示器自带的信号线与显卡上的信号输出端连接起来即可。由于插头采用了梯形的防反插设计,所以不会插错,如图1-29所示。

图1-28 安装显卡

图1-29 连接显示器

8) 连接键盘和鼠标

键盘和鼠标的安装比较简单,只需插入对应的接口就可以了。本机采用了USB接口的键盘和鼠标。

9) 加电测试基本系统

将主机和显示器的电源线接好,按下开机按钮,如果机器正常自检并能正常启动,之后提示"找不到系统文件",就说明基本系统安装正常。如果计算机不能正常启动,就需要进行相应的故障排查。

说明：下面列举了基本系统可能出现的故障及相应的解决方案：

(1) 加电后电源风扇不转，电源指示灯不亮。这可能是电源或电源线有故障。

(2) 加电后电源指示灯亮，但是显示器无显示，而且喇叭无鸣响。这种现象说明主板电源已经接通，但是自检初始化未通过。首先需要检查各连线是否连接正确，以及显卡、内存条是否接触良好。如果所有部件都接触良好，那么可能是某部件有故障，需要及时更换。

(3) 加电后电源指示灯亮、喇叭鸣响，同时显示器可能会提示出键盘错误、显卡错误、内存错误、主板错误等。若有提示信息，可根据提示信息处理；若无提示，则主要检查显卡和内存是否有问题。

(4) 加电后电源风扇一转即停。这说明机内有短路现象，应立即关闭电源，拔去电源插头。然后检查主板电源线插接是否有误，主板和机箱是否短路，显卡安装是否有问题。这是严重故障，一定要认真检查。只有在查到故障原因并排除后，才能继续加电测试，盲目地加电测试可能会损坏部件。

10) 安装硬盘

(1) 将硬盘放到硬盘支架上，并用螺丝固定。

(2) 连接硬盘数据线，将数据线的一端插到主板的插槽内，另一端插入硬盘的数据接口上。连接时注意数据线接头上限位凸起部分要与插槽的缺口对应，如图1-30所示。

(3) 连接硬盘电源线，如图1-31所示。

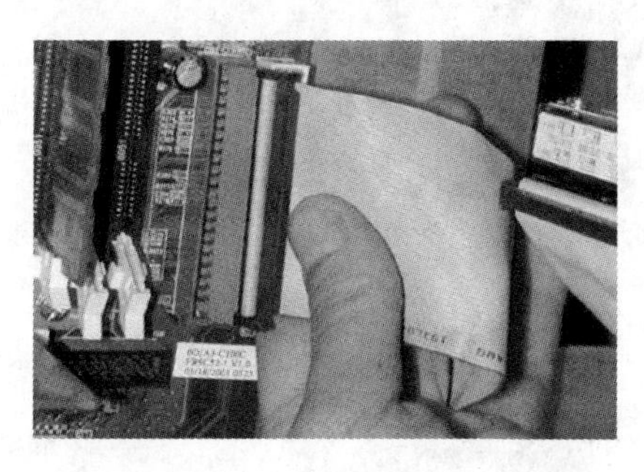

图1-30　数据线的连接

图1-31　电源线的连接

11) 安装光驱

(1) 将机箱前面板相应位置的塑料挡板拿掉，然后将光驱从外面推入固定支架内，让光驱控制面板与机箱前面板处于同一平面上，然后用螺丝固定。

(2) 连接光驱的数据线和电源线，连法与硬盘的连接方法相同。

12) 安装网卡

(1) 确定一个PCI插槽的位置。

(2) 将网卡对准插槽用力插到底，然后用螺丝将网卡尾部的金属接口挡板固定在机箱后部。本案例中，由于选择集成网卡，可省去该步骤。

13) 检查并加电测试

安装完成后，加电，观察硬盘指示灯、光驱电源灯是否正常，光驱能否正常打开。一切正常后，整理机箱内的数据线、电源线，并用扎带捆绑好。

至此，一台计算机的硬件就组装完成，接下来就要为计算机安装软件。

1.2.4　软件安装

硬件组装完成之后,接下来就该为计算机安装软件,主要是操作系统和应用软件的安装。

1. 操作系统的安装

Windows 7 为当前的主流操作系统,下面是 Windows 7 旗舰版安装的详细步骤。

(1)设置系统的启动方式。对计算机有所了解的人都知道,目前计算机的启动方式有多种。有从硬盘启动,有从光盘启动,还有从网卡启动;近些年随着 U 盘容量的增加,从 U 盘启动进而安装系统也成为主流的安装系统方式。那么如何设置系统的引导方式呢?

① 启动计算机,按 DEL 键进入 BIOS,如图 1 - 32 所示。

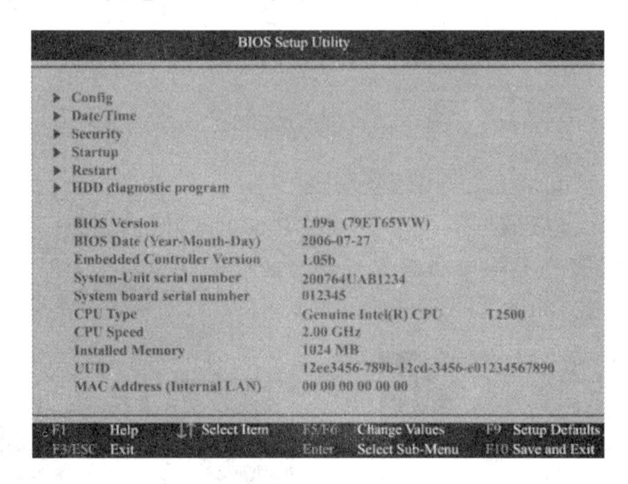

图 1 - 32　BIOS 界面

② 进入第 4 项 Startup,配置启动选项,如图 1 - 33 所示。

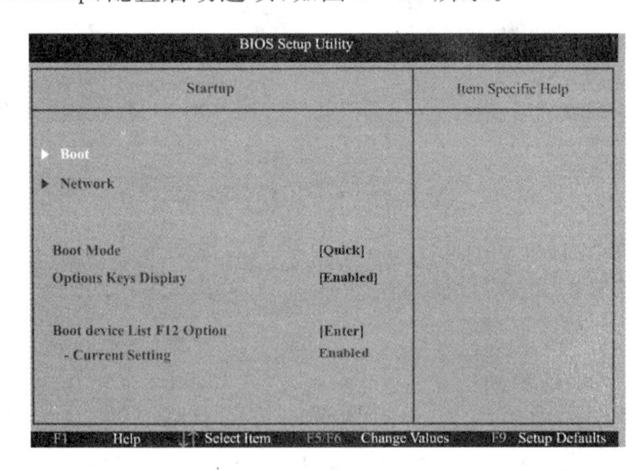

图 1 - 33　Startup 界面

③ 选择进入 Boot 后,出现启动选项栏后,按 F5 或 F6 进行调整,选择光驱 ATAPI:CD0 为第一启动项,如图 1 - 34 所示。

④ 调整完毕后,按 F10 保存退出,如图 1 - 35 所示。

(2) 将计算机设置为从光驱启动后,计算机重启后,将会从光驱引导系统,在等待若干秒

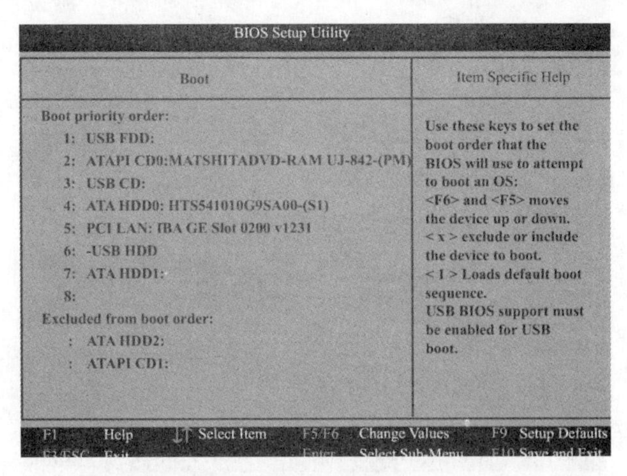

图1-34　设置光驱位第一启动项

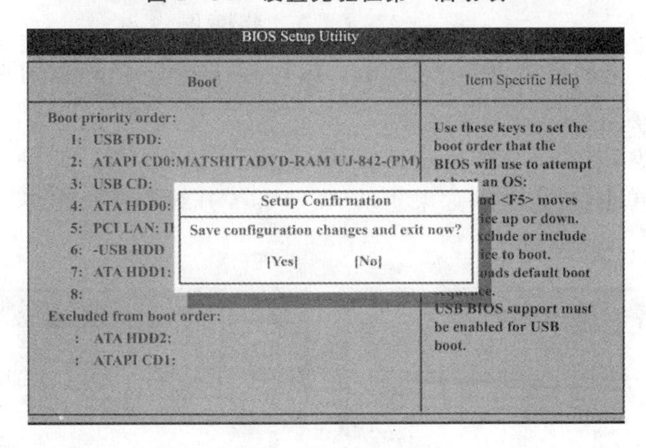

图1-35　保　存

的系统复制文件后，会进入【安装 Windows】界面，选择安装语言格式，弹出如图1-36所示的对话框，一般选择默认安装即可。

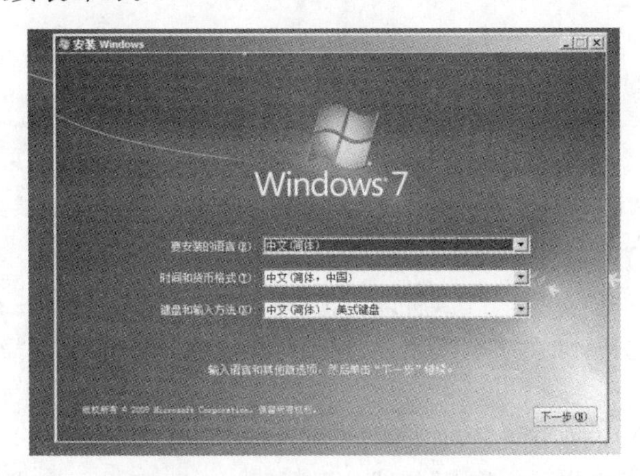

图1-36　“语言和其他首选”项截图

（3）单击【下一步】，进入“现在安装”界面，如图1-37所示。在这一步当中，可单击“安装windows须知”来了解安装Windows 7注意的一些事项；如果是对已有的Windows 7系统修复，可单击“修复计算机”选项。因为本案例要全新安装系统，所以单击【现在安装】选项。

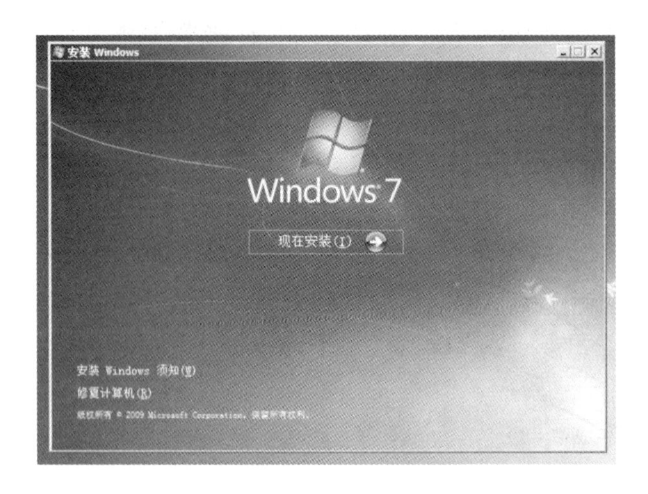

图 1-37 【现在安装】截图

(4) 接下来进入“请阅读许可条款”界面。因为现在要安装,所以勾选“我接受许可条款”选项,如图 1-38 所示。

(5) 单击【下一步】进入安装类型选择界面,如图 1-39 所示。如果是裸机装系统或者系统崩溃重装系统,请单击【自定义】;如果想从 XP、Vista 升级为 Windows 7,请单击“升级”。这里选择【自定义】。

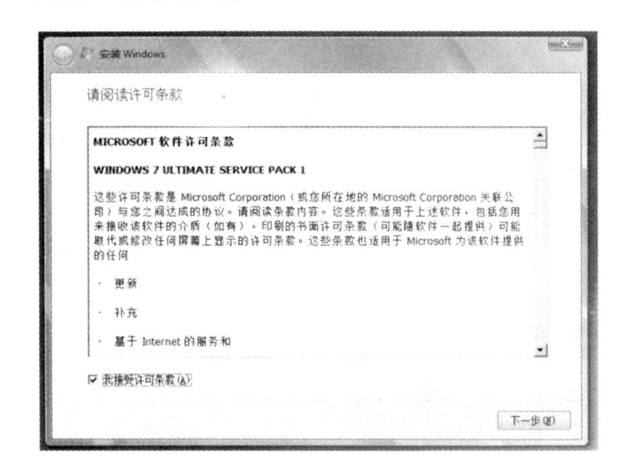

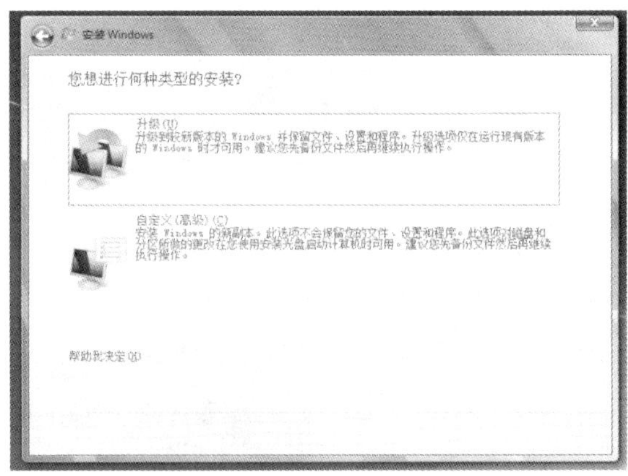

图 1-38 “请阅读许可条款”截图

图 1-39 安装类型选择界面

(6) 单击【自定义】选项,进入“安装磁盘”界面,如图 1-40 所示。

(7) 由于机器没有进行磁盘分区,所以单击【驱动器选项】,如图 1-41。

(8) 单击【新建】选项,如图 1-42 所示。在【大小】输入框中输入“20000”,也就是主分区的大小。

(9) 单击【应用】选项,如图 1-43 所示。有分区 1 和分区 2,其中分区 1 是系统保留分区,分区 2 才是要安装系统的分区。单击【格式化】按钮,对分区 2 进行格式化。

(10) 单击【下一步】,Windows 开始了安装,如图 1-44 所示。整个过程大约需要 10~20 分钟,操作系统安装完成。

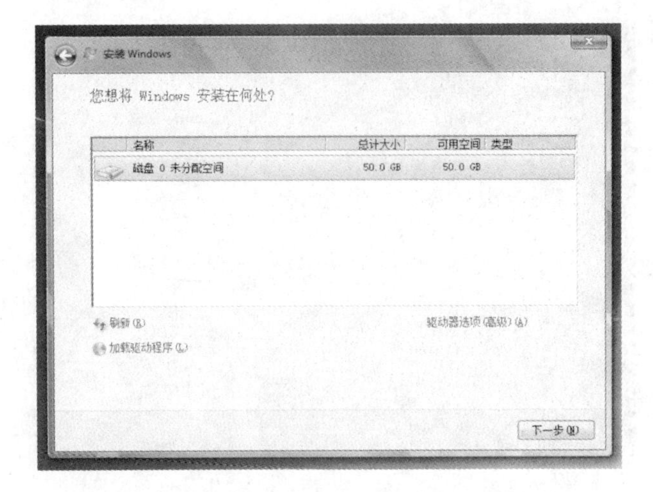

图 1 - 40　选择“安装磁盘”截图

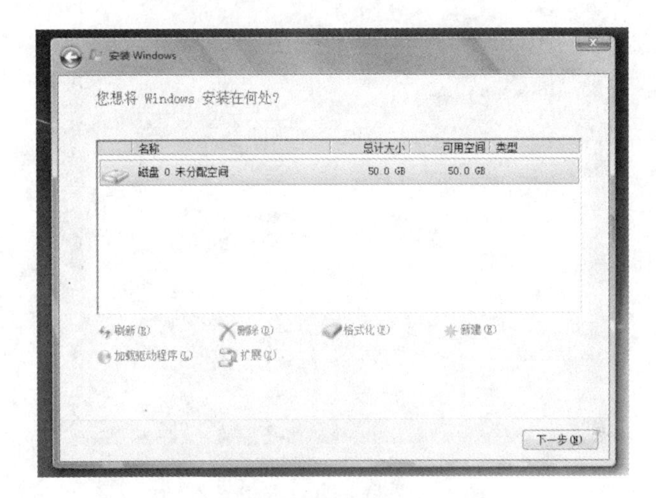

图 1 - 41　【驱动器选项】截图

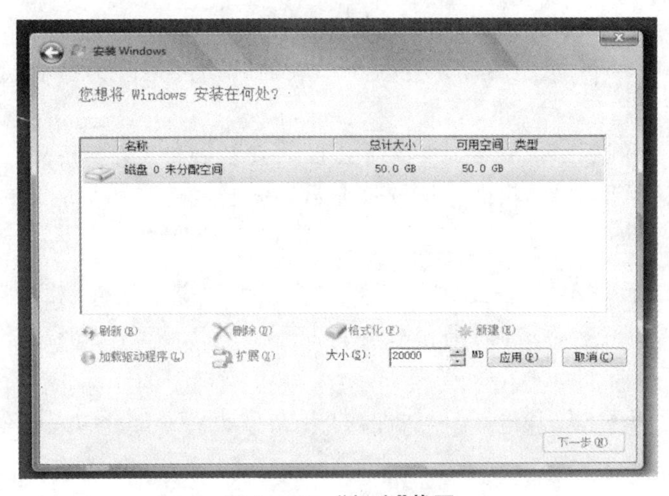

图 1 - 42　“新建”截图

图 1-43　分区后的磁盘

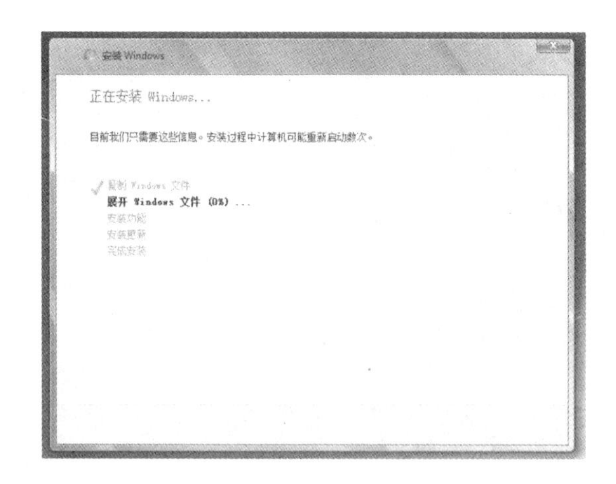

图 1-44　windows 开始安装

说明:

(1)准备一张带有 windows 7 系统的光盘或制作好的 Win PE 启动 U 盘或移动硬盘。

(2)安装过程中,系统会重新启动。这时将系统的启动类型改为从硬盘启动,否则还会从光驱启动,重复以上过程。

(3)Windows 7 旗舰版系统安装成功后,会自动安装硬件的驱动程序。如果有设备未安装驱动程序,可下载"驱动精灵"软件。该软件会自动安装或更新相关驱动。

2. 应用软件的安装

安装操作系统以后,根据用户的需要还要安装相关的应用软件,如常用的 Office 办公软件、数据库软件、图像处理软件、即时通信软件等。下面就以 Microsoft Office2010 为例,讲解应用软件的安装过程。

(1) 先下载 Microsoft Office 2010 软件,打开文件夹,双击 setup. exe 文件,如图 1-45 所示。

（2）进入软件安装界面，如图 1－46 所示。

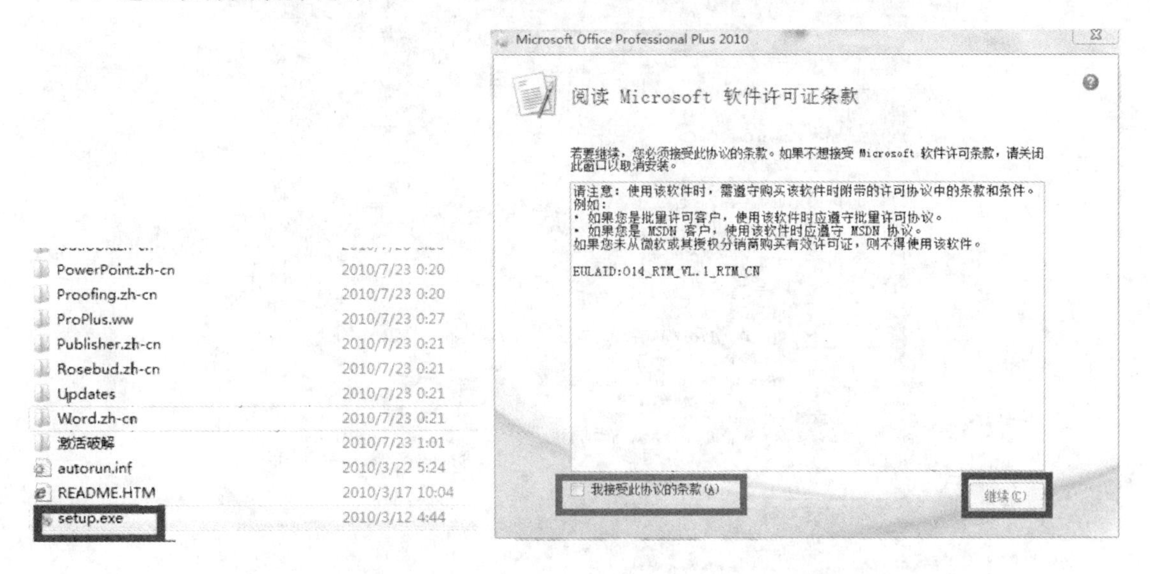

图 1－45　选择“setup. exe”　　**图 1－46　安装界面**

（3）单击【自定义】，如图 1－47 所示。

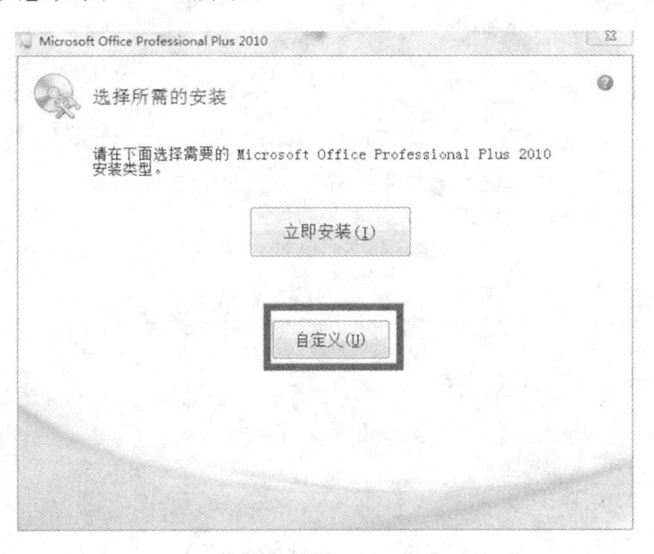

图 1－47　自定义

（4）根据需要选择功能，如图 1－48 所示。

（5）单击【立即安装】，等待安装完毕，如图 1－49 所示。

至此，计算机的硬件和软件都已安装完毕，小孙反映计算机速度快、稳定、静音、散热好，完全满足个人需求。

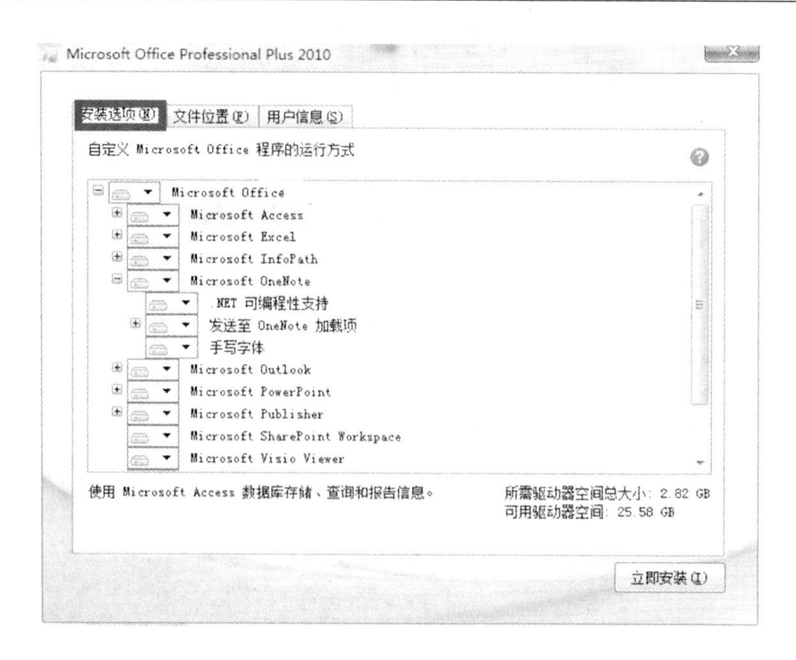

图 1-48　选择功能

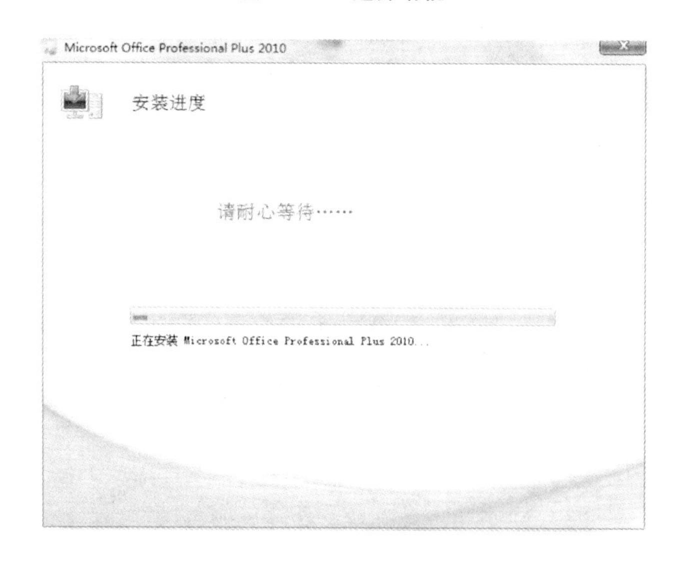

图 1-49　安装进度图

1.3　案例总结

本案例以“小孙组装计算机”为例，紧紧围绕“预算报价—硬件选购—硬件组装—软件安装”的流程，介绍了计算机组装的基本知识和技能。在实施过程中需要注意以下问题：

(1) 在“预算报价”阶段，要分析用户的需求，本着“满足需求，留有余量”的原则精打细算，从而整体上控制预算资金。

(2) 在“硬件选购”阶段，必须熟悉主流品牌的性能和参数，特别是要了解相关部件的兼容性，还要货比三家，用“最少的钱办最大的事”。

(3) 在“硬件组装”阶段，考验的是动手能力和处理实际问题的能力。这就要求有一定的拆装机器经验，可以利用家中废旧的计算机多拆多练，熟能生巧。

(4) 在“软件安装”阶段，主要涉及硬盘分区和安装操作系统，可以借助 VMware 虚拟机来熟练。

现在，品牌机的配置越来越高，价格却越来越低，组装机的优势已大不如前；但是从学习的角度来看，自己组装一台计算机的收获要大一些。

1.4 知识拓展

在“硬件选购”和“硬件安装”阶段，多次提到了“接口”这个概念。接口非常重要，是连接两个硬件的桥梁。接口的种类很多，下面就一些常见接口的特点作一个简单介绍。

1. PS/2 接口

PS/2 接口是广为人知的，是用来连接键盘和鼠标的接口。绿色接口接入鼠标，而蓝色接口则接入键盘。

2. COM 串行接口

COM 串行接口是用来连接 MODEM 等外设的。一般的计算机 COM 口有两个，分别是 COM1 口和 COM2 口。

3. LPT 并行接口

LPT 并口是一种增强了的双向并行传输接口，在 USB 接口出现以前是扫描仪、打印机最常用的接口。设备容易安装及使用，但是速度比较慢。

4. IDE 或 ATA 接口

用于连接硬盘和光驱(CD 和 DVD)的并行总线，也称作 Parallel ATA(并行 ATA)。最新版本的并行 ATA 使用 40 针、80 线的扁平数据线来连接主板和驱动器。每条数据线最多可以连接 2 台设备，需要将设备分别设置为主盘(master)和从盘(slave)。这样的设置一般通过驱动器上的跳线实现。

5. SATA 串行总线接口

SATA 是一种连接存储设备(大多为硬盘)的串行总线，用于取代传统的并行 ATA 界面。第一代 SATA 目前已经得到广泛应用，其最大数据传输率为 150 MB/s，信号线最长 1 m。SATA 一般采用点对点的连接方式，即一头连接主板上的 SATA 接口，另一头直接连硬盘，没有其他设备可以共享这条数据线；而并行 ATA 允许这种情况(每条数据线可以连接 1～2 个设备)，因此也就无需像并行 ATA 硬盘那样设置主盘和从盘。

6. USB 通用串行总线接口

USB 接口最大的好处在于能支持多达 127 个外设，并且可以独立供电。普通的串、并口外设都要额外的供电电源，而 USB 接口可以从主板上获得 500 mA 的电流，并且支持热拔插，真正做到即插即用。1996 年推出的第一代 USB1.0/1.1 的最大传输速率为 12 Mb/s，第二代 USB 2.0 的最大传输速率高达 480 Mb/s，而最新的 USB 3.0 最大传输速率 5 Gb/s，向下兼容 USB 1.0/1.1/2.0。

7. VGA、DVI 显示接口

显示器使用一种 15 针 Mini - D - Sub(又称 HD15)接口,通过标准模拟界面连接到 PC 上。通过合适的转接器,也可以将一台模拟显示器连接到 DVI - I 界面上。VGA 接口传输红、绿、蓝色值信号(RGB)以及水平同步(H - Sync)和垂直同步(V - Sync)信号。DVI 是一种主要针对数字信号的显示界面。这种界面无需将显卡产生的数字信号转换成有损模拟信号,然后再在数字显示设备上进行相反的操作。数字 TDMS 信号的优点还包括允许显示设备负责图像定位以及信号同步工作。因为数字显示取代模拟显示的进程还比较缓慢,目前这两种技术还处于并存阶段,现在的显卡通常可以支持双显示器。广泛使用的 DVI - I 接口可以同时支持模拟和现实信号。

8. RJ45 接口

RJ45 接口通常用于数据传输,最常见的应用为网卡接口。RJ45 型网线插头又称水晶头,共由八芯组成,广泛应用于局域网和 ADSL 宽带上网用户的网络设备间网线(称作五类线或双绞线)的连接。

9. PCI 接口

PCI 是 Peripheral Component Interconnect(外设部件互连标准)的缩写。它是目前个人计算机中使用最为广泛的接口,几乎所有的主板产品上都带有这种插槽,可连接内存、网卡等。

10. AGP 和 PCI - E 图形加速接口

目前大多数显卡都使用图形加速接口(PCI - E),少数计算机(大多历史悠久)还在使用 AGP 接口显卡。PCI Express 也有多种规格,从 PCI Express 1X 到 PCI Express 16X,能满足现在和将来一定时间内出现的低速设备和高速设备的需求。当前 PCI Express 基本取代了 AGP。

1.5 实践训练

1.5.1 基本训练

(1) CPU 的内部结构由几个主要部分组成?各组成部分的主要功能是什么?

(2) 内存的主要性能指标有哪些?

(3) 主板由哪些部分组成?

(4) 硬盘选购的标准是什么?

1.5.2 能力训练

小张计划用 4000 元组装一台台式计算机,要求如下:

(1) CPU 的主频应在 3.0 GHz 以上;

(2) 内存为 DDR2 2 GB 以上;

(3) 硬盘大小为 500 GB;

(4) 显卡为独立显卡 512MB 以上;

(5) 网卡为内置网卡;

(6) 操作系统为 Windows 7 旗舰版；

(7) 要求安装 Microsoft Office 2010、迅雷、QQ 等软件。

请给出硬件的选购方案，以表格的形式提交，可参考表 1-12 所列样表。

表 1-12　硬件及软件配置清单

配件名称	品　牌	型　号	价格/元
CPU	AMD	A10-5800K	780.00

案例2　个性化 Windows 7 操作系统

2.1　案例分析

本案例通过设置 Windows 7 操作系统，全面了解和掌握 Windows 7 的特性。系统个性化设置有新建账户，修改桌面，计算机之间共享和 ADSL 网络设置等。

2.1.1　任务提出

小王刚组装的台式计算机，亲自动手安装了 Windows 7 操作系统。现在，需按照自己的需要和喜好对系统进行个性化设置。个性化设置主要有：

(1) 为了保证安全，新建名为 wang 的账户，具有系统管理员权限，密码为 gnaw321。

(2) 将“名车.jpg”作为桌面背景。

(3) 将自己的计算机和爸爸的计算机实现共享互访。

(4) 通过 ADSL 实现上网。

2.1.2　解决方案

小王对计算机的个性化设置，主要通过【控制面板】中的【用户账户】实现账户的创建，【外观和个性化】更改桌面背景，【家庭组】实现网络共享，【网络和共享中心】实现 ADSL 拨号上网。

2.2　案例实现

小王提出的一些设置并无先后的逻辑关系，但作为案例的流程，我们将按照下面的先后顺序，即按照新建账户——设置桌面背景——网络共享——拨号上网的顺序来完成任务。

2.2.1　新建账户

Windows 7 操作系统安装完毕后会自动创建一个名为 Administrator 的账户。该账户是系统管理员账户，具有最高的操作权限。账户的权限主要是通过“组”来实现的。“组”是一组具有一定权限的集合，通过把用户指派到相应组，这组的用户也就具有了相应的权限。本案例中小王要新建账户，主要步骤如下：

(1) 选择【控制面板】|【用户账户】|【添加或删除用户账户】，如图 2-1 所示。

(2) 单击【创建一个新账户】，如图 2-2 所示。在用户名方框输入 wang，选择【管理员】，单击【创建账户】，如图 2-3 所示。

图 2-1　更改账户界面

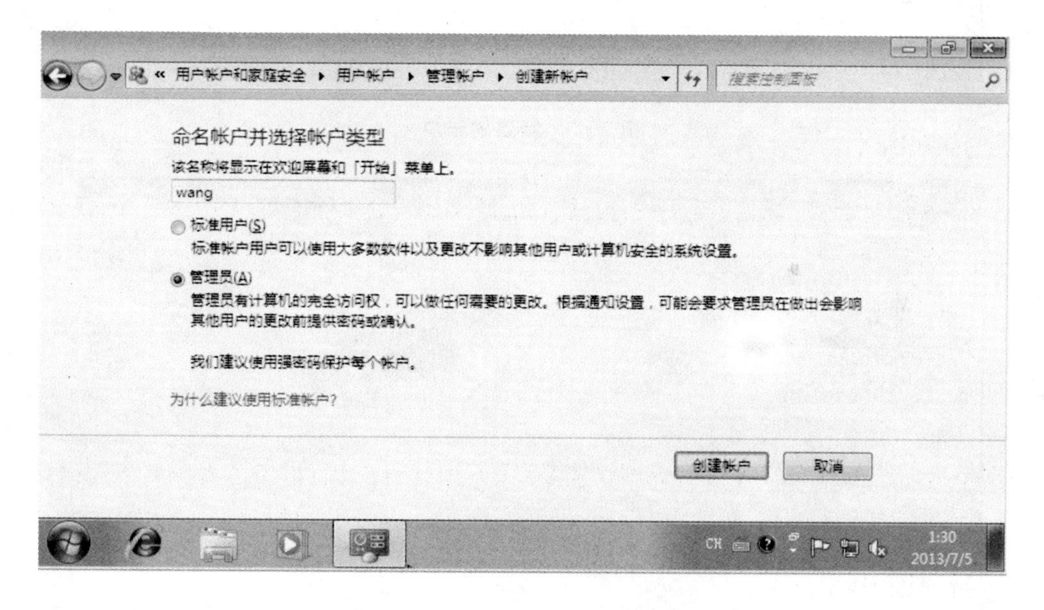

图 2-2　输入用户名并选择管理员

(3) 在管理账户中有了 wang 账户，接下来为该用户设置密码。单击 wang，如图 2-4 所示。

(4) 单击【创建密码】，如图 2-5 所示，输入正确的密码，并单击【创建密码】，这样就创建了该用户的密码。

至此，用户的创建完成了。

图 2-3　新建的账户

图 2-4　更改账户

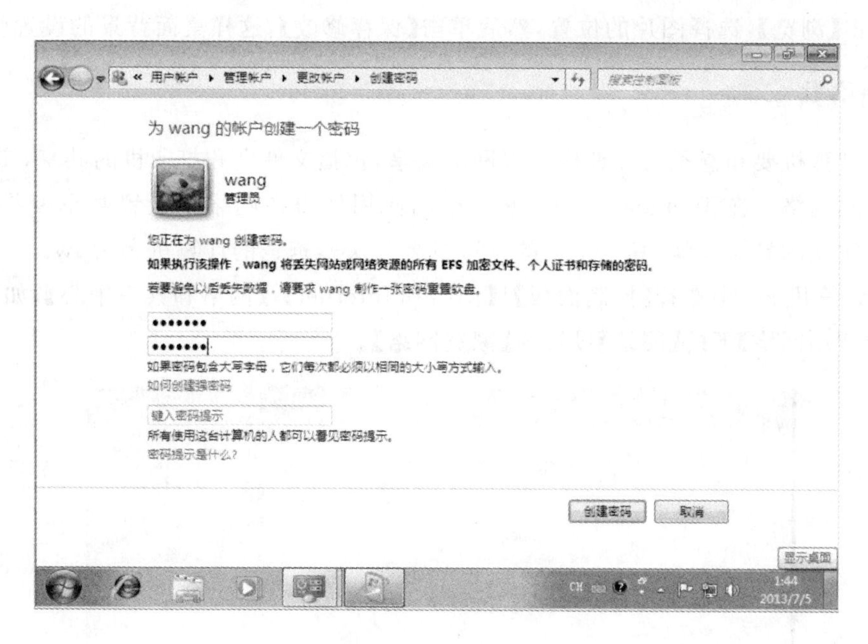

图 2-5　创建密码

2.2.2　设置桌面背景

用户可通过更改桌面背景来使自己的计算机更加个性，步骤如下：

(1) 选择【控制面板】|【外观和个性化】|【更改桌面背景】，如图 2-6 所示。

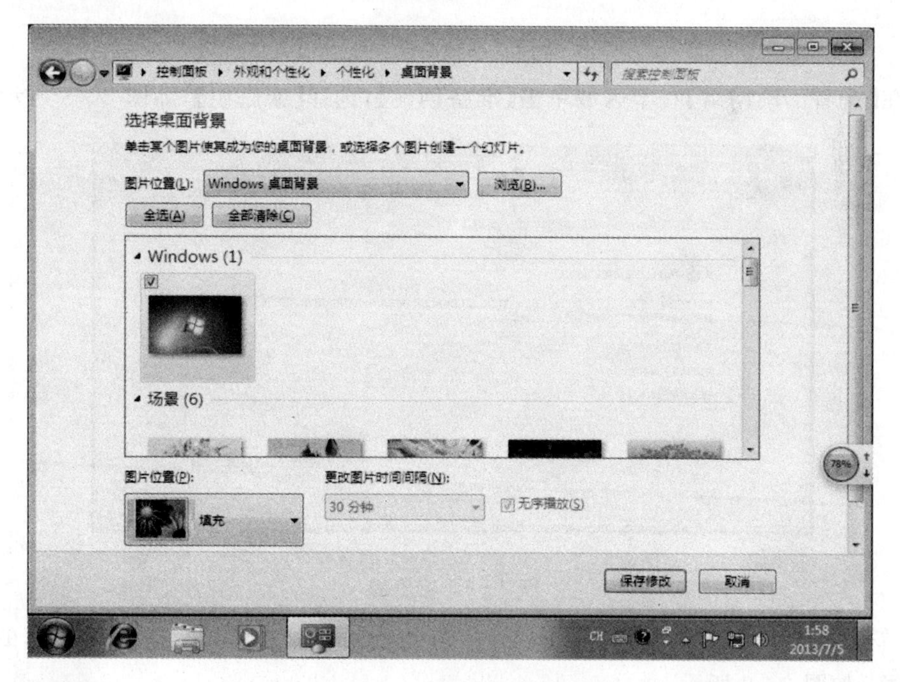

图 2-6　桌面背景设置界面

(2) 单击【浏览】,选择图片的位置,然后单击【保存修改】,这样桌面背景的设置就完成了。

2.2.3 网络共享

小王的计算机要和爸爸的计算机实现网络共享,包括文件夹和打印机的共享,实际上就是组建一个家庭网络。在 Windows 7 中,家庭组的应用使得在网络中设置共享变得安全且简单。下面是实现的具体步骤,其中小王的计算机名为 xw,爸爸的计算机名为 lw。

(1) 在计算机 xw 中选择【控制面板】|【网络和 Internet】|【网络和共享中心】,如图 2-7 所示,将【查看活动网络】下的【网络】设置为【家庭网络】。

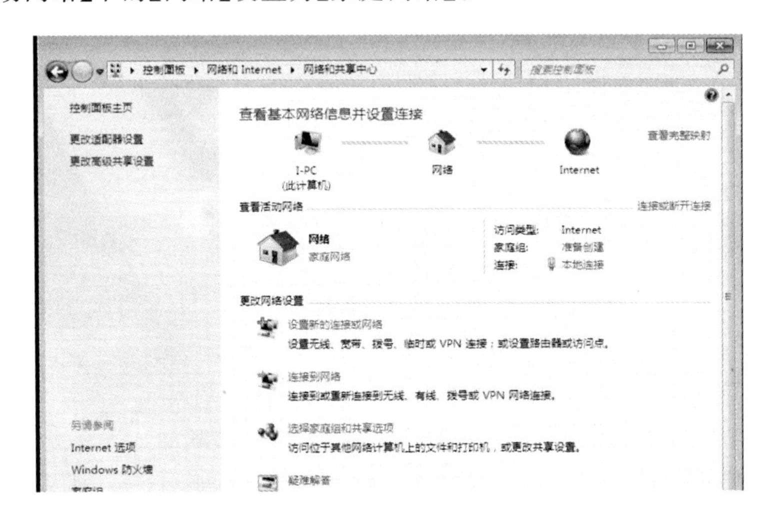

图 2-7 网络和共享中心

(2) 在【查看活动网络】右半区域单击【准备创建】,选择【家庭组】,如图 2-8 所示。

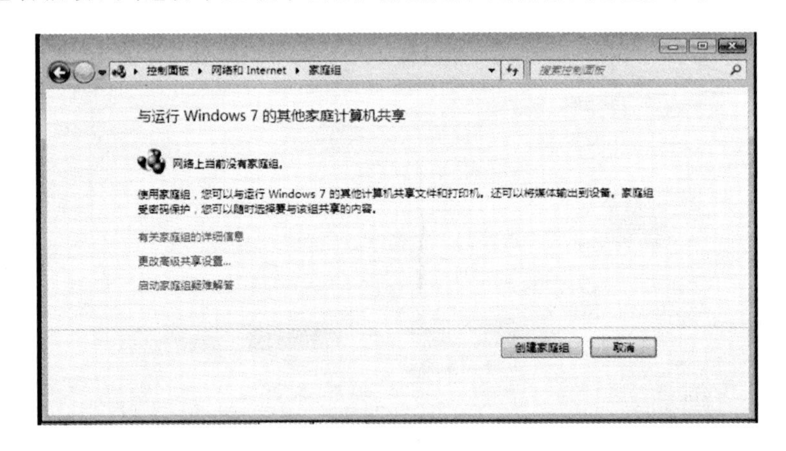

图 2-8 家庭组

(3) 单击【创建家庭组】按钮,选择【创建家庭组】界面,根据需要勾选需要共享的文件夹,包括打印机,如图 2-9 所示。

(4) 单击【下一步】,自动生成家庭组密码,如图 2-10 所示。自动生成的密码是其他用户要加入家庭组需要键入的密码(当然密码可以修改)。单击【完成】,这样家庭组的创建就完成了。

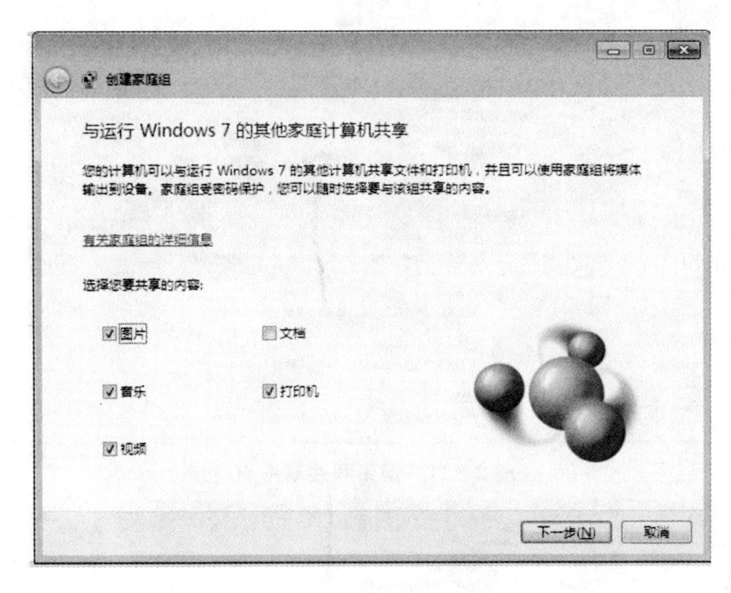

图 2-9　设置共享内容

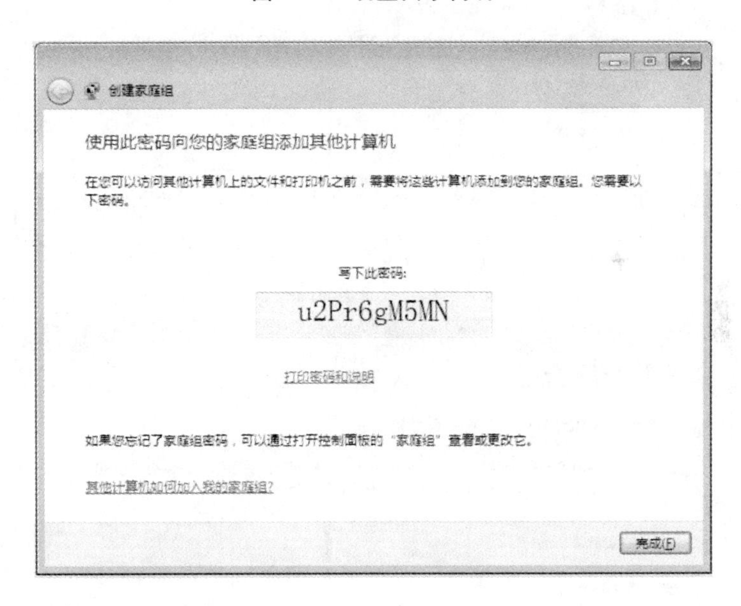

图 2-10　生成密码

(5) 在计算机 lw 中,选择【网络和共享中心】。在【查看活动网络】右半区域单击【可加入】,如图 2-11 所示。

(6) 进入【家庭组】界面,单击【立即加入】,如图 2-12 所示。

(7) 选择要共享的文件,如图 2-13 所示。

(8) 单击【下一步】,输入要加入家庭组的密码,如图 2-14 所示。

(9) 单击【下一步】,加入家庭组。单击【完成】,表明计算机 lw 加入计算机 xw 创建的家庭组,如图 2-15 所示。

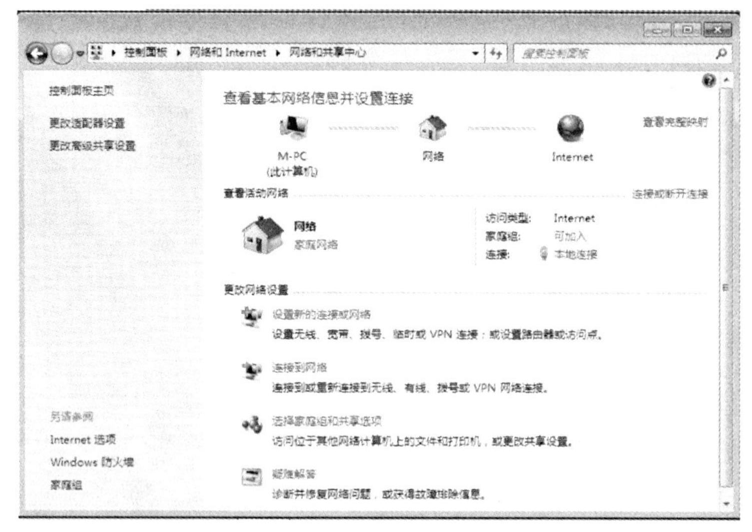

图 2－11　网络和共享中心

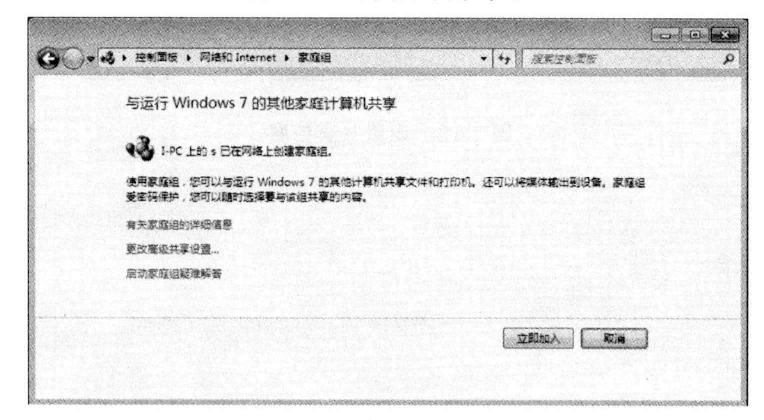

图 2－12　【家庭组】界面

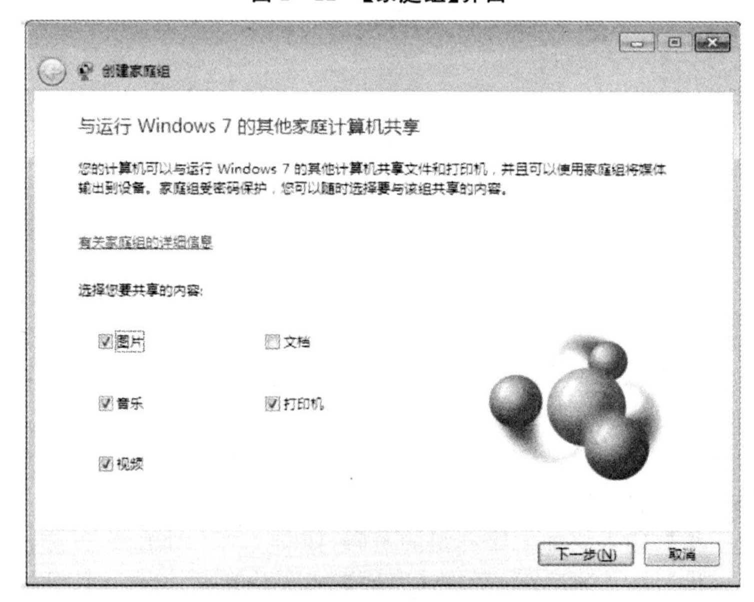

图 2－13　文件共享设置

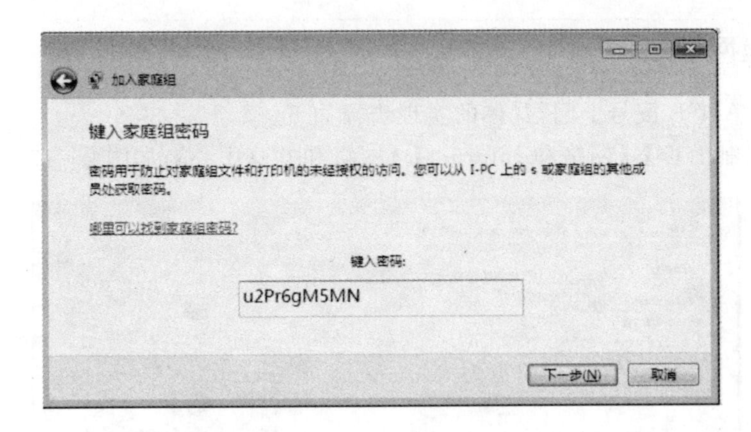

图 2-14　输入正确的密码

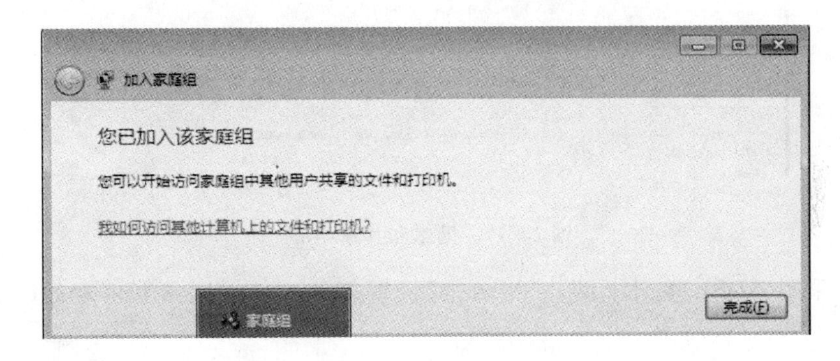

图 2-15　加入家庭组

创建了家庭组以后，两台计算机之间就可以实现共享。这里需要注意的问题是，在 WindowsXP 中设置好共享文件后在【网上邻居】当中便可看到共享；而在 Windows 7 中没有了【网上邻居】的图标，而是以【网络】的图标出现，两者功能基本一致。"网络"需要在【控制面板】|【外观和个性化】|【个性化】|【桌面图标】中勾选，这样就可在桌面显示【网络】，如图 2-16 所示。

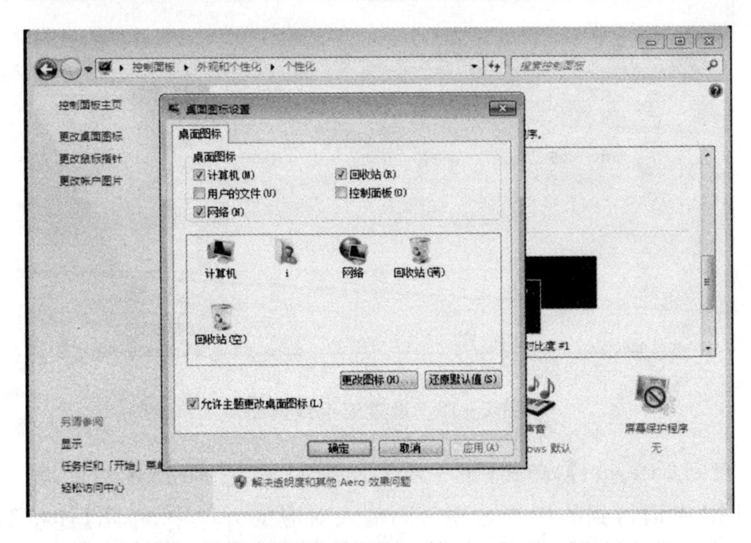

图 2-16　桌面显示【网络】

2.2.4 拨号上网

小王要通过 ADSL 拨号上网,具体的实现步骤如下:

(1) 选择【控制面板】|【网络和 Internet】|【网络和共享中心】,如图 2-17 所示。

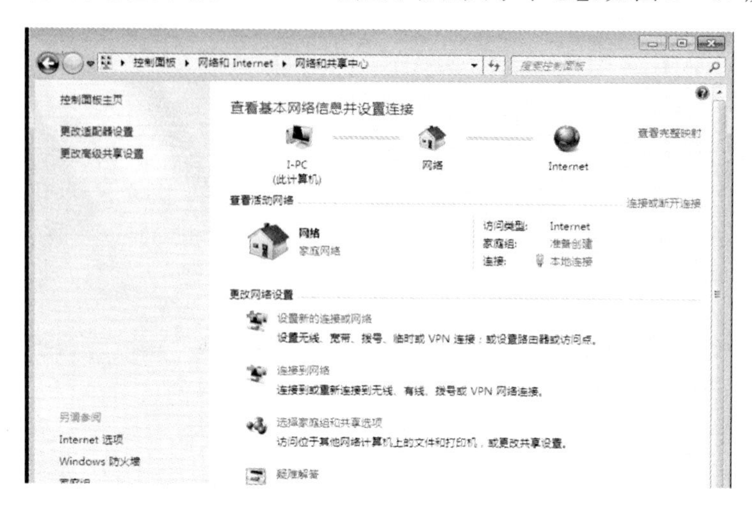

图 2-17　网络和共享中心

(2) 由于采用 ADSL 拨号上网,所以单击【设置新的连接或网络】,出现如图 2-18 所示界面。

图 2-18　设置连接或网络

(3) 选择【连接到 Internet】,单击【下一步】,出现如图 2-19 所示对话框。

(4) 使用从 ISP 申请得到的用户名和密码输入对应的方框中,单击【连接】,这样就建立了 ADSL 宽带拨号,小王就能上网了。

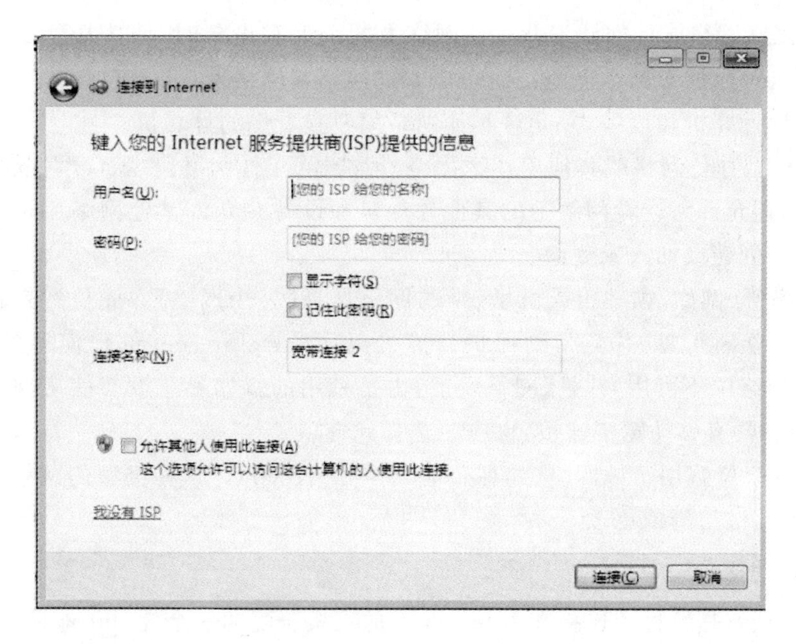

图 2-19　输入用户名和密码

2.3　案例总结

本案例以小王对自己计算机的个性化设置为例，讲述了 Windows 7 系统中创建账户、设置桌面背景、网络共享和拨号上网的步骤。这些功能只是 Windows 7 系统功能的很小一部分，但却具有典型性，是用户必须要熟练掌握的操作。设置过程中需要注意以下问题：

(1) Window 7 系统的默认账户 Administrator 默认是禁用的，如果要使用就必须开启。账户密码的设置要设置得复杂一些，这样更加安全。

(2)【控制面板】页中的【个性化】设置除了可以更改桌面背景之外，还可以更换主题和屏幕保护程序等。

(3) 文件的共享除了可以使用家庭组实现共享外，还可通过新建文件夹，将所要共享的文件放入共享文件夹，从而实现共享，这和 Windows XP 是一样的。家庭组实现共享只是更加安全而已。

(4) 设置网络的时候，注意各台计算机要在同一工作组。Windows 7 默认是 WORKGROUP。

2.4　知识拓展

1. 网络位置

案例中实现网络共享的时候，会出现“网络位置”的概念，这是 Windows XP 系统中所没有的；而在 Windows 7 系统中，连接到网络时，必须选择网络位置。这将为所连接网络的类型自动设置适当的防火墙和安全设置，Windows 7 系统中共有 4 种网络位置：

(1) 对于家庭网络或在您认识并信任网络上的个人和设备时,请选择【家庭网络】。家庭网络中的计算机可以属于某个家庭组。对于家庭网络,【网络发现】处于启用状态,它允许您查看网络上的其他计算机和设备,并允许其他网络用户查看您的计算机。

(2) 对于小型办公网络或其他工作区网络,请选择【工作网络】。默认情况下,【网络发现】处于启用状态,它允许您查看网络上的其他计算机和设备并允许其他网络用户查看您的计算机,但是,您无法创建或加入家庭组。

(3) 公共场所(例如,咖啡店或机场)中的网络选择【公用网络】。此位置旨在使您的计算机对周围的计算机不可见,并且帮助保护计算机免受来自 Internet 的任何恶意软件的攻击。家庭组在公用网络中不可用,并且【网络发现】也是禁用的。如果您没有使用路由器直接连接到 Internet,或者具有移动宽带连接,也应该选择此选项。

(4) “域”网络位置用于域网络(如在企业工作区的网络)。这种类型的网络位置由网络管理员控制,因此无法选择或更改。

2. IP 地址的概念

所谓 IP 地址就是给每个连接在 Internet 上的主机分配的一个 32 bit 地址。按照 TCP/IP 协议规定,IP 地址用二进制来表示,每个 IP 地址长 32 bit,比特换算成字节,就是 4 个字节。例如一个采用二进制形式的 IP 地址是“00001010000000000000000000000001”,这么长的地址,人们处理起来不方便。为了方便人们的使用,IP 地址经常被写成十进制的形式,中间使用符号“.”分开不同的字节。于是,上面的 IP 地址可以表示为“10.0.0.1”。IP 地址的这种表示法叫做“点分十进制表示法”,这显然比 1 和 0 容易记忆得多。

2.5 实践训练

2.5.1 基本训练

(1) 在计算机中设置账户策略,并按照此策略创建账户名为 sun 的账户,账户策略的要求为:

① 密码要符合复杂性要求。

② 长度为 6 位以上。

③ 密码的有效期为 30 天。

④ 密码错误,输入 3 次以上进行锁定。

(2) 创建名为“下载”的文件库,使其至少包含 3 个不同逻辑磁盘的文件夹。

2.5.2 能力训练

(1) 在网络中有 win1 和 win2 两台计算机,按要求完成如下功能:

① 设置 win1 的 IP 为 192.168.1.1,win2 的 IP 为 192.168.1.2。

② 在两台计算机的桌面显示【网络】。

③ 在 win1 中启用家庭网络,并创建【家庭组】,在家庭组中共享名为【下载】的文件夹。

④ win2 中启用家庭网络，并加入 win1 的【家庭组】，并将 win1 中的共享文件夹【下载】中的文件拖入本机桌面。

⑤ 在 win2 中接入打印机，使 win1 能够网络打印文件。

⑥ 在 win1 中启用【公用网络】，在 win2 中观察能否共享 win1 的文件，并说明为什么。

(2) 总结 Windows 7 系统和 Windows XP 的不同之处，至少说明十点以上。

案例3　制作个人简历

3.1　案例分析

本案例通过个人简历的制作，掌握 Microsoft Word 强大的文字处理功能并将其应用于实际。涉及 Word 的文字处理功能包括：文档页面的设置，字符和段落格式的设置，图片的插入和编辑，表格的创建和编辑，以及打印预览输出等。

3.1.1　任务提出

小孙即将大学毕业，需要制作一份个人简历。每位即将毕业的学生，甚至每位要找工作的人，要将自己介绍给招聘单位，精心地制作一份个人简历显得尤为重要。个人简历中既要介绍自己的基本信息和特长，同时也要展示自己的综合素质。个人简历就是自己留给招聘单位的第一印象，所以个人简历的好坏可能直接影响自己的就业。

3.1.2　解决方案

一份好的简历应包括封面、自荐信和基本信息。漂亮的封面会吸引招聘者的眼球，所以封面要用到图片和艺术字；自荐信是根据应聘的岗位写给招聘者的信，篇幅适合在一页之内，行距太小显得拥挤、啰嗦，行距太大显得空洞，所以要调整好字体、字号、行间距、段间距、页面设置等；最后就是介绍自己的基本情况，为了使招聘者一目了然，宜采用表格的形式，既简洁又有条理。

3.2　案例实现

制作个人简历的主要步骤为：

(1) 自荐信的编辑。包括字符的格式化、段落的格式化和页面格式调整。

(2) 表格的编辑。插入表格、行和列，单元格的格式编辑。

(3) 封面的制作。插入图片和艺术字，页面设置，使用制表符对齐封面文字。

(4) 个人简历的预览和打印。

按以上步骤制作好的个人简历样本如图 3-1 所示。

北京京北职业技术学院
NORTHERN BEIJING VOCATIONAL EDUCATION INSTITUTE

求职简历

姓名：__________

专业：__________

联系电话：______________

电子邮箱：______________

自　荐　信

个人简历

图 3-1　个人简历样本

3.2.1　利用【格式】编辑自荐信

自荐信的编辑主要包括字符格式化、段落格式化，目的是使自荐信的页面分布更加合理。

1. 启动 Word

选择【开始】|【程序】| Microsoft Office | Microsoft Word 2010，即可打开 Word 软件，如图3－2 所示。

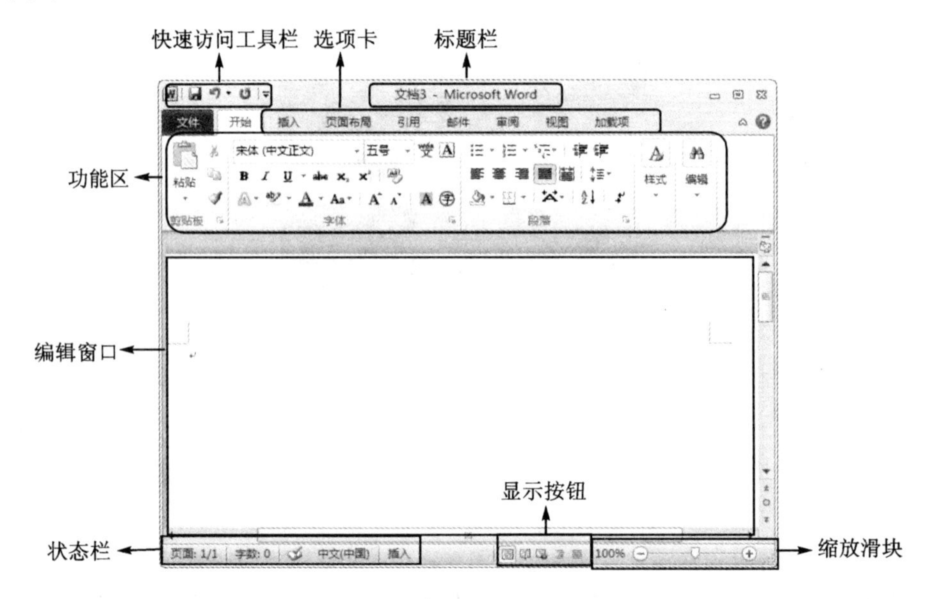

图 3－2　Microsoft Word 窗口

说明：

(1) 标题栏：显示正在编辑文档的文件名以及所使用的软件名。

(2) 快速访问工具栏：常用命令位于此处，例如【保存】和【撤消】。也可以添加用户自己常用命令。

(3) 编辑窗口：显示正在编辑的文档。

(4) 显示按钮：可用于更改正在编辑的文档的显示模式。

(5) 缩放滑块：可用于更改正在编辑的文档的显示比例。

(6) 状态栏：显示正在编辑的文档的相关信息。

(7) 功能区：是水平区域，就像一条带子，启动 Microsoft Word 后分布在 Office 软件的顶部。工作所需的命令将分成不同的组，放在选项卡中，如【开始】和【插入】。可以通过单击选项卡来切换显示的命令集。

2. 输入和保存

(1) 新建 Word 文档，光标在编辑窗口的左上角闪烁，表明可以在文档窗口中输入文本。选择熟悉的中文输入法，直接输入内容，如图 3－3 所示。

(2) 输入内容后，选择【文件】|【保存】，出现如图 3－4 所示的【另存为】对话框。将文件名改为【自荐信】，选择合适的存储位置，单击【保存】按钮，完成文档的保存。

说明：

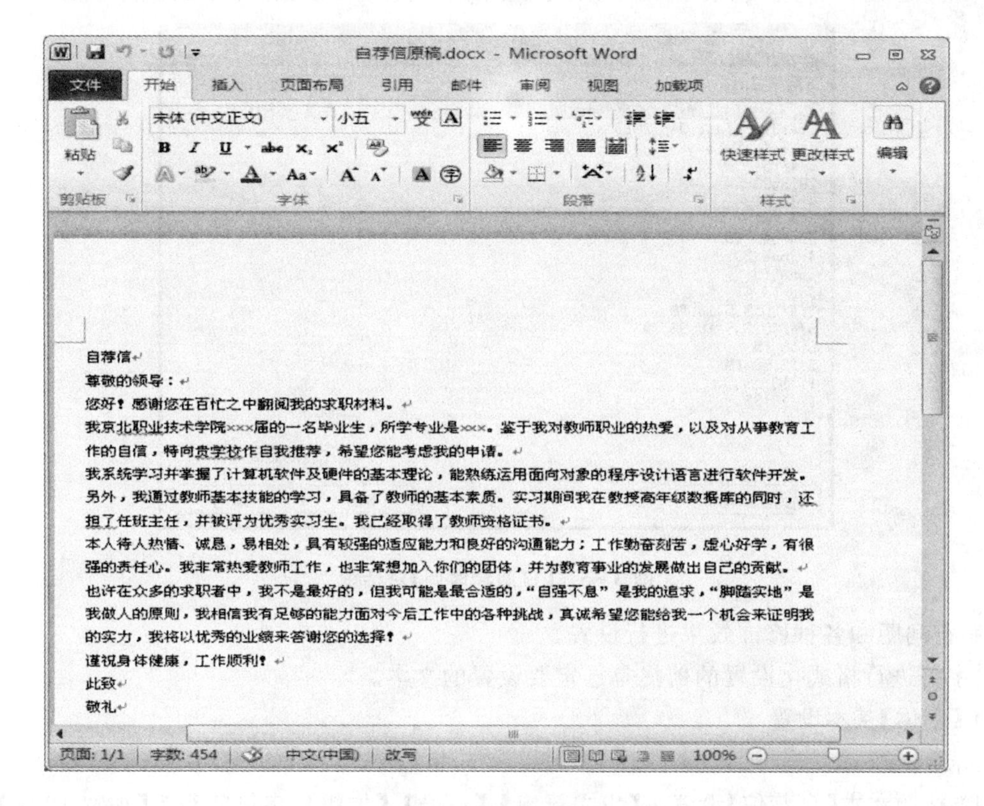

图 3-3 【自荐信】样文

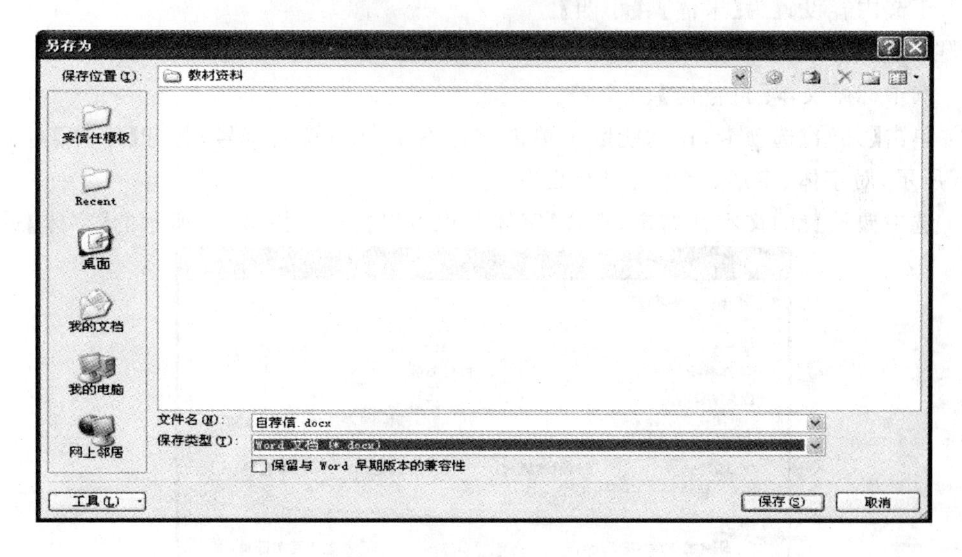

图 3-4 【另存为】对话框

为了使简历中自荐信的日期能随时更新，在输入自荐信日期的时候，选择【插入】|【日期和时间】，打开【日期和时间】对话框，如图 3-5 所示。选中【自动更新】复选框，在【可用格式】列表框中选择日期格式，单击【确定】按钮。

3. 字符格式化

字符格式化就是对各种字符(汉字、数字、英文字母和各种其他符号)的字号、字体、字形、

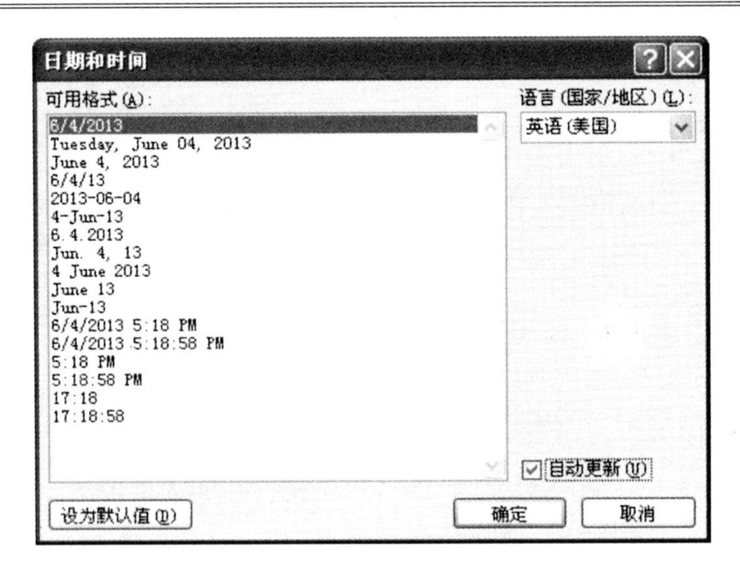

图3-5 【日期和时间】对话框

颜色、字符间距和各种修饰效果进行设置。

对字符进行格式化设置的前提是选定要设置的文本。

1)【字体】基本设置

要求:

(1) 标题文本【自荐信】设置为【华文新魏】、【一号】、【加粗】,字符间距为【加宽12磅】。

(2) 正文内容设置为【宋体】、【小四】。

步骤:

(1) 选中标题文本【自荐信】;

(2) 单击【开始】选项卡,在功能区中单击字体右下角小箭头符号,打开【字体】对话框,如图3-6所示,对字体、字形、字号等进行设置。

(3) 选中要设置的文本并右击,选择【字体】,也可以打开如图3-6所示的【字体】对话框。

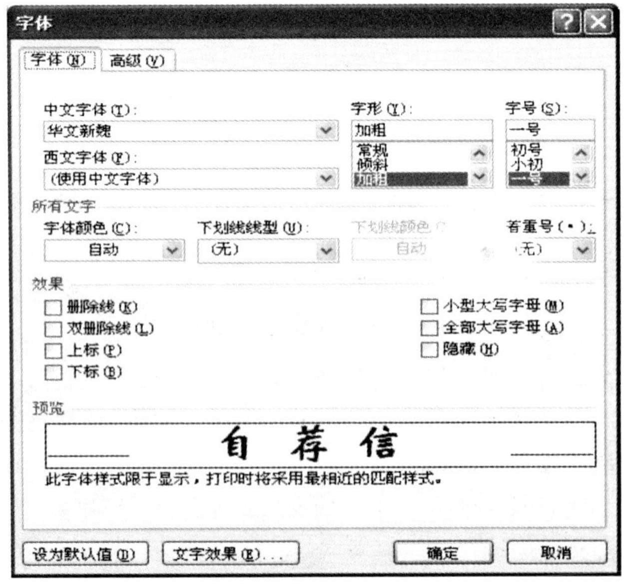

图3-6 【字体】对话框

2)【字体】高级设置

字体的高级设置对话框如图 3 - 7 所示。

说明：

(1) 使用鼠标选取：拖动选取部分文字。将光标移到文档中任意一行的行首，当光标变成向右上方倾斜的箭头时，单击选取整行文字，双击选取整段内容，三击选取整篇内容。

(2) 选取连续文本：光标定位到选取区域文本的开始，然后按 Shift 键，再移动光标至要选取区域的结尾处单击，即可选取该区域内的所有文本。

(3) 选取不连续文本：选取任意一段文本，按住 Ctrl 键，再拖动鼠标选取其他文本，即可同时选取多段不连续的文本。

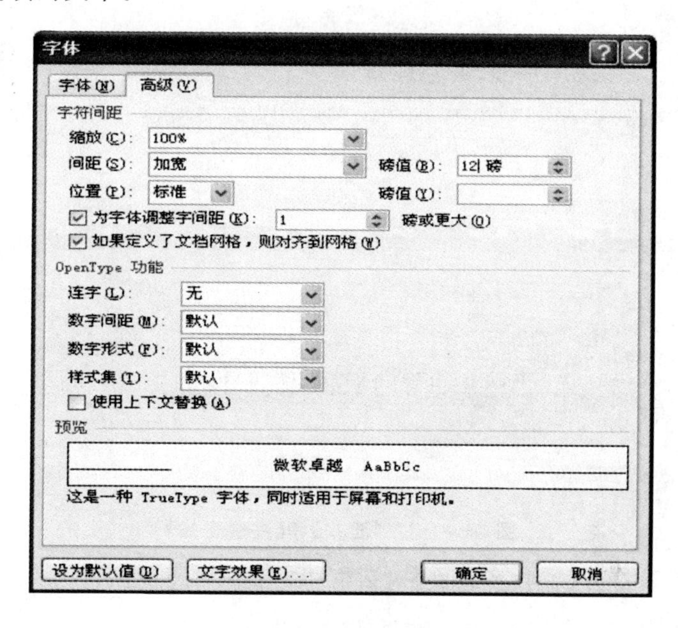

图 3 - 7 【字体】的高级设置对话框

(4) 复制文本：

① 命令。选择要复制的文本，单击【开始】|【复制】；将光标移动到目标位置，单击【开始】|【粘贴】。

② 右键菜单。选择要复制的文本并右击，在右键菜单中选择【复制】；将光标移动到目标位置并右击，在右键菜单中选择【粘贴】即可。

③ 快捷键。选择要复制的文本，按 Ctrl+C；将光标移动到目标位置，按 Ctrl+V 即可。

(5) 移动文本：

① 菜单命令。选择要移动的文本，单击【开始】|【剪切】；将光标移动到目标位置，单击【开始】|【粘贴】即可。

② 右键菜单。选择要移动的文本并右击，在右键菜单中选择【剪切】；将光标移动到目标位置并右击，在右键菜单中选择【粘贴】即可。

③ 快捷键。选择要移动的文本，按 Ctrl+X；将光标移到目标位置，按 Ctrl+V 即可。

(6) 删除文本：在文档编辑过程中，对多余或错误文本需要进行删除操作。文本删除可使用如下方法：

① Back Space：可删除光标左侧文本或删除选中的文本。

② Delete：可删除光标右侧文本，或删除选中的文本。

(7) 查找替换：在 Microsoft Word 2010 中，不仅可以查找替换文件中的普通文本，还可以对特殊格式的文本和符号进行查找替换。

选择【开始】选项卡，在【查找】下拉菜单中有【查找】和【高级查找】，如图 3-8(a)所示。

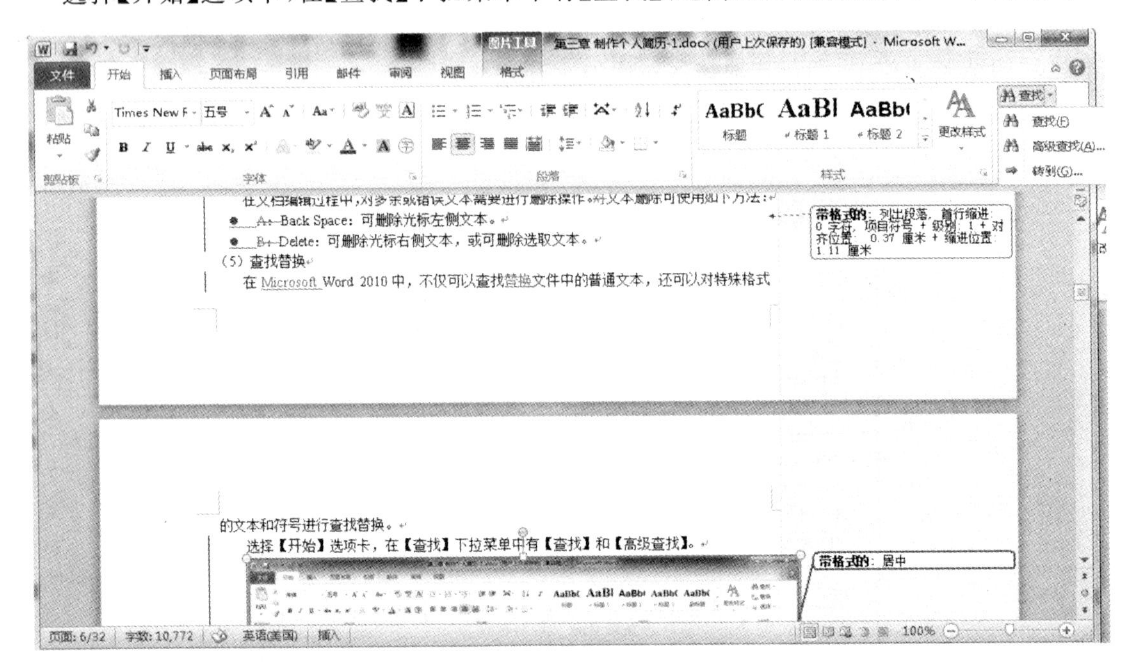

图 3-8(a) 【查找】和【高级查找】

单击【高级查找】，打开【查找和替换】对话框，如图 3-8(b)所示。

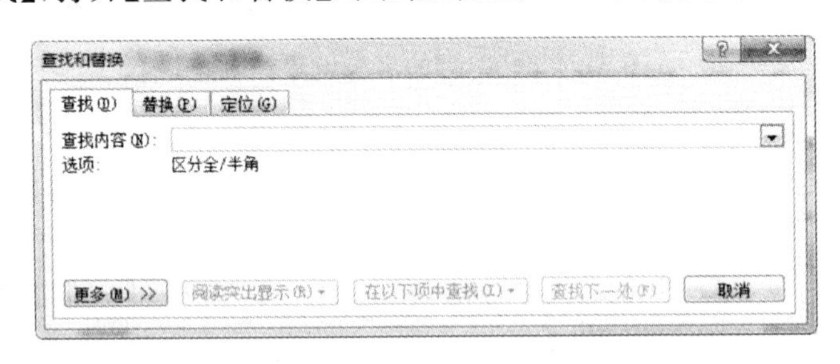

图 3-8(b) 【查找和替换】对话框

在【查找内容】后面的框中输入要查找的内容，然后单击【查找下一处】按钮，进行普通查找；如果进行“高级查找”，请单击其对话框中的【更多】按钮，展开后如图 3-8(c)所示。单击其下面的【格式】按钮，对所查找的内容进行高级设置。

“替换”操作同“查找”操作的步骤基本一致，请读者自行练习。

4. 段落格式化

段落是构成整个文档的骨架，是指两个段落标记之间的文本。段落格式主要包括段落对齐、段落缩进、行间距设置、段落添加项目符号和编号等。

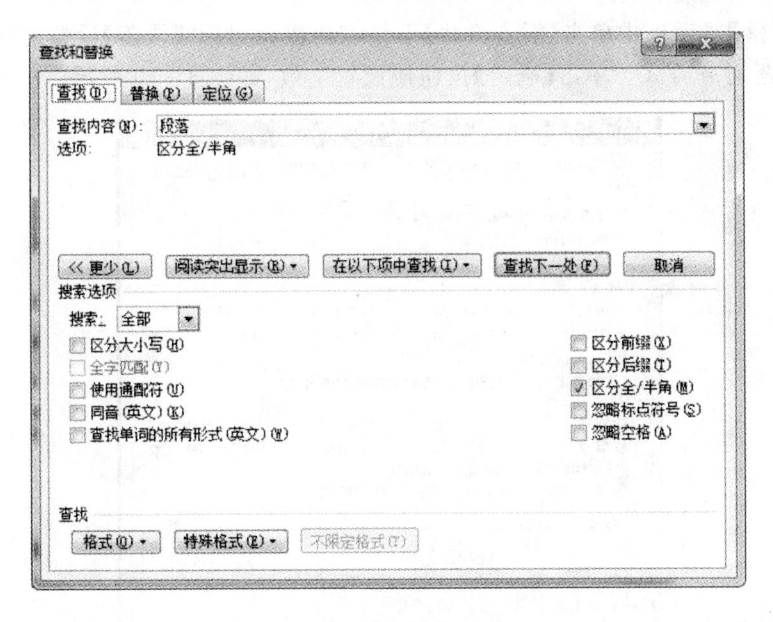

图 3-8(c)　【高级查找】对话框

对段落进行格式化，必须先选定段落。选定段落的方法是将光标定位到段落的开始位置，然后拖动鼠标直至段落的末尾标记符“↵”。

1）段落对齐方式

(1) 打开文档页面，选中一个或多个段落，单击【开始】，在【段落】中选择【左对齐】、【居中对齐】、【右对齐】、【两端对齐】和【分散对齐】选项之一，设置段落对齐方式，如图 3-9 所示。

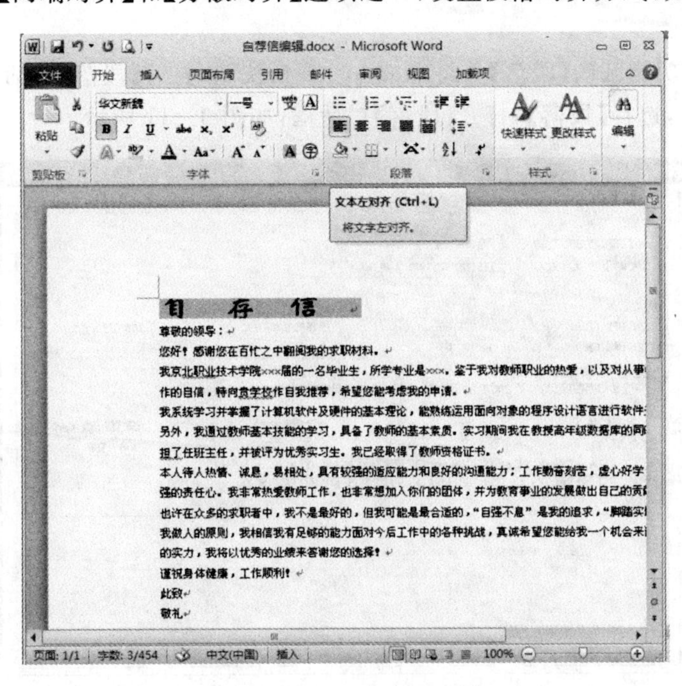

图 3-9　段落设置图

(2)在【段落】对话框中单击【对齐方式】下拉三角按钮,打开【段落】设置对话框,在列表中选择所需的段落对齐方式。单击【确定】按钮使设置生效,如图3-10所示。

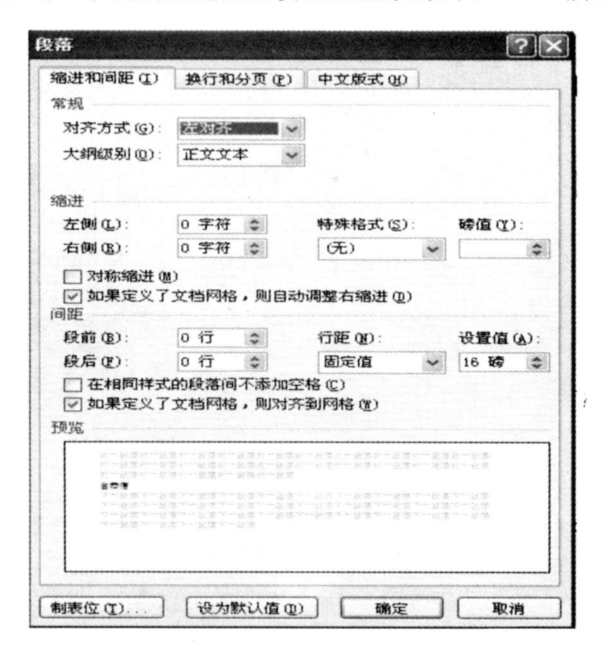

图3-10 【段落】设置对话框

2)段落缩进

设置段落缩进,可以调整文档正文内容与页边距之间的距离。以下通过两步介绍段落缩进的设置:

(1)在【开始】功能区的【段落】分组中单击右下角按钮,打开【段落】对话框;或者选中要设置缩进的段落右击,选择【段落】,打开【段落】对话框,如图3-11所示。

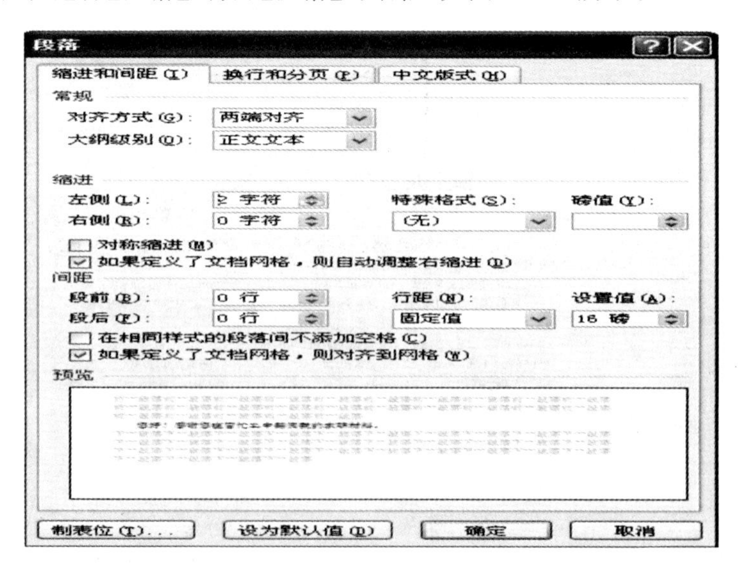

图3-11 【段落】对话框

(2) 单击【缩进】和【间距】选项卡，在【缩进】区域调整【左侧】或【右侧】编辑框设置缩进值。然后单击【特殊格式】下拉三角按钮，在下拉列表中选中【首行缩进】或【悬挂缩进】选项，并设置缩进值(通常情况下设置缩进值为 2)。设置完毕，单击【确定】按钮，如图 3－12 所示。

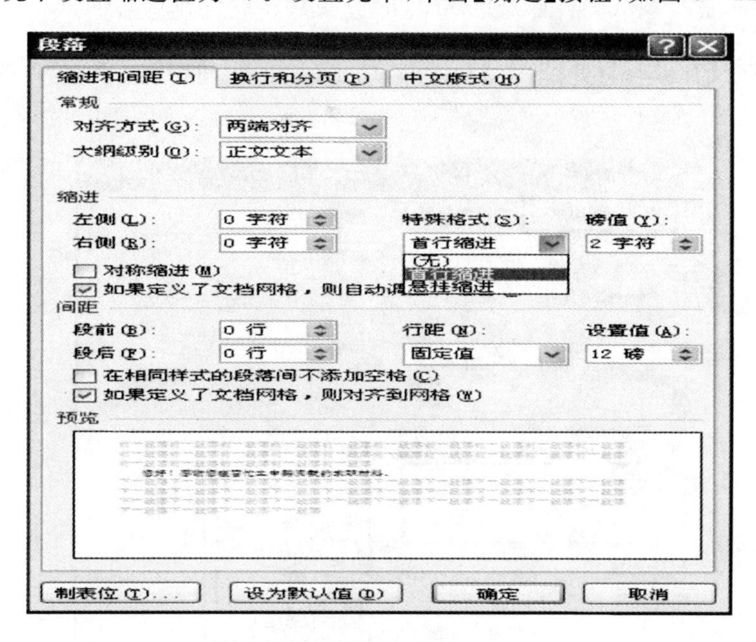

图 3－12　【段落】对话框

说明：

(1) 缩进最快速、直观的方法是使用水平标尺。水平标尺上的各个段落缩进滑块的作用如图 3－13 所示。

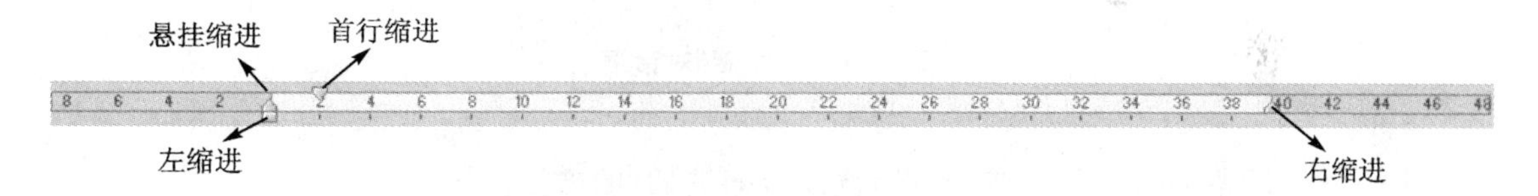

图 3－13　段落缩进滑块

4 个段落缩进滑块：首行缩进、悬挂缩进、左缩进以及右缩进。按住鼠标左键拖动它们即可完成相应的缩进。如果要精确缩进，可在拖动滑块的同时按住 Alt 键，此时标尺上会出现刻度。

(2) 段落缩进方式的几种类型：

① 首行缩进：表示只有第一行缩进。通常情况下，中文首行缩进两个汉字。

② 悬挂缩进：表示除第一行以外的各行都缩进。通常用于创建项目符号和编号。

③ 左缩进和右缩进：表示段落中的所有行都缩进。通常为了表现段落间不同的层次。

(3) 左缩进和悬挂缩进之间的区别是：拖动左缩进滑块可改变整个段落的缩进量，即首行也跟着缩进；但拖动悬挂缩进时，只能改变第二行以后的缩进方式，首行缩进不受影响。

(4) 水平标尺如果没有显示出来，请在菜单栏中选择【视图】|【标尺】选项。如果【标尺】左侧方框中出现 V 符号，显示标尺；再次单击方框，左侧的 V 符号消失，则隐藏标尺。

3) 行间距、段间距

编辑文档时,某个段落太长或太短,影响了美观,这时可以通过调整行间距来使此段落的长度短一些或长一些。现在自荐信看起来有点太短,通过行间距和段间距的设置来使自荐信看起来更合理。

选中需要设置的段落,打开【段落】对话框,单击【缩进和间距】选项卡,调整行距和段间距来进行设置,如图 3-14 所示。

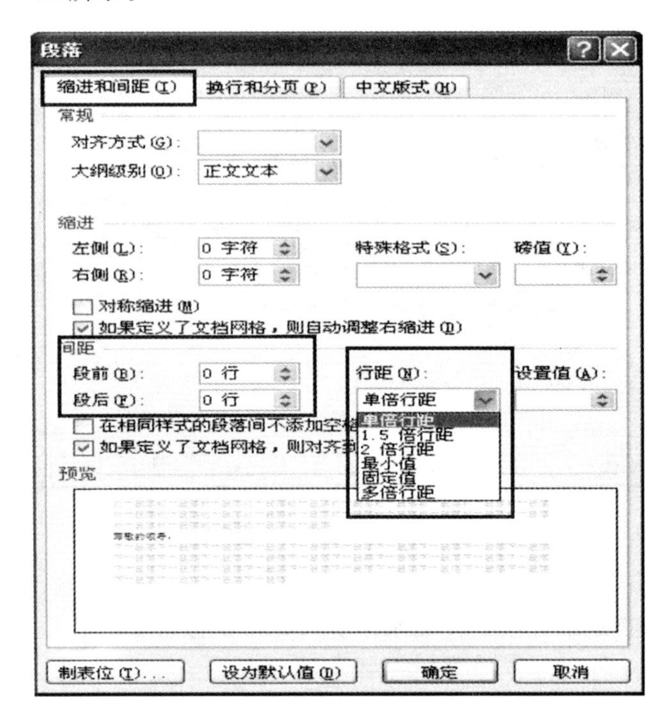

图 3-14 【段落】对话框

说明:

(1) 打开【段落】对话框的方法和设置【段落缩进】时的方法一样。

(2) 本案例中【行间距】设置为 1.5 倍,【自荐信】段后为 1.5 行。

(3) 行距各选项的作用如下:

① 单倍行距:行距为该行最大字符或最高图像的高度再加一点额外的附加量,额外间距值取决于所用字号。

② 1.5 倍行距:行距为单倍行距的 1.5 倍。

③ 2 倍行距:行距为单倍行距的 2 倍。

④ 最小值:此选项需与【设置值】框配合使用,并且不能省略量度单位。【设置值】框中的值就是每一行所允许的最小行距。与【单倍行距】不同之处是,行距不能小于【设置值】框中的值。若某一行中最大字符或最高图像的高度比【设置值】框中的值还小,就以【设置值】框中的值作为行距。

⑤ 固定值:此选项需与【设置值】框配合使用,但不能设置量度单位。【设置值】框中的值就是每一行的固定行距。Microsoft Word 2010 不会调整固定行距,若有文字或图像的高度大于此固定值,将会被裁剪。

⑥ 多倍行距：此选项需与【设置值】框配合使用，但不能设置量度单位。【设置值】框中的值就是【单倍行距】的倍数，系统默认的多倍行距为“3”。如果在【设置值】框中输入“1.2”，表示行距设置为单倍行距的 1.2 倍。

经过“字符格式化”、“段落格式化”的自荐信如图 3－15 所示。

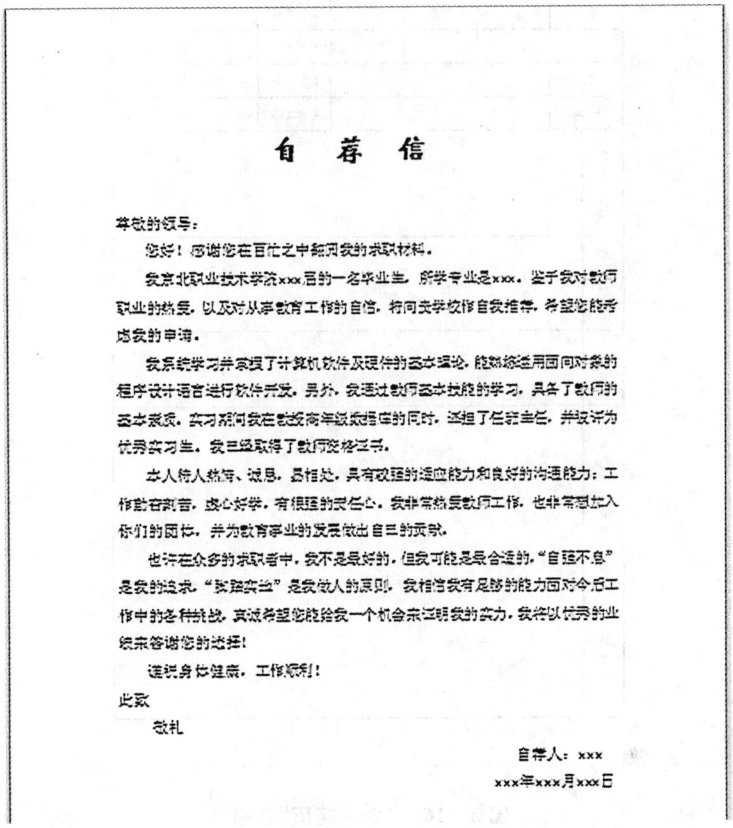

自　荐　信

尊敬的领导：

您好！感谢您在百忙之中翻阅我的求职材料。

我是北京职业技术学院xxx系的一名毕业生，所学专业是xxx。鉴于我对教师职业的热爱，以及对从事教育工作的自信，特向贵学校作自我推荐，希望您能考虑我的申请。

我系统学习并掌握了计算机软件及硬件的基本理论，能熟练运用面向对象的程序设计语言进行软件开发。另外，我通过教师基本技能的学习，具备了教师的基本素质。实习期间我在教授高年级数学课的同时，还担了任班主任，并被评为优秀实习生。我已经取得了教师资格证书。

本人待人热情、诚恳，易相处，具有较强的适应能力和良好的沟通能力；工作勤奋刻苦，虚心好学，有很强的责任心。我非常热爱教师工作，也非常想加入你们的团体，并为教育事业的发展做出自己的贡献。

也许在众多的求职者中，我不是最好的，但我可能是最合适的。“自强不息”是我的追求，“敦笃实诚”是我做人的原则。我相信我有足够的能力面对今后工作中的各种挑战。真诚希望您能给我一个机会来证明我的实力，我将以优秀的业绩来答谢您的选择！

送祝身体健康，工作顺利！

此致

敬礼

自荐人：xxx

xxx年xxx月xxx日

图 3－15　编辑后的自荐信

3.2.2　利用【表格】制作个人简历

表格是使用 Microsoft Word 2010 进行文字排版的简洁、有效的方式之一。如果将个人简历用表格的形式来表现，会使人感觉整洁、清晰，有条理。

下面将介绍个人简历表格的制作，效果如图 3－16 所示。

1. 插入表格

打开 Microsoft Word 2010 文档窗口，选择【插入】功能区。在【表格】分组中单击【表格】按钮，并在打开菜单中选择【插入表格】，如图 3－17 所示。

打开【插入表格】对话框，在【表格尺寸】区域分别设置表格的行数和列数；在【“自动调整”操作】区域，选中【固定列宽】单选框，设置表格的固定列宽尺寸；选中【根据内容调整表格】单选框，单元格宽度会根据输入的内容自动调整；选中【根据窗口调整表格】单选框，所插入的表格将充满当前页面的宽度。选中【为新表格记忆此尺寸】复选框，再次创建表格时将使用当前尺寸。设置完毕单击【确定】按钮即可，如图 3－18 和图 3－19 所示。

个人简历

姓名		性别		出生年月		
民族		籍贯		政治面貌		
学历		专业		外语水平		
通信地址				邮政编码		
E-mail				联系电话		
教育情况						
专业课程						
获奖情况						
爱好特长						
自我评价						
求职意向						

图3-16 “个人简历”表格

说明:

(1)在Microsoft Word 2010中,选中表格后在快速工具栏中添加【表格工具】选项卡,方便表格的编辑,如图3-20所示。

(2)制作表格还可以使用【绘制表格】命令。打开Microsoft Word 2010文档页面,选择【插入】选项卡,单击【表格】按钮,在菜单中选择【绘制表格】,如图3-21所示。

(3)鼠标指针变成铅笔形状,拖动鼠标左键绘制表格边框、行和列。绘制完成表格后,按ESC键或者在【设计】选项卡中单击【绘制表格】按钮,取消绘制表格状态。

2. 单元格中输入文字

表格由水平行和垂直列组成,行和列交叉的矩形部分为单元格。可在单元格中输入“姓名”、“性别”、“出生年月”……“求职意向”等文字,操作步骤如下:

(1)单击表格第1行第1列,光标定位在该单元格,输入文字“姓名”。

(2)按Tab或→键将光标向右移动,分别输入“性别”、“出生年月”。

(3)按键盘的向下“↓”键,将光标向下移动,分别在各行输入相应的内容。

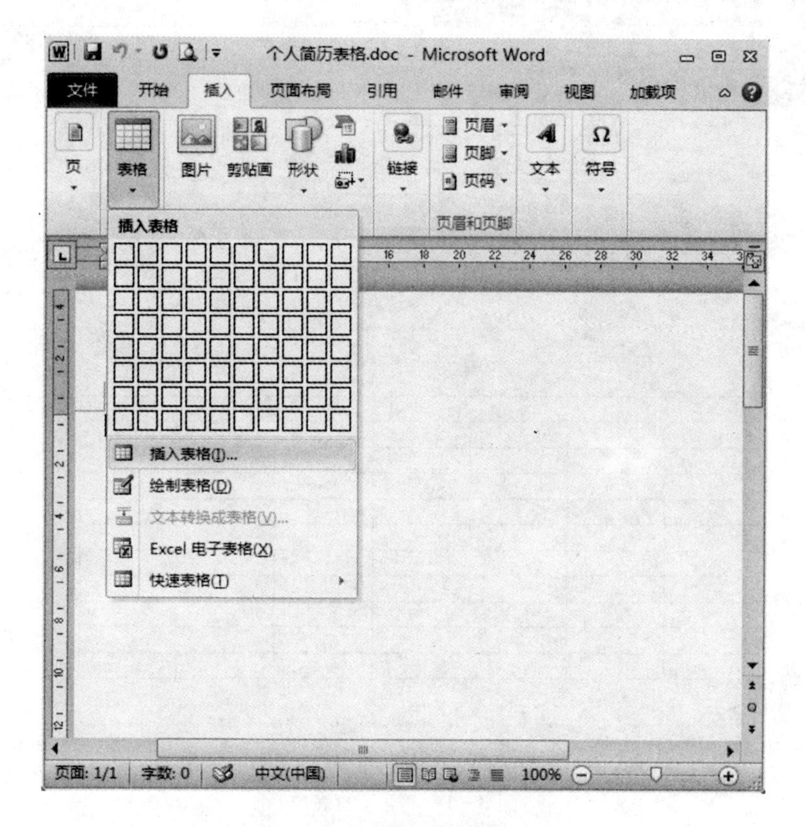

图 3－17　【插入表格】命令

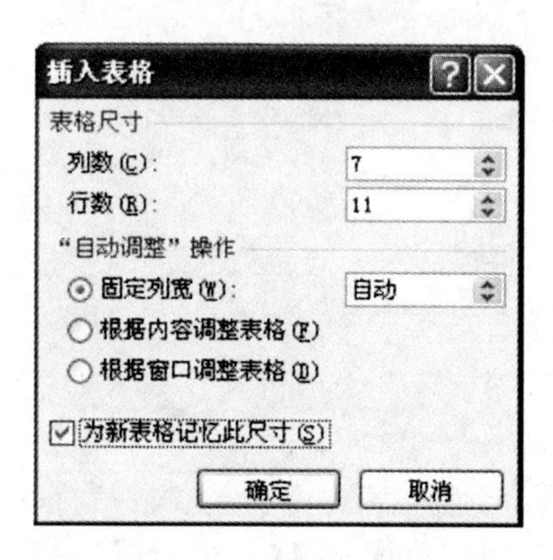

图 3－18　【插入表格】对话框

(4) 如果不用键盘，也可以使用鼠标定位输入的单元格，只要在输入内容的单元格中单击后即可输入相应内容，如图 3－22 所示。

3. 合并和拆分单元格

根据编辑的需要，利用单元格合并功能，可以将表格的若干个单元格合并为一个单元格；也可以利用单元格的拆分功能，将一个单元格分为多个单元格。

选中需要合并的两个或两个以上的单元格，单击【布局】选项卡，在【合并】组中单击【合并单元格】按钮即可，如图 3－23 所示。

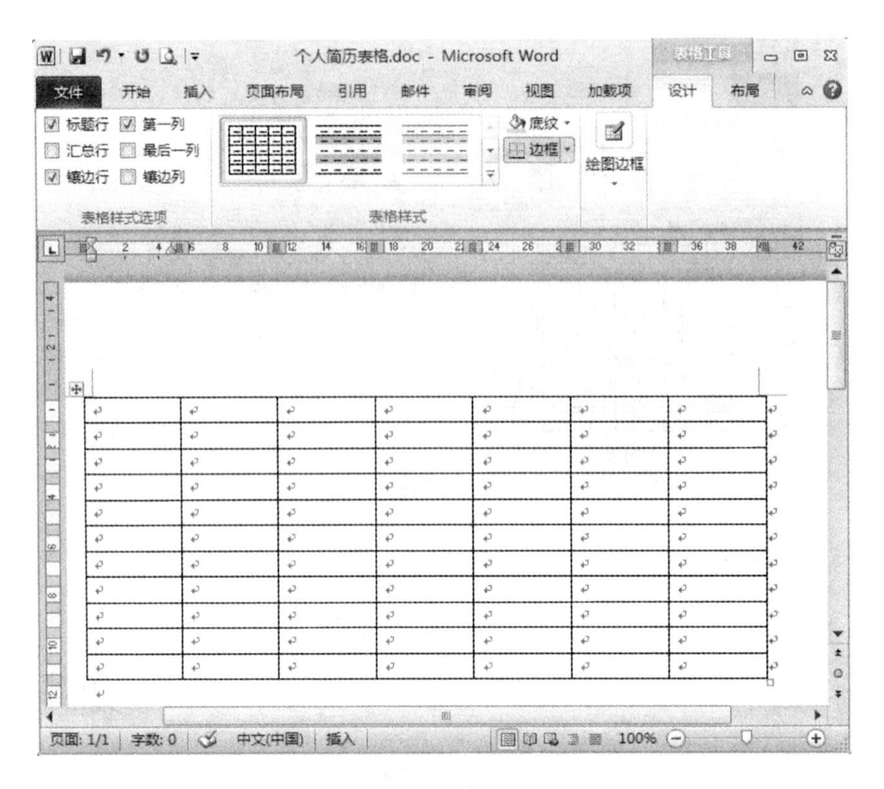

图 3 - 19　插入的表格

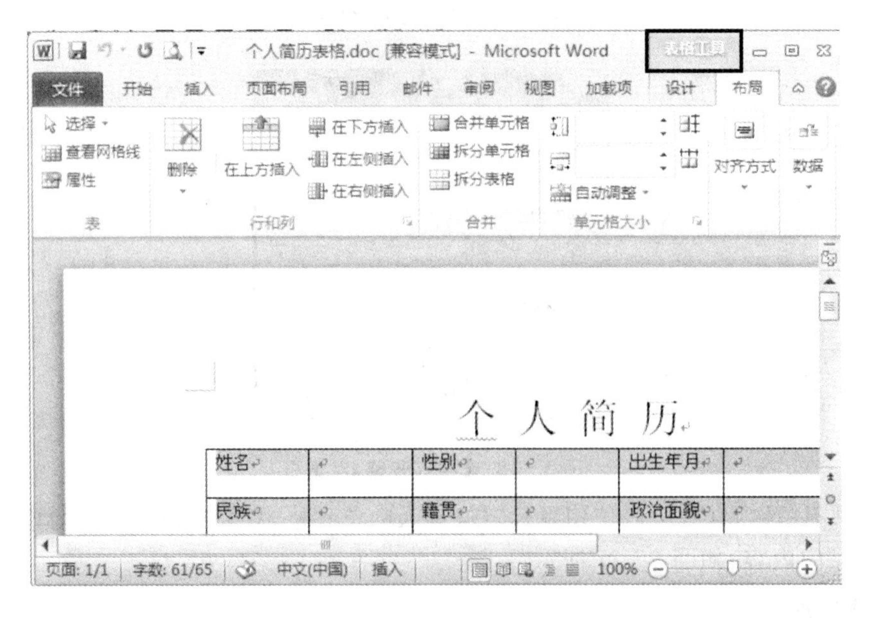

图 3 - 20　【表格工具】选项卡

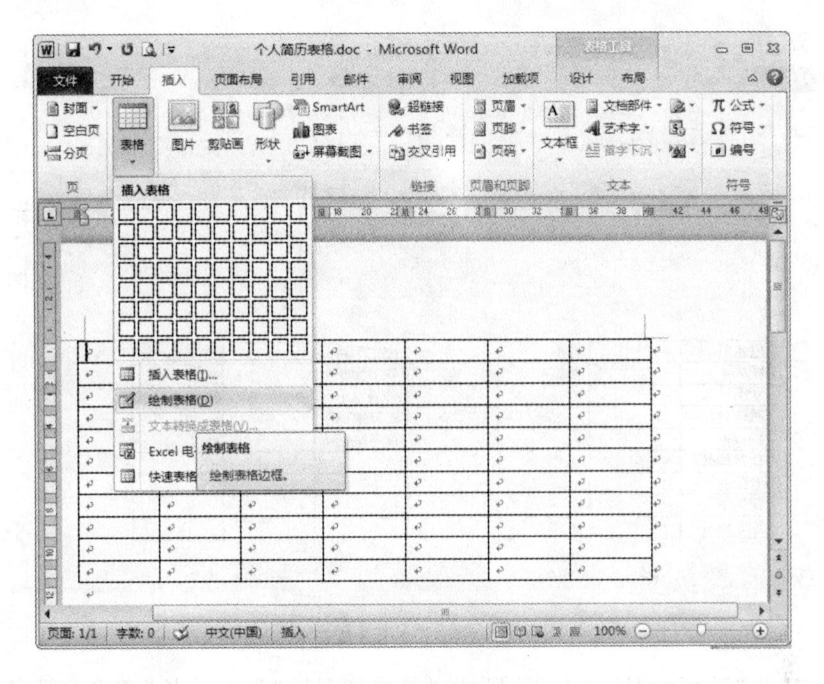

图 3-21　【绘制表格】命令

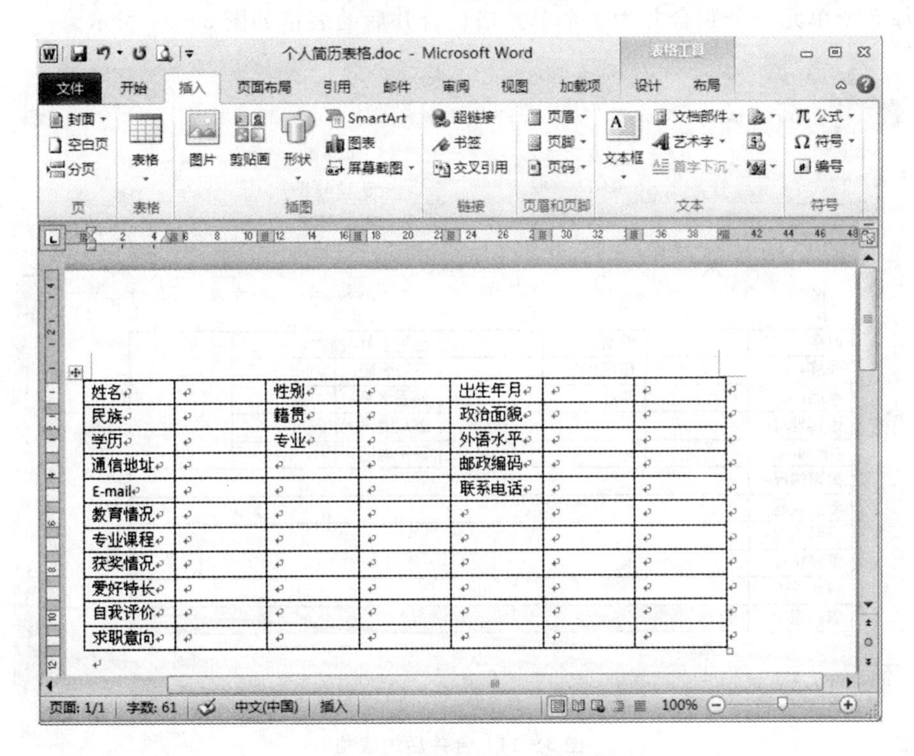

图 3-22　输入文字后的表格

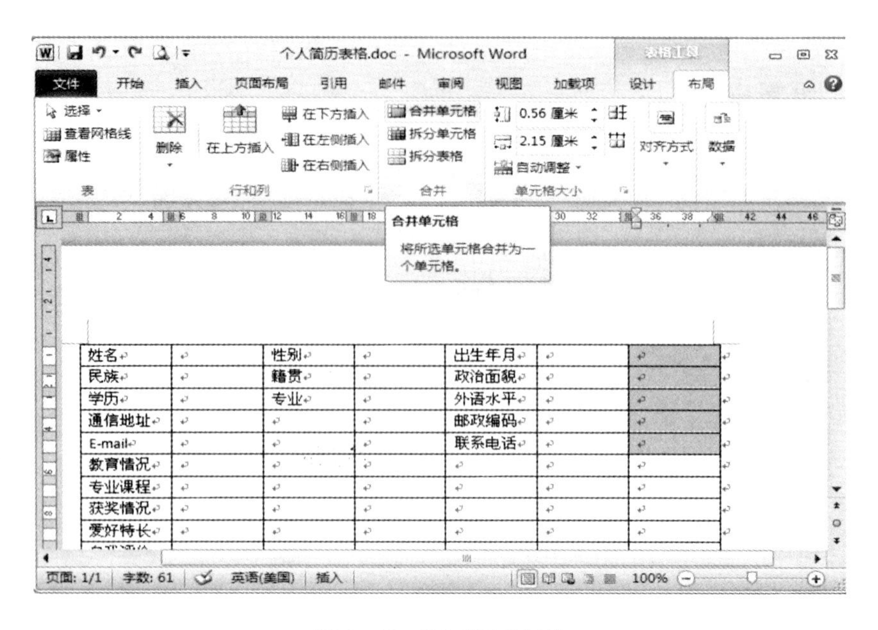

图 3-23 【合并】单元格

依照此方法将“教育情况”、“专业课程”、“获奖情况”、“爱好特长”、“自我评价”和“求职意向”后的每 5 个单元格分别合并为 1 个单元格。合并后的表格如图 3-24 所示。

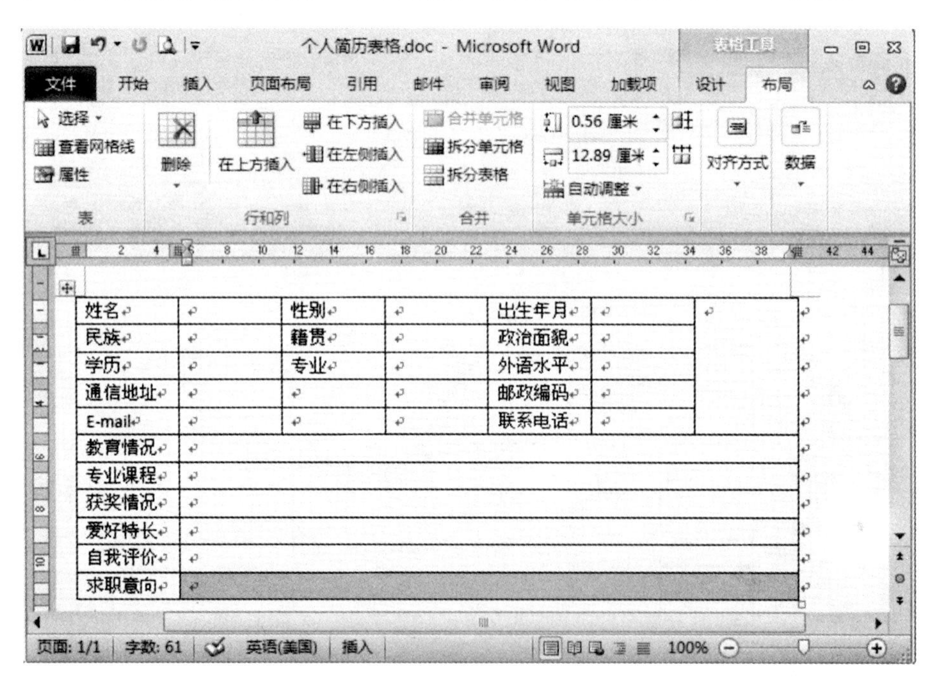

图 3-24 合并后的表格

说明：合并和拆分单元格，也可以右击被选中的单元格，选择【合并单元格】菜单命令即可，如图 3-25 所示。

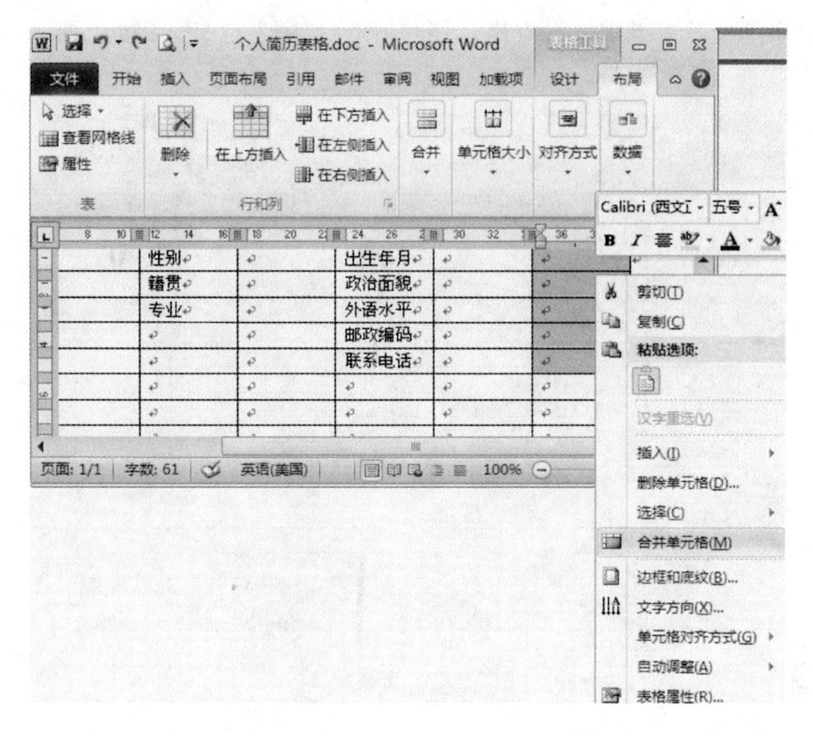

图 3－25　【合并单元格】命令

4. 调整单元格的宽度和高度

表格中的行高和列宽通常是不用设置的，在输入文字时会自动根据单元格中内容而定。但在实际应用中，为了表格的整体效果，有时也需要对它们进行调整。

(1) 将指针停留在表格第 1 列的右边框线上，直到指针变为"← ‖ →"，按下鼠标左键，文档窗口里出现一条垂直虚线，随着鼠标指针移动，第 1 列的宽度随着变化，直到合适位置时释放鼠标，如图 3－26 所示。

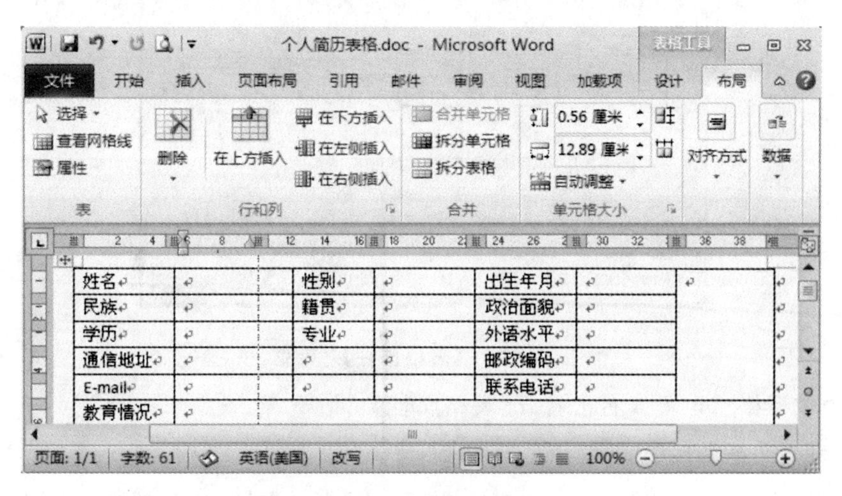

图 3－26　调整列宽

(2) 将指针移动到垂直标尺的行标记，指针变成【调整表格行】的上下双箭头时，按下鼠标左键，文档窗口出现一条水平虚线随着指针移动，行高也随着改变，直到合适位置时释放鼠标，如图 3－27 所示。

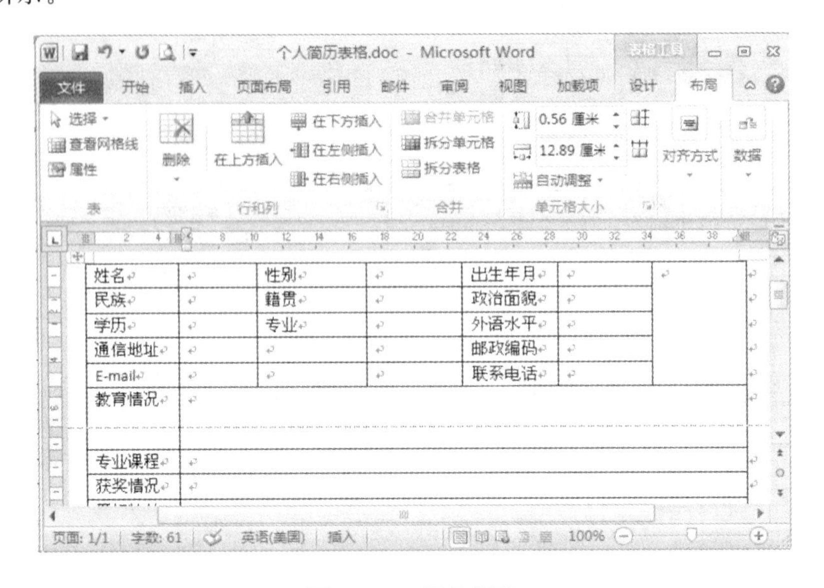

图 3－27　调整行高

说明：

(1) 将指针移动到某一行的最左边，直到指针变为斜向右上的箭头“↗”，单击鼠标选中该行，按住鼠标向下拖动，选定表格第 1—5 行。

(2) 在菜单栏中选择【布局】|【属性】，打开【表格属性】对话框。

(3) 在【行】选项卡中，选中【指定高度】复选框，在其后的数字框中输入 0.8 厘米，如图 3－28 所示，单击【确定】按钮。

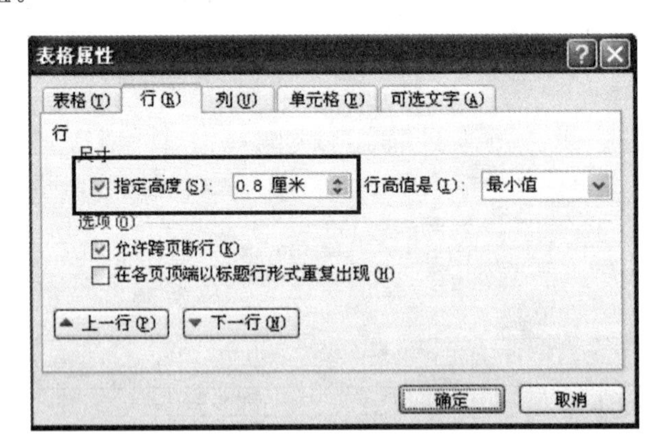

图 3－28　【表格属性】对话框

(4) 选中单元格后也可以右击打开【表格属性】对话框。

5. 设置表格边框和底纹

(1) 在 Microsoft Word 2010 中，选中表格后，在【开始】功能区设置表格的边框和底纹，如图 3－29 所示。

(2) 在 Word 表格中选中需要设置边框的单元格或整个表格。在【表格工具】功能区切换

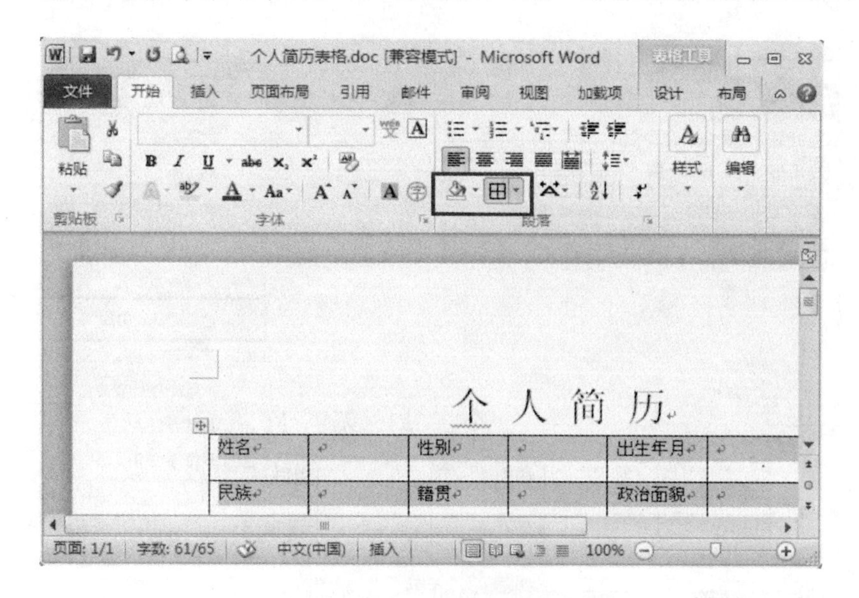

图 3－29　【开始】功能区

到【设计】选项卡，然后在【表格样式】分组中单击【边框】下拉三角按钮，并在【边框】菜单中执行【边框和底纹】命令，如图 3－30 所示。

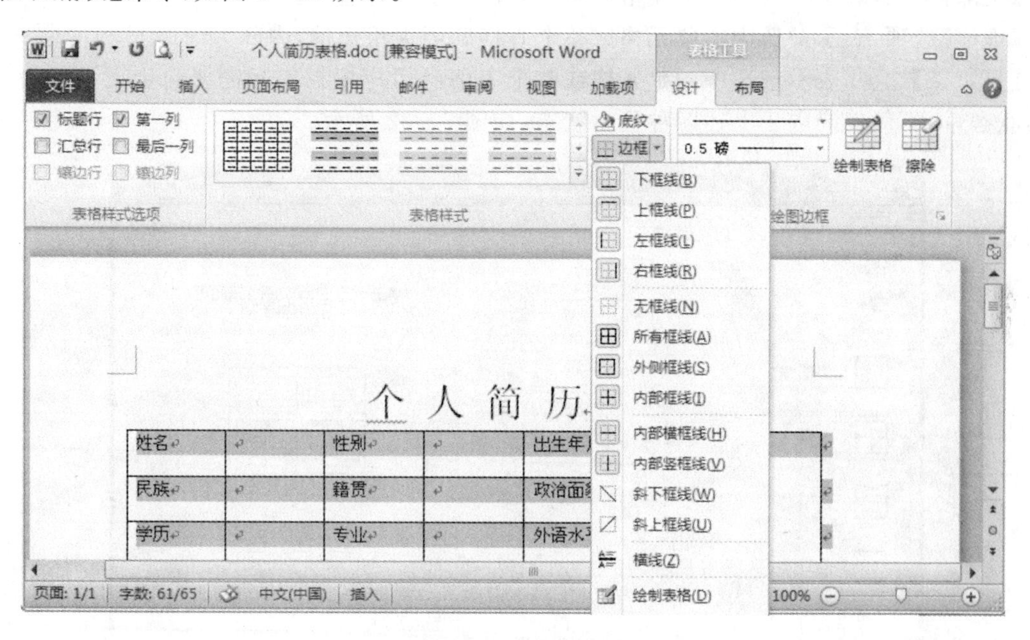

图 3－30　【边框】菜单

(3) 选中需要设置边框的单元格或整个表格，单击右键，选择【边框和底纹】，打开【边框和底纹】对话框，如图 3－31 所示。

在打开的【边框和底纹】对话框中，单击【边框】选项卡，在【设置】区域选择边框类型。其中：

【无】选项，表示被选中的单元格或整个表格不显示边框。

【方框】选项，表示只显示被选中的单元格或整个表格的四周边框。

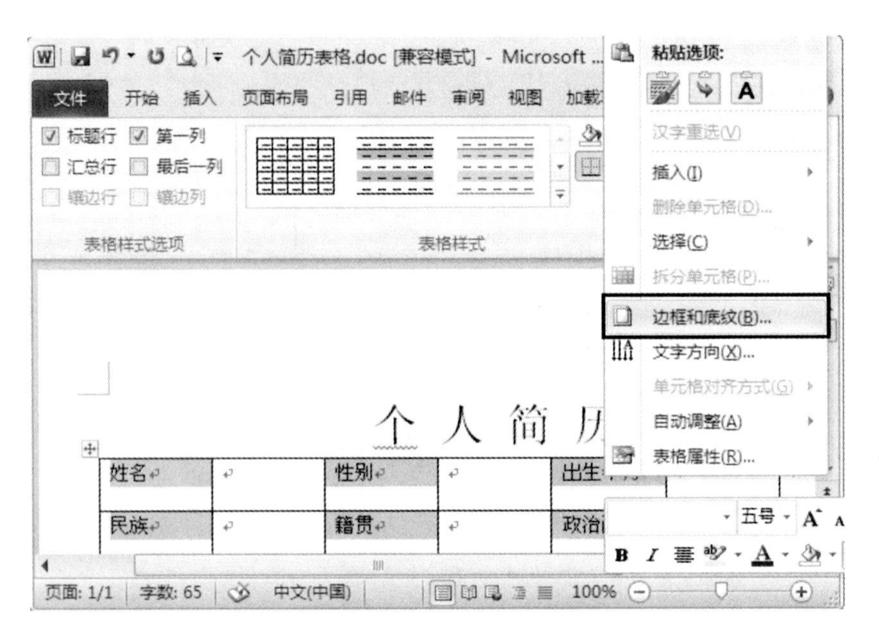

图 3－31 【边框和底纹】命令

【全部】选项,表示被选中的单元格或整个表格显示所有边框。

【虚框】选项,表示被选中的单元格或整个表格四周为粗边框,内部为细边框。

【自定义】选项,表示被选中的单元格或整个表格由用户根据实际需要自定义设置边框的显示状态,而不仅仅局限于上述四种显示状态,如图 3－32 所示。

图 3－32 【边框和底纹】对话框

6. 设置单元格的对齐方式

选中需要设置的单元格或者是整个表格,在【表格工具】的【布局】选项卡中有【对齐方式】,

同时也可以设置【文字方向】,如图 3-33 所示。。

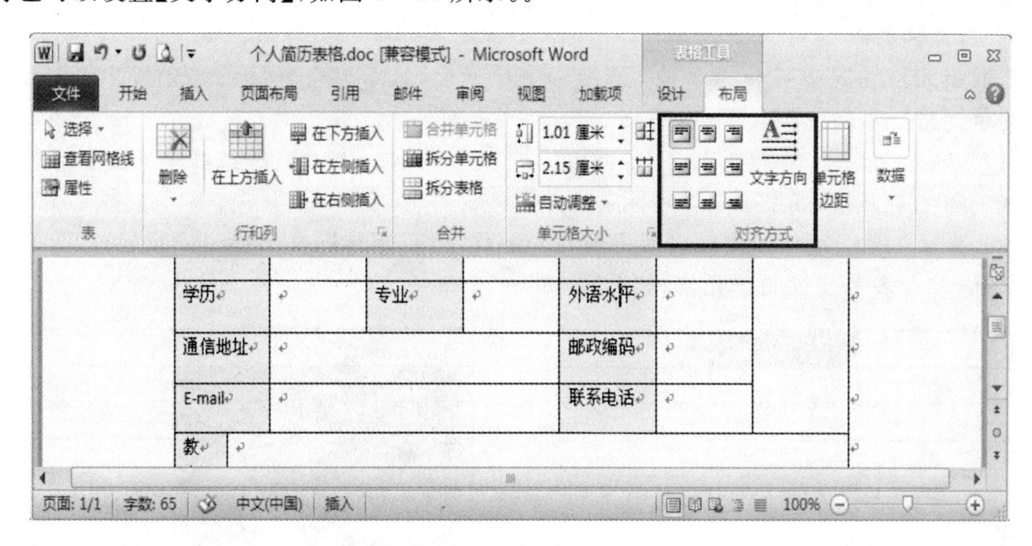

图 3-33　【布局】选项卡

选中要设置的单元格或整个表格,右击,选择【单元格对齐方式】,也可以完成【单元格对齐方式】的设置,如图 3-34 所示。

个人简历

姓名		性别		出生年月		
民族		籍贯		政治面貌		
学历		专业		外语水平		
通信地址				邮政编码		
E-mail				联系电话		
教育情况						
专业课程						
获奖情况						
爱好特长						
自我评价						
求职意向						

图 3-34　表格

说明：表格进行格式化之前，必须选取编辑对象。

1）选取单元格

选取单元格的方法可分为 3 种：选取一个单元格，选取多个连续的单元格和选取多个不连续的单元格。

（1）选取一个单元格。在表格中，将鼠标放在左侧格线内，出现【选择单元格】指针，单击即可选中单个单元格，如图 3－35 所示。

（2）选取多个连续单元格。将鼠标放在左侧格线内，出现【选择单元格】指针状态，单击并拖动鼠标，选择多个连续的单元格，如图 3－36。

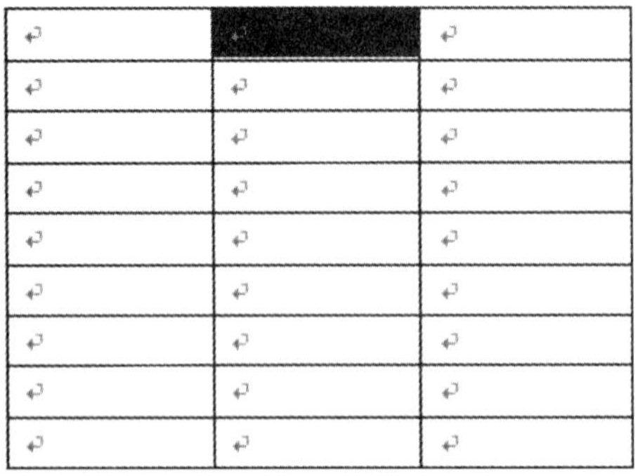

图 3－35　选取一个单元格

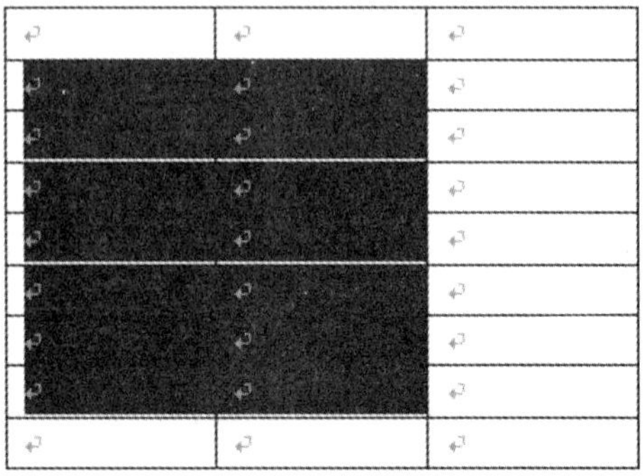

图 3－36　选取多个连续单元格

（3）选取多个不连续的单元格。将鼠标放在左侧格线内，出现【选择单元格】指针状态，按下 Ctrl 键并单击，选择多个独立的单元格，如图 3－37 所示。

2）选取整列

将鼠标放在某一列顶部，当出现【选择整列】指针状态时，单击即可选定该列，如图 3－38 所示。

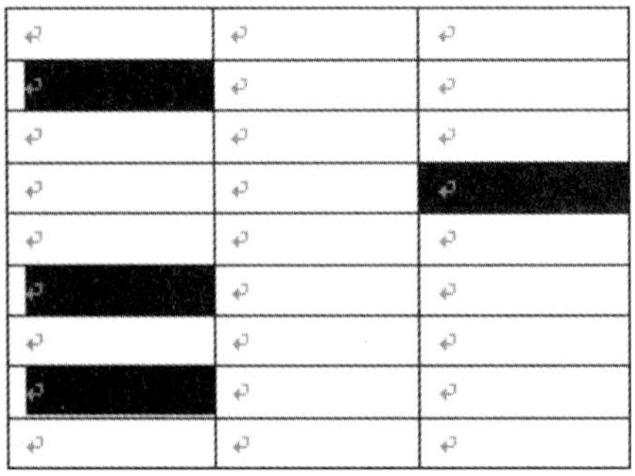

图 3－37　选取多个不连续的单元格

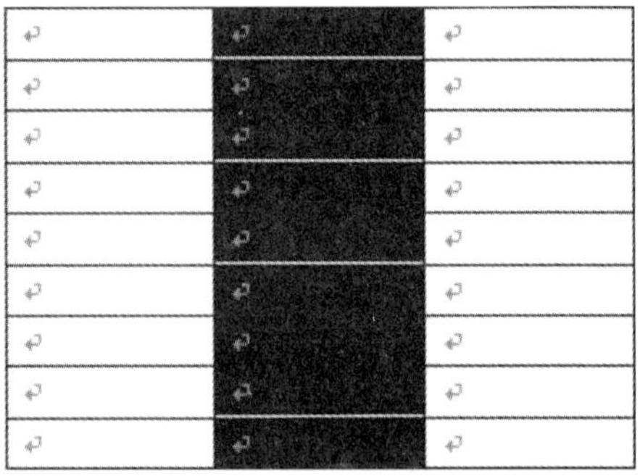

图 3－38　选取整列

如果选择连续多列，则可当鼠标出现【选择整列】指针状态时，单击并拖动即可选中多列；如果选择独立多列，则按下 Ctrl 键并分别单击，选择多个独立的列。

3）选取整行

将鼠标放在表格左侧线外，当出现【选择整行】指针状态时，单击选定该行，如图 3－39 所示。

若选择连续多行，当鼠标出现【选择整行】指针状态时，单击并拖动鼠标可选中多行；若选择独立多行，则按下 Ctrl 键并分别单击，选择多个独立的行。

↵	↵	↵	↵	↵	↵
↵	↵	↵	↵	↵	↵
↵	↵	↵	↵	↵	↵
↵	↵	↵	↵	↵	↵
↵	↵	↵	↵	↵	↵
↵	↵	↵	↵	↵	↵
↵	↵	↵	↵	↵	↵
↵	↵	↵	↵	↵	↵
↵	↵	↵	↵	↵	↵

图 3-39 选取整行

4）选取表格

将鼠标放在表格左上角外侧，当出现【选择整个表格】指针状态时，单击即可选定整个表格，如图 3-40 所示。

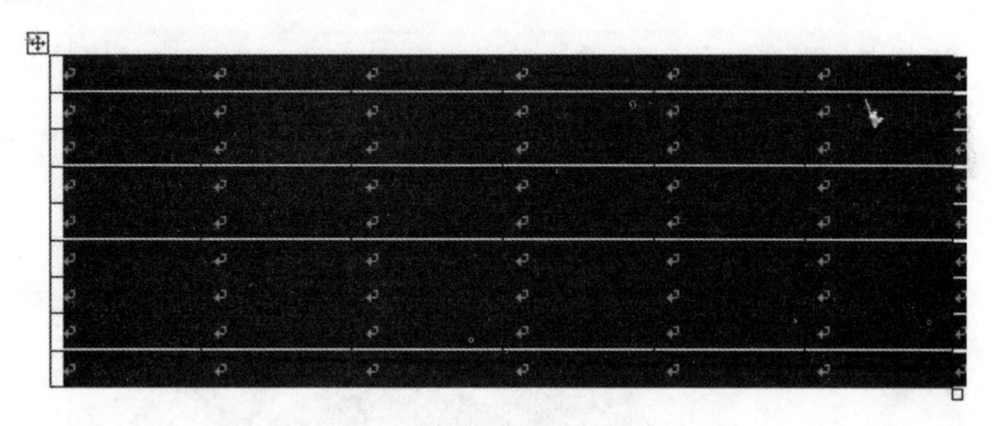

图 3-40 选取整个表格

3.2.3 利用图片及文本框工具制作求职简历封面

1. 插入页

在自荐信前面插入一页，作为封面页。

打开“求职简历”文档，将光标放在标题“自荐信”前面，单击【插入】选项卡，选择【空白页】，即插入封面页。

对于封面，Microsoft Word 2010 提供了很多模板，如图 3-41 所示。

2. 插入与编辑图片

1）插入图片

图片的使用在修饰文档中有着非常重要的作用，一篇美观的文档必然在使用图片方面有特别之处。学会在文档中使用图片，将会使文档增色不少。

选择【插入】选项卡，在功能区中选择【图片】，如图 3-42 所示。

打开【插入图片】对话框，选择【校徽.bmp】，单击【插入】即可，如图 3-43 所示。用同样的方法插入【大门.jpg】。

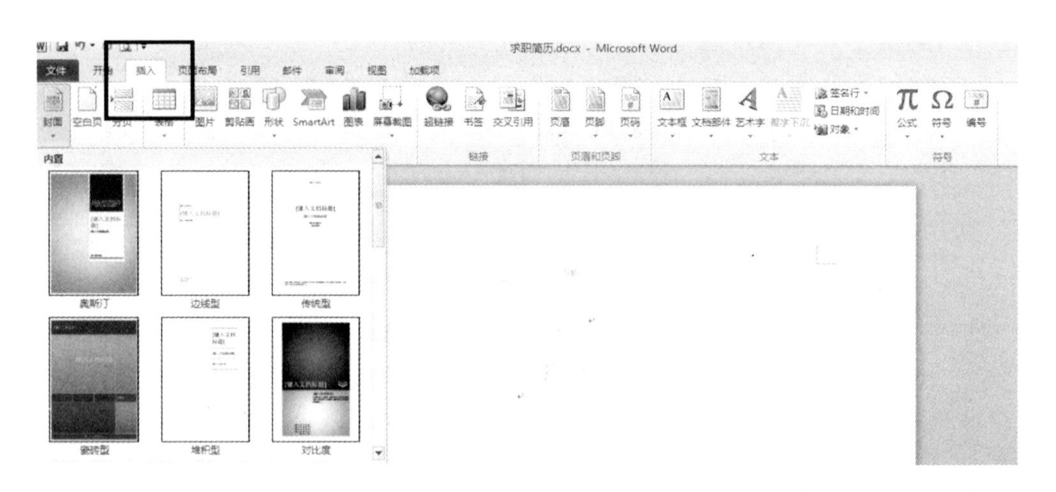

图 3－41　封面模板

图 3－42　【插入】功能区

2）调整图片大小

单击【校徽. bmp】图片，在图片周围出现了 8 个尺寸控制点。将鼠标指针移动到 4 个角的任意一个尺寸控点上，鼠标指针变成双向箭头。按住鼠标左键向内或向外拖动，直到虚线方框大小合适为止。释放鼠标左键，可成比例地调整图片的高度和宽度，如图 3－44 所示。

3. 输入文字

在封面中的校徽和校名下面输入“求职简历”，通过字符格式化进行设置。

要求：将文字设置为华文隶书、字号 60、蓝色、加粗、阴影、段前间距 1.5 行，效果如图 3－45 所示。

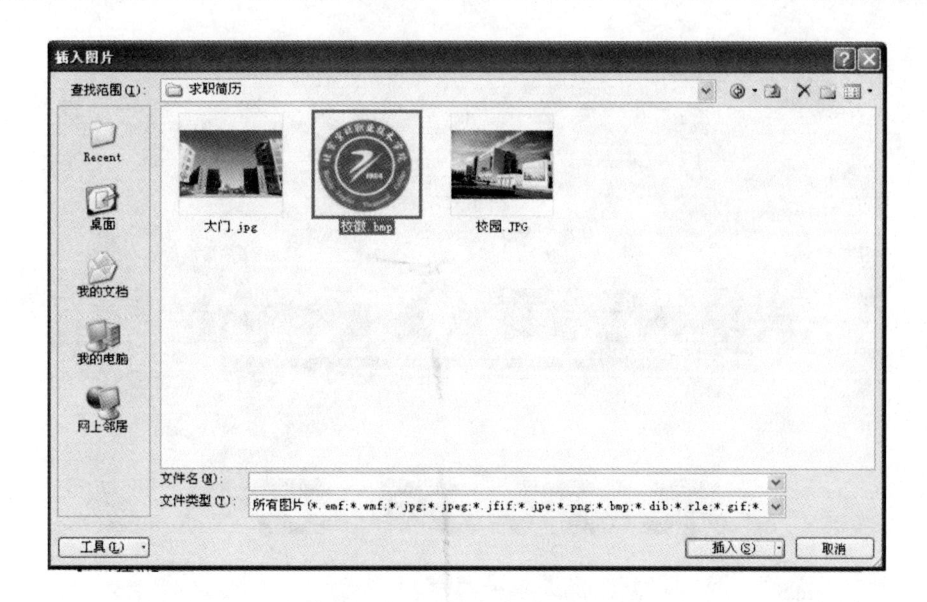

图 3－43　【插入图片】对话框

图 3－44　调整图片大小

4. 插入文本框

对于初学者来说，一般习惯于用空格来调整文字的位置；而 Microsoft Word 2010 中的每个空格因所设字体大小不同，所占的位置也不同。用这种方法不但麻烦，而且定位不准，难以精确对齐。插入文本框，在文本框中输入文字，可以灵活地通过改变文本框的位置来调整文字

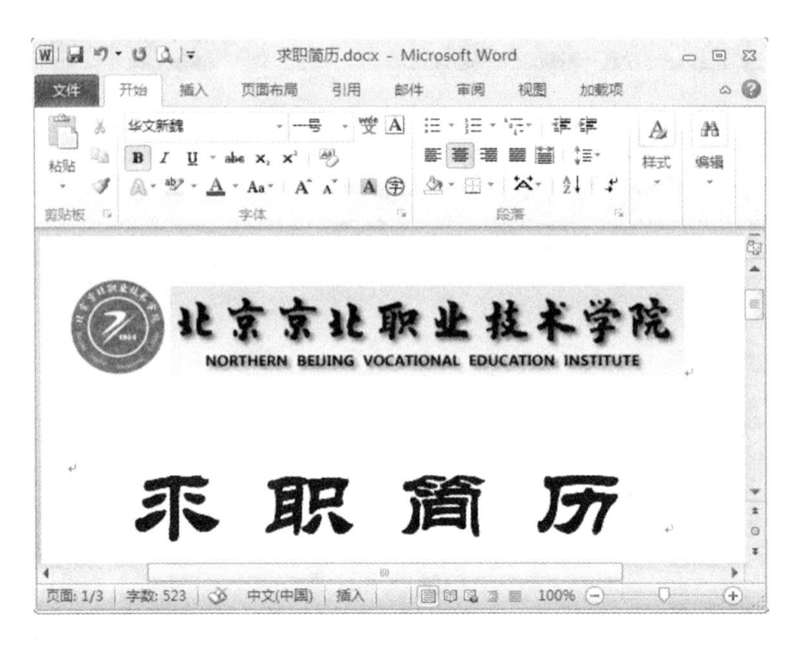

图 3-45　文字效果图

的位置。

(1) 单击【插入】选项卡,在功能区中单击【形状】,在下拉列表中选择【文本框】,如图 3-46 所示。

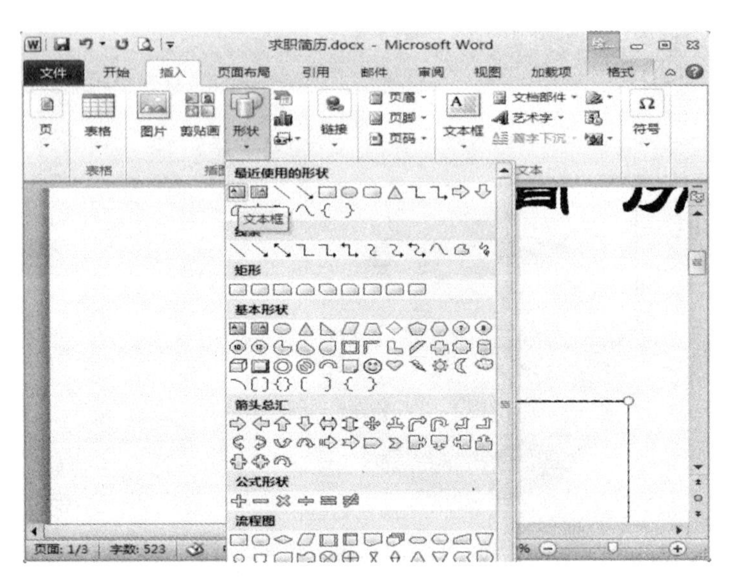

图 3-46　【插入】文本框

(2) 在【绘图工具】中单击【格式】选项卡来设置文本框的【形状填充】和【形状轮廓】,如图 3-47 所示。

【形状填充】设置为【无色】,【形状轮廓】设置为【无色】,然后在文本框中输入“姓名”、“专业”、“联系电话”和“电子邮箱”。输入文字并进行设置后的文本框如图 3-48 所示。

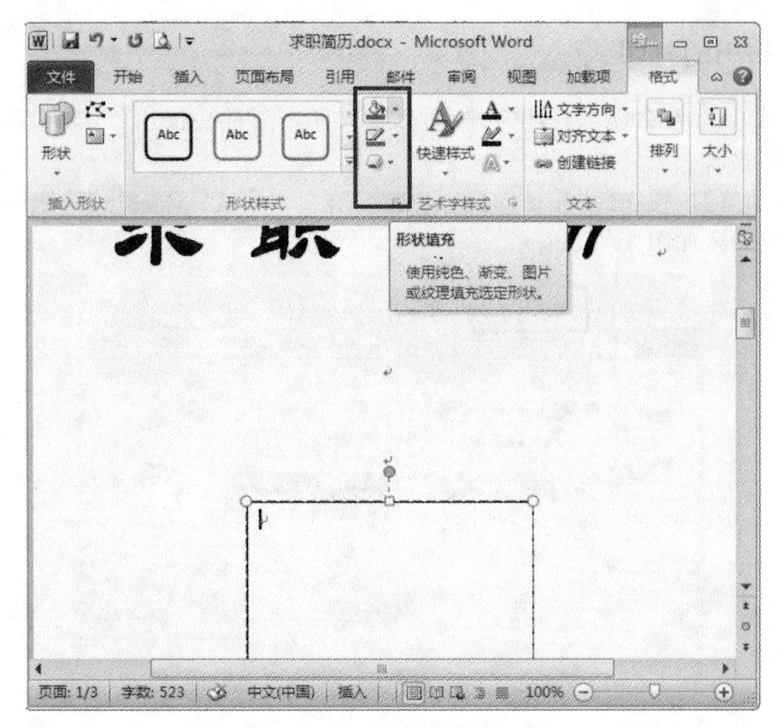

图3-47 设置"文本框"选项

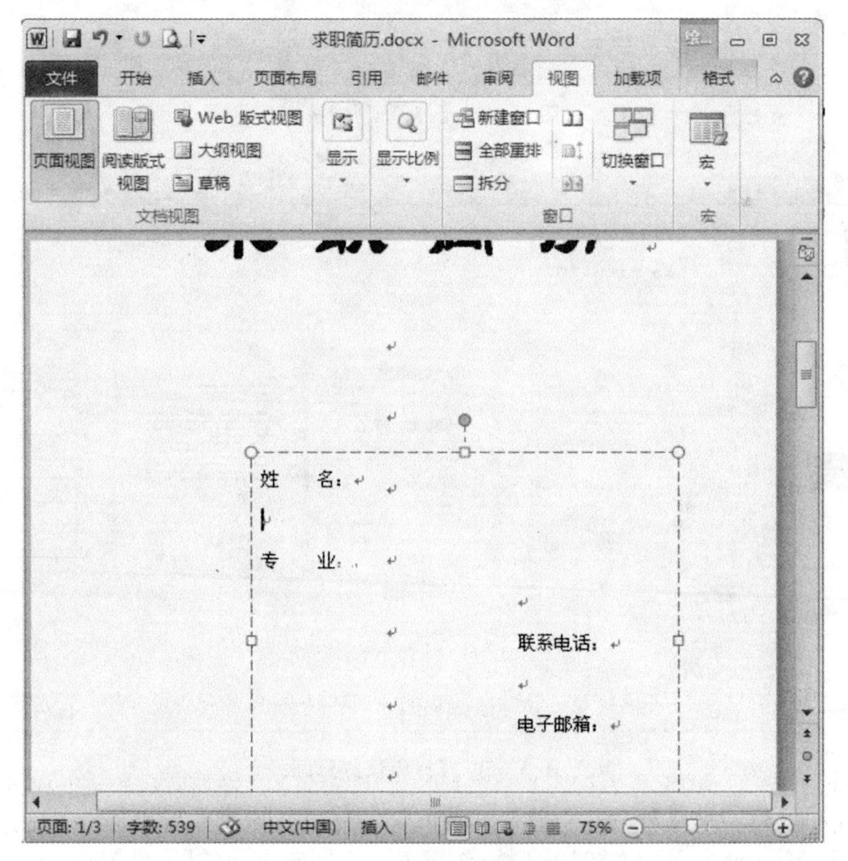

图3-48 设置后的文本框

3.2.4 个人简历的打印

日常工作当中,经常会涉及打印文件,而打印文件之前都会使用打印预览这一功能,打印前看一下打印的效果。

如果【打印预览】按钮在【快速访问】工具栏中,直接单击【打印预览】按钮即可,如图3-49所示。预览的效果图如图3-50所示。

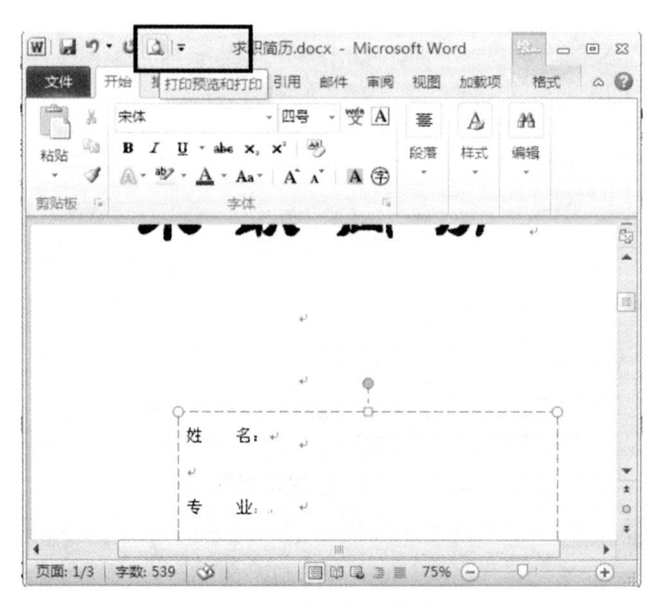

图3-49 【打印预览】按钮

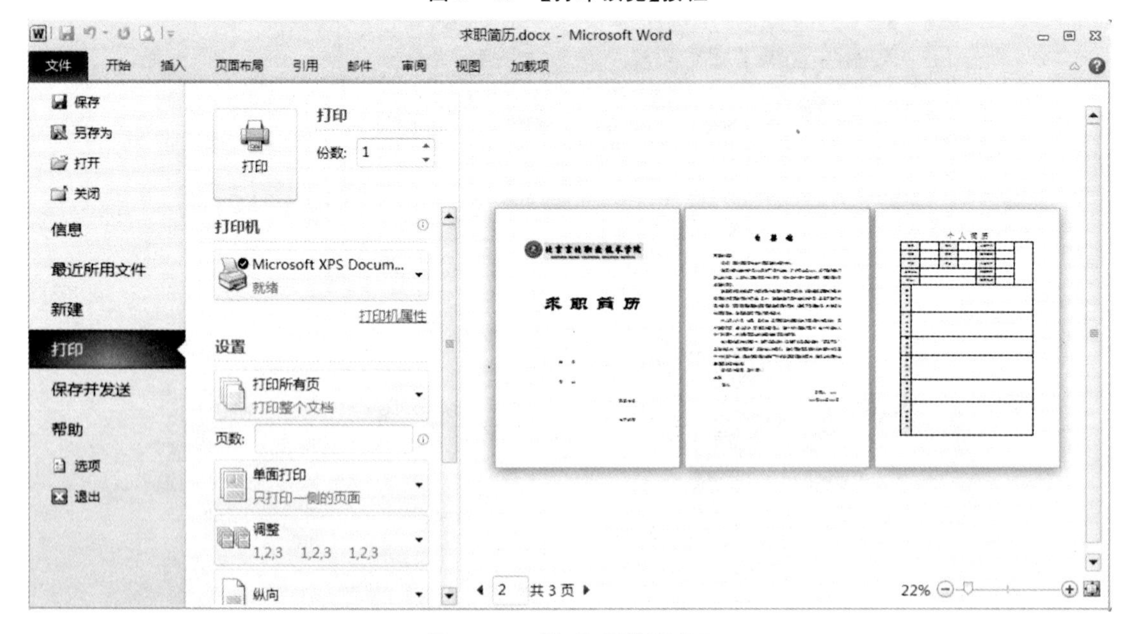

图3-50 【打印预览】页面

说明:如果【打印预览】按钮不在【快速访问】工具栏中,需进行以下操作:

(1) 打开Microsoft Word 2010文档,然后单击界面左上角的【文件】选项卡,从中选择【选项】,如图 3－51 所示。

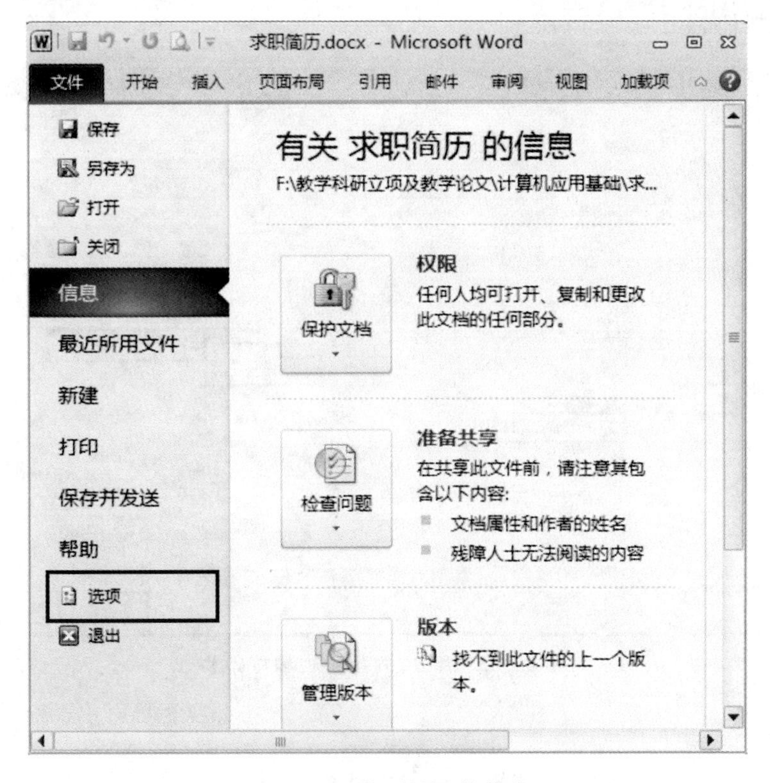

图 3－51　【文件】下拉菜单

(2) 进入【Word 选项】窗口后,单击【快速访问工具栏】,选中左边窗口【常用命令】下拉菜单中的【打印预览和打印】选项卡,单击【添加】按钮,如图 3－52 所示。

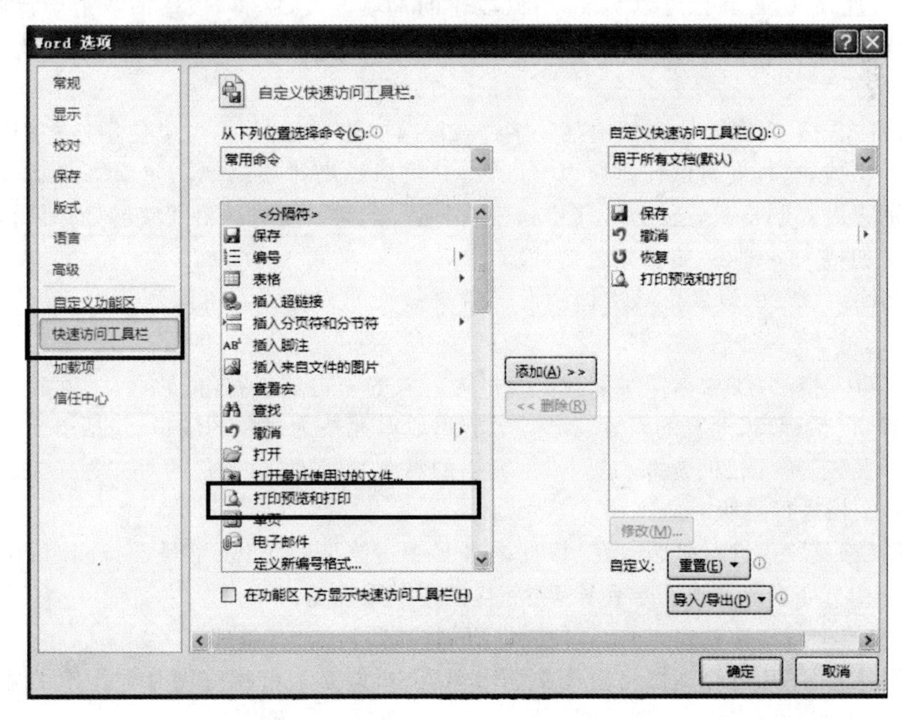

图 3－52　添加【打印预览和打印】按钮

(3) 其中一个名为【打印预览和打印】的命令添加到右边窗口的【自定义快速访问工具栏】中,单击【确定】按钮,如图3-53所示。

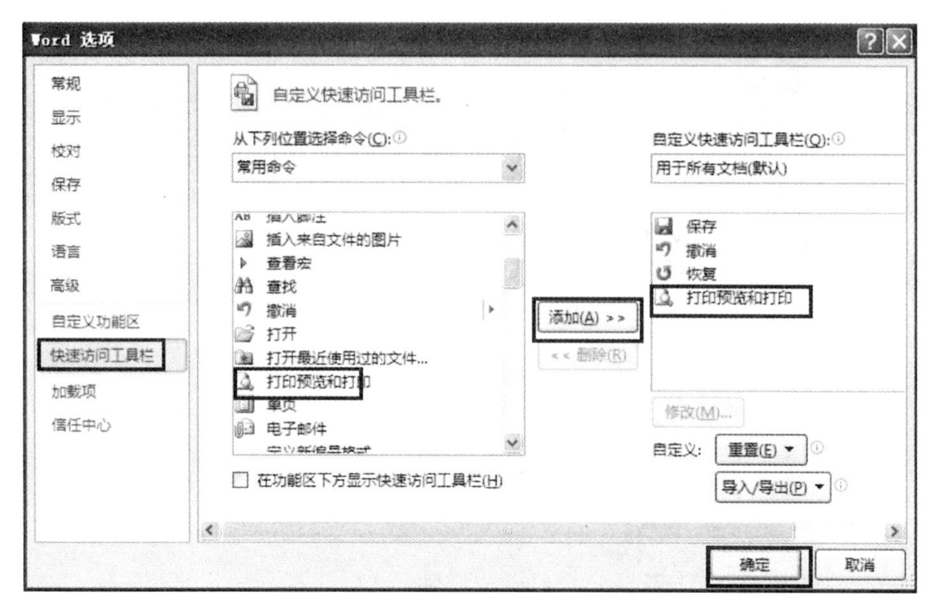

图3-53 添加【打印预栏和打印】

3.3 案例总结

本案例主要介绍了Microsoft Word 2010文档的排版,包括字符格式、段落格式和页面格式的设置,图片的处理,文档的分节和表格的制作等。

(1) 通过【格式】工具栏可以实现字符、段落的基本设置,字符、段落的复杂设置则应使用【格式】菜单中的【字体】、【段落】命令实现。【字体】、【段落】命令集中了对字符、段落进行格式化的所有命令。

(2) 【格式刷】,当需要使文档中某些字符或段落的格式相同时,可以使用格式刷来复制字符或段落的格式,这样既可以使排版风格一致,又可以提高排版效率。使用格式刷时,如果要在不连续的多处复制格式,必须双击【格式刷】按钮。当完成所有的格式复制操作后,再次单击【格式刷】按钮或Esc键,关闭格式复制动能。

(3) 文档中"节"的设置可给文档的设计带来极大的方便。在不同的节中,可以设置不同的页面格式。

(4) 编辑表格时,注意选择对象。以表格为对象的编辑,包括表格的移动、缩放;以行列为对象的编辑,包括行高、列宽的设置,插入和删除;以单元格为对象的编辑,包括单元格的插入、删除、移动、复制,单元格的合并和拆分,单元格的高度和宽度,单元格的对齐方式等。

(5) 对文档进行排版时应遵循以下原则:

① 对字符及段落进行排版时,要根据内容多少适当调整字体、字号及行间距、段间距,使内容在页面中分布合理。既不要留太多空白,也不要太拥挤。

② 在文档中适当地使用表格,可使文档更加清晰、整洁、有条理。

③ 适当地用图片点缀文档将会使文档增色不少,但必须把握好图片与文字的主次关系,

不要喧宾夺主。

④ 当文档中的文字需要快速、精确对齐时，在水平方向可使用制表位，在垂直方向可利用段落间距实现对文本的准确定位。

总之，版面设计具有一定的技巧性和规范性，读者在学习版面设计时，应多观察各种出版物的版面风格，以便设计出具有实用性的文档来。

通过本案例的学习读者还可以对日常工作中的实习报告、学习总结、申请书、工作计划、公告文件、调查报告等文档进行排版和打印。

3.4　知识拓展

1. 将文字转换成表格

先按一定的格式输入文本并选定文本，单击【插入】选项卡，选择【表格】|【文本转换成表格】，打开【将文字转换成表格】对话框，然后在对话框中进行相应的设置即可。

2. 防止表格跨页断行

通常情况下，Microsoft Word 2010 允许表格行中的文字跨页拆分，但这可能导致表格中的内容被拆分到不同的页面上，影响文档的阅读效果。可以使用下面的方法设置，防止表格跨页断行：

(1) 选定需要处理的表格；

(2) 单击【表格工具】下面的【属性】，在【表格属性】对话框中的【行】选项卡中取消选中【允许跨页断行】复选框，然后单击【确定】按钮即可。

3. 自动套用表格

Word 提供了多种可以自动套用的表格格式，能满足不同用户的需要。套用表格前应先插入一个表格并输入内容，然后选择【表格工具】下的【设计】选项卡，功能区中的【样式】有【表格自动套用格式】，选择一种即可。

4. 裁剪图片边缘

选中要裁剪的图片，在【图片工具】中选择【格式】选项卡，单击【裁剪】按钮，将指针移至图片的四角控制点处(或各边中间控制处)，按住鼠标左键拖动到合适位置，然后释放鼠标左键即可。

5. 插入超级链接

在文档中创建超级链接，右击选中的文字，在弹出的菜单中选择【超链接】，然后指定要链接的内容。

3.5　实践训练

3.5.1　基本训练

1. 训练一

将“微软研究院. docx”进行如下设置：

(1) 将第一段的左缩进置为0.5厘米,右缩进置为0.5厘米,首行缩进为0.8厘米。

(2) 将第二段的“微软”改为“Microsoft”。

(3) 将最后一段置成蓝色,字号设为小五,并加粗。

(4) 插入页眉,内容为“微软研究院”。

(5) 将正文(标题除外)中的第一、二段分二栏排版,栏间距为0.5厘米,添加分隔线。

微软研究院

微软研究院成立于1991年,目前拥有330名员工。该研究院致力于计算机科学和软件工程方面的基础研究工作,面向5～10年后的市场需求,其宗旨是开发新技术,使计算机应用更为简单。微软研究院在全球设有4个分支机构,其中位于美国华盛顿州雷德蒙市微软总部的微软美国研究院规模最大,研究领域也最广泛,包括交互性和智能化、编程工具和方法论、系统体系结构、语音技术、数据库、操作系统和网络技术、用户界面和三维图形甚至数学等。现任院长是拥有7个专利发明权的计算机图形领域专家凌大任博士。

1996年,微软成立旧金山研究院,研究领域包括大型服务器、数据库、软件技术等,院长是富有传奇色彩的数据库大师Jim Gray博士。不久前,Jim Gray博士获得了1998年图灵奖(这是计算机领域的最高奖项)。小型计算机之父Gordon Bell也在此工作。由于他们不喜欢雷德蒙市的多雨气候,比尔·盖茨专门为他们设立了该研究院,这也体现了盖茨“让微软向人才靠拢,而不是让人才向微软靠拢”的策略。

1997年,微软在英国剑桥设立第一家海外研究院,研究领域包括编程语言、信息检索、计算机安全等。

1998年11月5日,微软第二家海外研究院微软(中国)研究院在北京宣告成立,李开复出任院长。

2. 训练二

将“电脑心脏.docx”进行如下设置:

(1) 将全文中的“CPU”替换成“中央处理器”。

(2) 将最后一段中从“在Pentium之前……”到结束另起一段。

(3) 将第二段移到全文最后,成为最后一段。

(4) 所有英文改为词首大写。

(5) 将正文中所有“生产”设置成粗体倾斜红色。

(6) 将标题居中;字体为隶书加粗;字号为小二号;段前距1行,段后距1行。

(7) 将正文设置成楷体、四号,行距为1.5倍距。

(8) 正文各段首行缩进2个字符。

(9) 将左边距设置为2厘米,右边距设置3厘米。

(10) 将修改后的文件改名“CPU简介3.doc”保存到D:\MYDIR文件夹中,并保存到U盘上。

电脑心脏CPU

CPU是英语Central Process Unit(中央处理器)的缩写,其中intel的CPU是目前个人计算机中使用最多的CPU。

所以，人们把兼容 x86 指令集的 cpu(包括其他公司所生产的兼容产品)称之为 x86 系列 CPU。

1978 年美国 Intel 公司生产出了第一块 16 位的 CPU 芯片 i8086，它使用的指令集就叫 x86 指令集。此后，Intel 公司根据 i8086 简化设计和生产了 i8088，但它仍然使用 x86 指令集。1981 年 8 月，美国 IBM 公司使用 i8088 芯片生产出了具有划时代意义的 IBM PC 机。以后，虽然 intel 公司不断设计和生产出更快、更先进的 CPU，但都保留了上一代 CPU 的指令集。新一代的 CPU 都能在二进制代码级兼容上一代的指令。就是说为上一代 CPU 计算机编写的软件不加修改就可以在新一代 CPU 上运行。在 pentium 之前，Intel 生产的 CPU 芯片命名沿用了 x86 模式，如 i80286.、i80486，直到 1993 年因为商标注册问题而将其后产品 586 级 CPU 改名为今天的 pentium 系列。

3.5.2　能力训练

综合所学的 Microsoft Word 2010 知识，创建一份个人简历，内容不限。但必须包含以下内容：

(1) 用适当的图片、文字等对象，制作与自己的专业或学校相关的封面。

(2) 根据自己的实际情况输入一份自荐信，并对自荐信的内容进行字符格式化及段落格式化。(注意要使内容分布合理，不要留太多空白，也不要太拥挤)

(3) 将学习经历以及个人信息(班级、姓名、学号、性别、个人爱好)等，用表格直观地分类。如果愿意，可插入一张本人的照片。

案例4　制作简报

4.1　案例分析

宣传小报在日常工作、学习中应用非常广泛，排版设计难度虽然不大，但需要注重版面的整体规划、艺术效果和个性化创意。本案例以《心理健康报》的排版如例，介绍 Microsoft Word 2010 中如何对报纸杂志的版面、素材进行规划和分类，如何运用文本框、表格、分栏、图文混排、艺术字等对宣传小报进行艺术化排版。

4.1.1　任务提出

随着时代的发展，大学生的心理问题越来越多、越来越复杂，学院团委要求团委宣传部的小孙制作一期《心理健康报》（以下简称“简报”）。简报要求共 4 版，版面用 A4 纸。

经过前期的准备，小孙终于把所有素材收集完毕，准备开始排版了。刚开始制作的挺有信心，但随着制作的深入，发现制作简报并不是想象中的那么简单。刚开始以为使用 Microsoft Word 2010 文字编辑就可以完成，但是很多图文效果制作不出来。版面上的图片和文字变得越来越不听话，尤其是图片，稍不注意就跑得无影无踪。一些技术问题也不知道如何解决。例如，如何给文章加上艺术化边框？如何制作艺术化横线？如何控制文字包围图片？如何使每版中的页眉不同？如何在一页 A3 纸中打印 2 个 A4 版面的内容？

4.1.2　解决方案

报刊排版的关键是要先做好版面的整体设计，也就是宏观设计，然后再对每个版面进行具体的排版。

（1）设置版面大小：纸张大小与页边距。按内容规划版面：根据内容的主题，结合内容的多少，分成几个版面。

（2）每个版面的具体布局设计，主要包括：根据每个版面的条块特点选择一种合适的版面布局方法，对本版内容进行布局；对每个版面的每篇文章作进一步的详细排版。

（3）简报的整体设计最终要达到版面内容均衡协调、图文并茂、颜色搭配合理，具有一定的宣传教育意义。

4.2　案例实现

根据解决方案，简报排版分为以下操作步骤：

（1）对文档进行版面设置。

（2）对所收集的素材进行分类，决定每篇短文和图片的位置。

（3）对每个版面进行整体的布局设计。

(4) 按照版面的顺序,对每个版面每篇文章进行详细具体的排版。

编辑后的第 1 版和第 2 版,如图 4－1 所示。

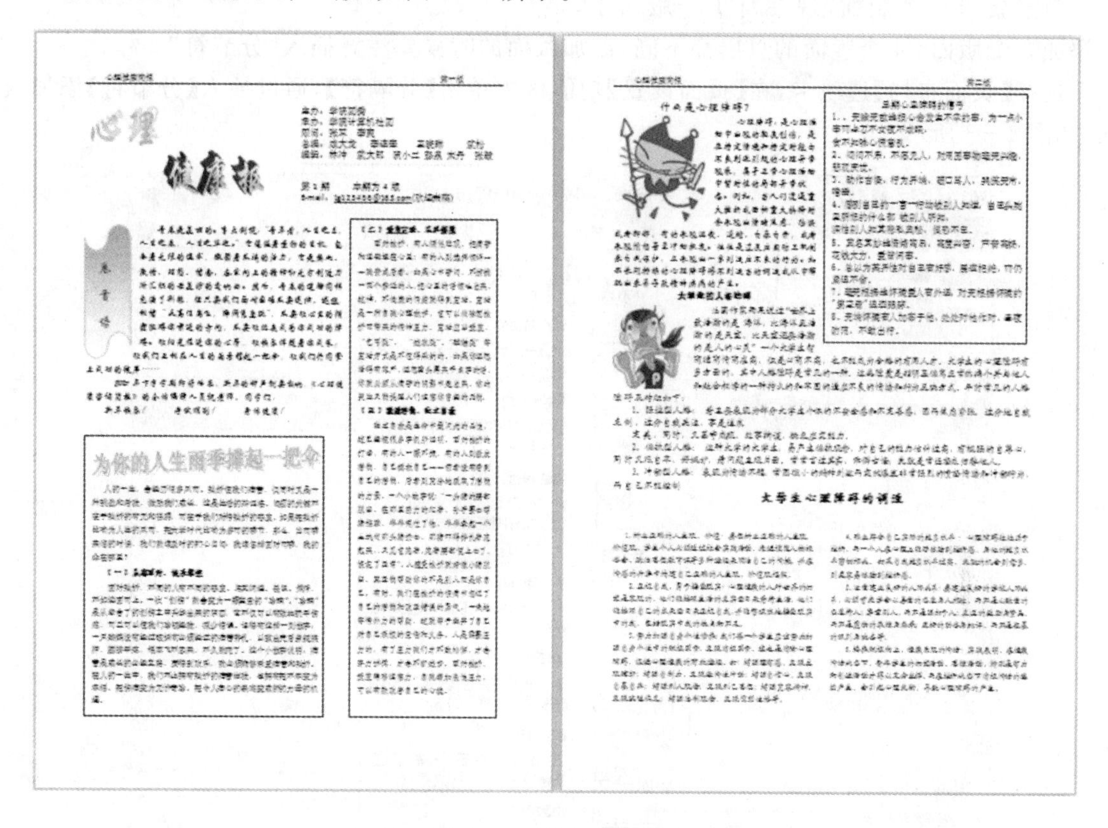

图 4－1　编辑后的版面

4.2.1　页面设置和规划

一份符合要求的简报,首先需要对小报的版面进行设置。不同的纸张、不同的边距,打印出来的效果是完全不同的。版面设置的主要工作就是根据作品对版面的要求,设置页边距、纸张大小、页眉等。

1. 页面设置

要求:上下边距 2.5 厘米,左右边距 2 厘米,纸张大小 A4。

新建文档“简报.docx”,选择【页面布局】选项卡,单击功能区【页面设置】右下角,打开【页面设置】对话框,设置上下边距 2.5 厘米,左右边距 2 厘米,纸张大小 A4,如图 4－2 所示。

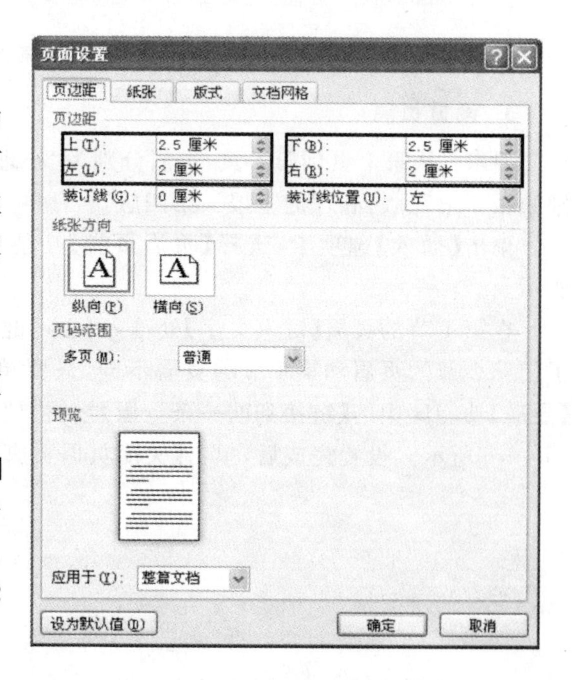

图 4－2　【页面设置】对话框

2. 添加版面

简报要求 4 个版面,现在有 1 个版面了,
再添加 3 个版面。4 个版面的页眉都不同,添加版面的时候要注意插入“分节符”。

选择【页面布局】选项卡,在【页面设置】功能区中单击【分隔符】,通过插入【分节符】添加版面,如图 4 - 3 所示。

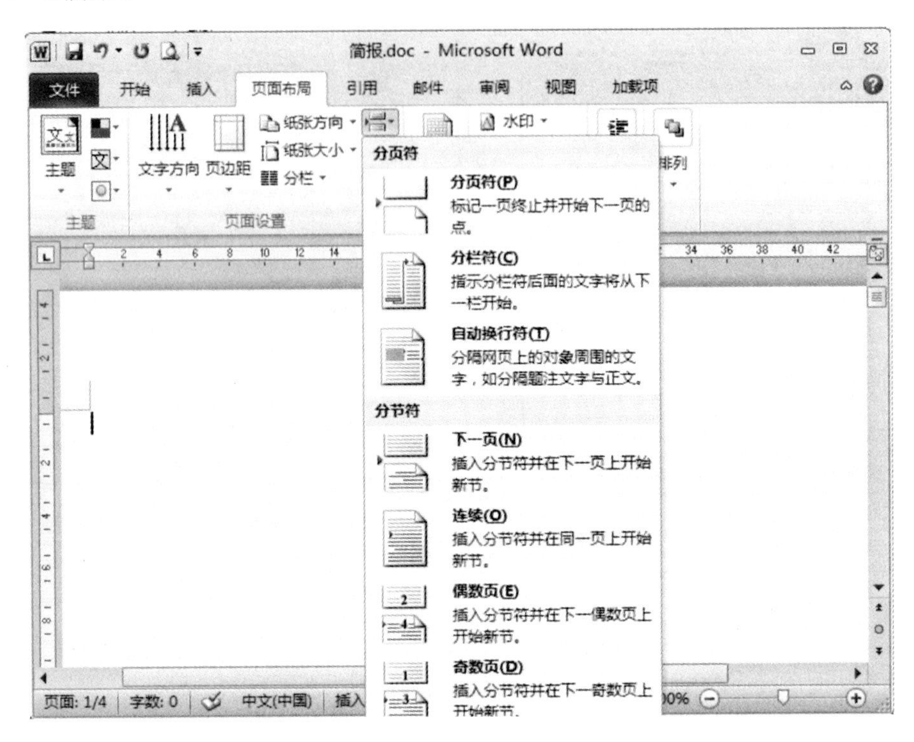

图 4 - 3　插入【分节符】

3. 设置页眉

要求:从第 1 页到第 4 页,页眉分别为“心理健康报　第一版,心理健康报　第二版,心理健康报　第三版,心理健康报　第四版”。

单击【插入】选项卡,选择【页眉页脚】功能区中的页眉,打开【页眉页脚工具】如图 4 - 4 所示。

在第 1 节的页眉【键入文字】处输入“心理健康报　第一版”,鼠标向下滑动到第 2 节。为了使第 2 节的页眉和第 1 节的页眉不同,只要单击【页眉和页脚工具】下的【设计】选项卡,在【导航】功能区中的【链接到前一条页眉】按钮,使其不被选中,在第 2 节中输入不同的页眉,如图 4 - 5 所示。设置完成后,单击【关闭页眉页脚】按钮。第 3 页和第 4 页设置方法相同。

图 4-4　【页眉页脚】工具

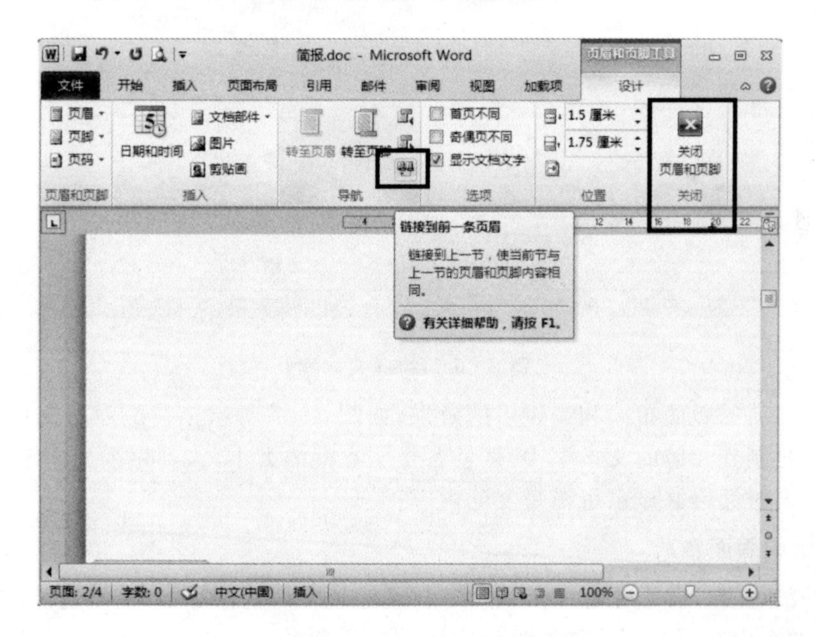

图 4-5　设置不同的页眉

4.2.2　版面布局

下面详细介绍第 1 版和第 2 版的设计，第 3 版和第 4 版在“实践训练”中的“能力训练”中完成。

简报版面最大的特点就是根据版面均衡协调的原则，分为若干“条块”进行合理“排列”，这就是版面布局，也叫版面设计。

1. 第 1 版的版面布局

第 1 版的特点是，各条块的内容都比较突出，且每篇文章不需要进行分栏。根据这些特点用表格或文本框进行版面布局，即把第 1 版的版面用文本框进行分割，给每一篇短文划分一个大小合适的方格，然后将相应的内容添加进去。

选择【插入】选项卡，单击【文本】功能区中【文本框】下拉菜单中的【绘制文本框】，可以插入“文本框”，如图 4-6 所示。

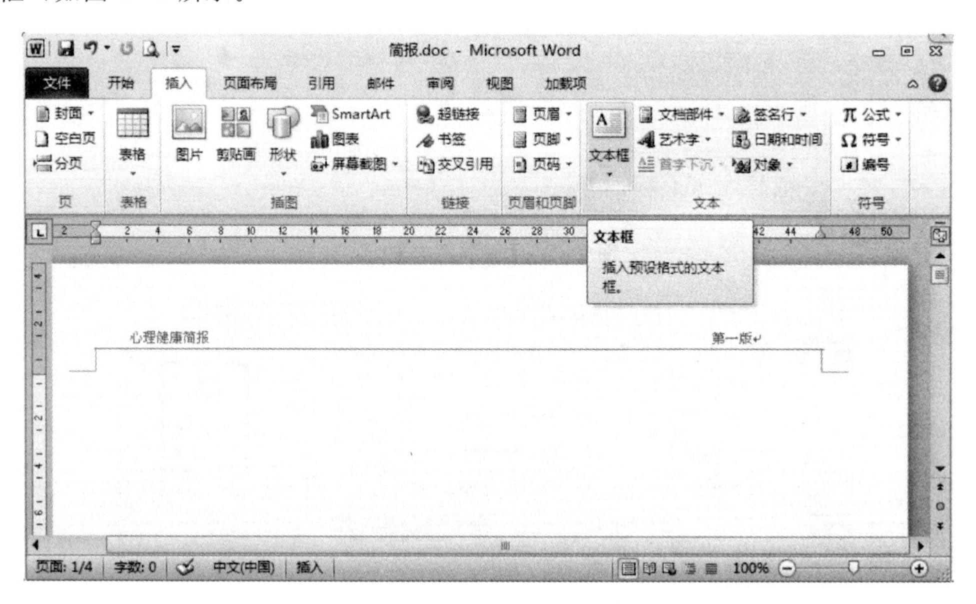

图 4-6　绘制【文本框】

第 1 版编辑前的版面布局和编辑后的效果，如图 4-7 所示。在版面布局的基础上，将各篇文章的素材复制到相应的文本框中，调整各个文本框的大小，直到每个文本框的空间比较紧凑，不留空位，同时又恰好显示每篇短文的内容。

2. 第 2 版的版面布局

根据简报的内容，“什么是心里障碍”和“早期心理障碍的信号”都比较简短，而且应该醒目一些，所以这两个内容添加了“文本框”；后面的内容比较多，用分栏来编辑，没有添加“文本框”。第 2 版编辑前的版面布局和编辑后的效果如图 4-8 所示。

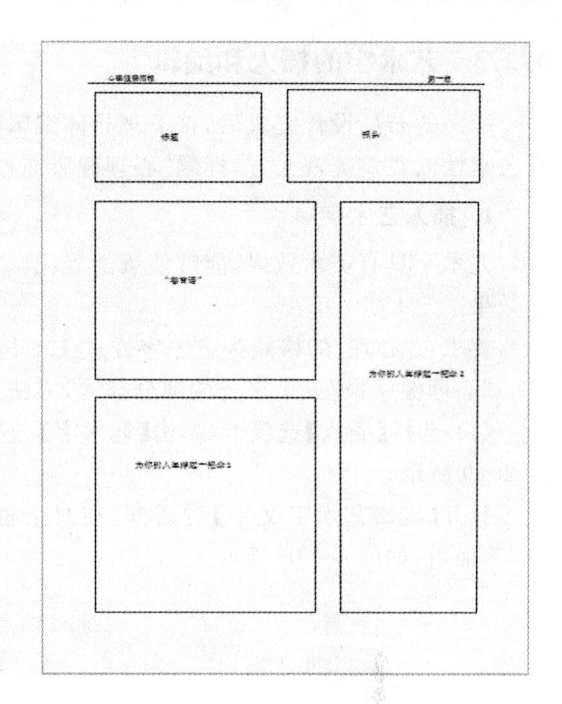

图 4－7　第 1 版版面布局

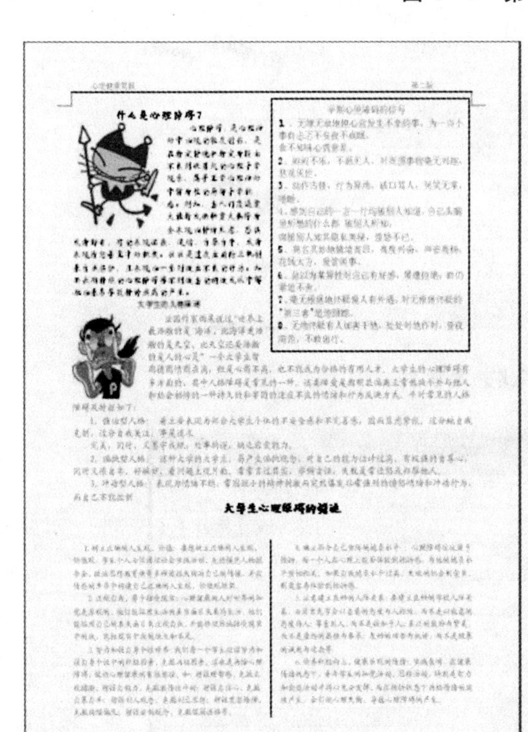

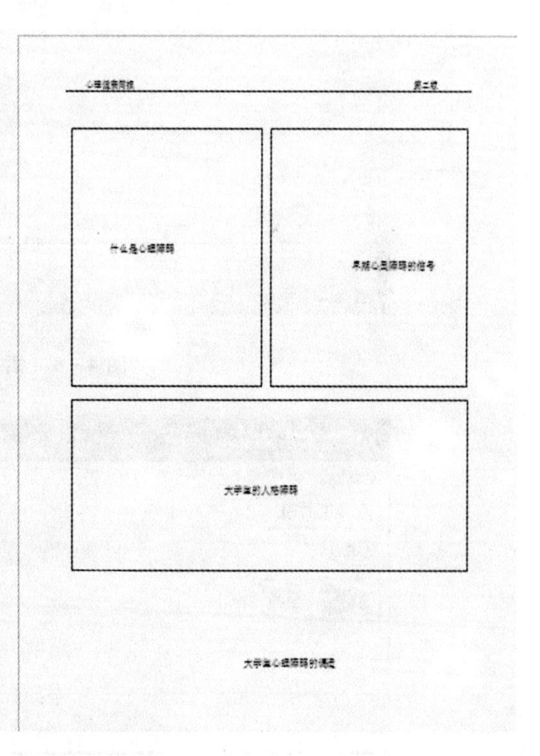

图 4－8　第 2 版版面布局

4.2.3 艺术字的插入和编辑

版面的布局设计完成后,接下来具体编辑简报的内容。标题和报头是简报的眼睛,不仅要有艺术性而且要美观大方,标题"心理健康简报"用艺术字来设计。

1. 插入艺术字

艺术字具有美术效果,能够使版面美化。艺术字以图形的方式展示文字,增强了文字的表达效果。

要求:"心理"的格式为艺术字样式 13、华文行楷、32、加粗。

"心理健康报"五个字分两部分插入,方法如下:

(1) 选择【插入】选项卡,单击【艺术字】,选择第 3 行第 1 列"艺术字样式 13"进行插入,如图 4-9 所示。

打开【编辑艺术字文字】对话框,在对话框中输入"心理",设置文字为"华文行楷"、字号"32"、加粗,如图 4-10 所示。

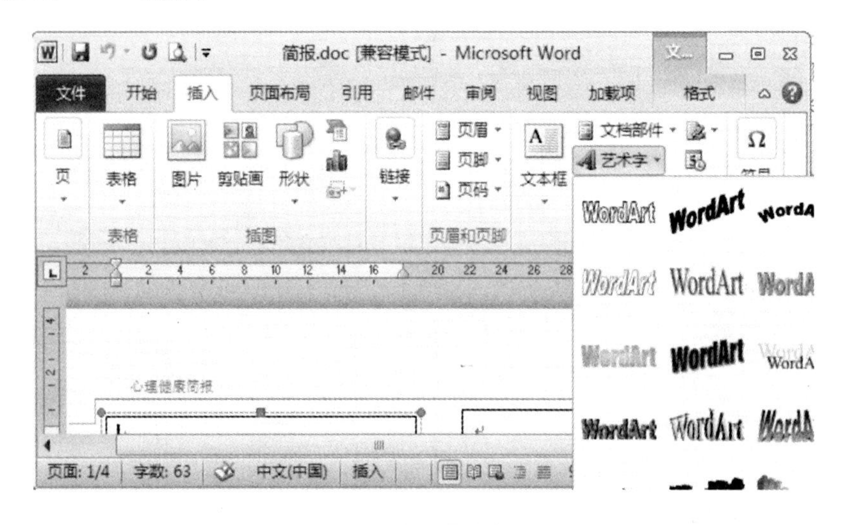

图 4-9　插入【艺术字】

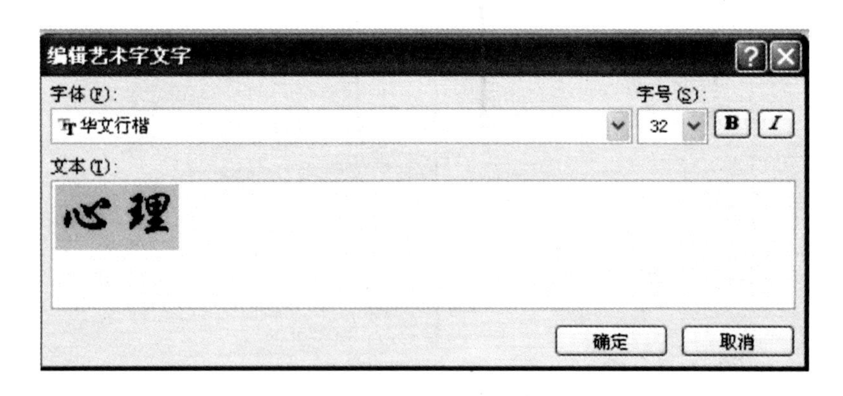

图 4-10　编辑艺术字

说明:插入艺术字后,如果对艺术字的大小、样式、形状、阴影和三维效果等格式进行编辑,只要选中插入的艺术字,打开【艺术字工具】就可以进行编辑。

2. 插入艺术化横线

在“报头”中插入艺术化横线。选择【开始】选项卡，单击【横线】下拉菜单，选中【边框和底纹】，如图 4 - 11 所示。

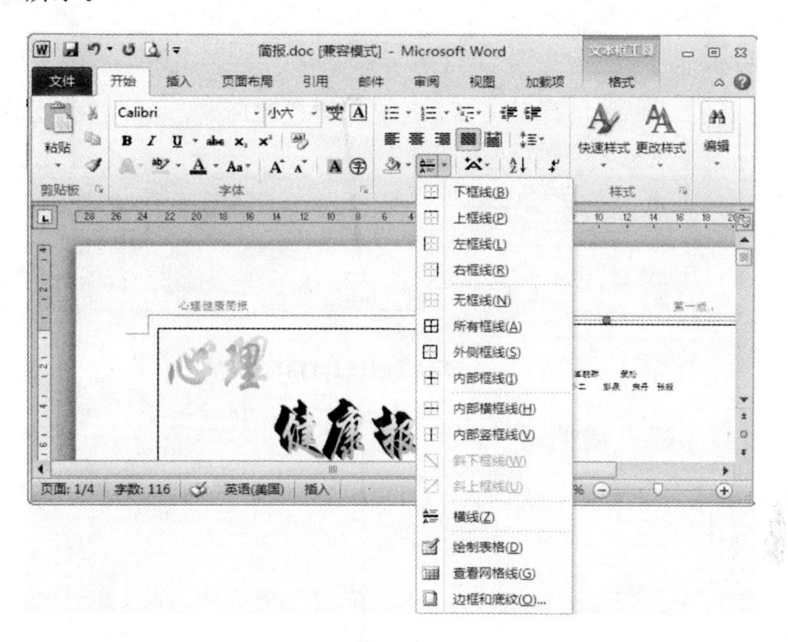

图 4 - 11　选择【边框和底纹】

打开【边框和底纹】对话框，选择【横线】按钮，如图 4 - 12 所示。打开【横线】对话框，选择其中一种，如图 4 - 13 所示。

报头编辑好以后，将具体内容复制到各个文本框中，正文的字体设置为 5 号。各部分文章的标题在下面详细介绍。

图 4 - 12　【边框和底纹】对话框

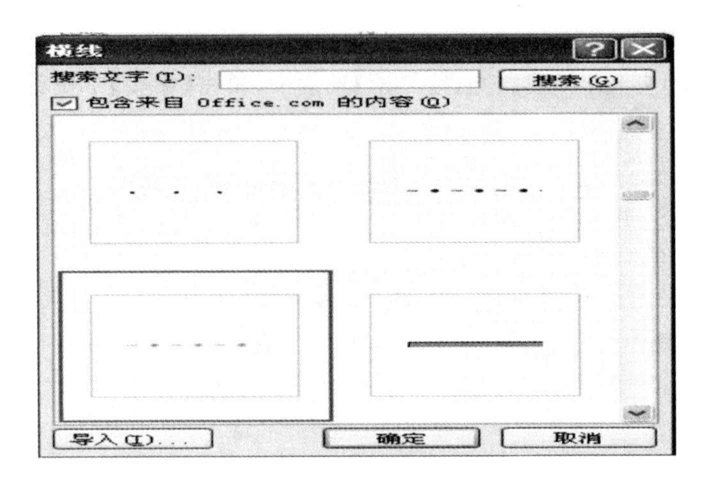

图 4-13 【横线】对话框

4.2.4 自选图形的插入和编辑

要求:“卷首语”3 个字放在自选图形中。

1. 插入自选图形

选择【插入】选项卡,单击【形状】按钮,在打开的图形列表中选择【流程图】中的第 2 行第 4 列的图形,如图 4-14 所示。

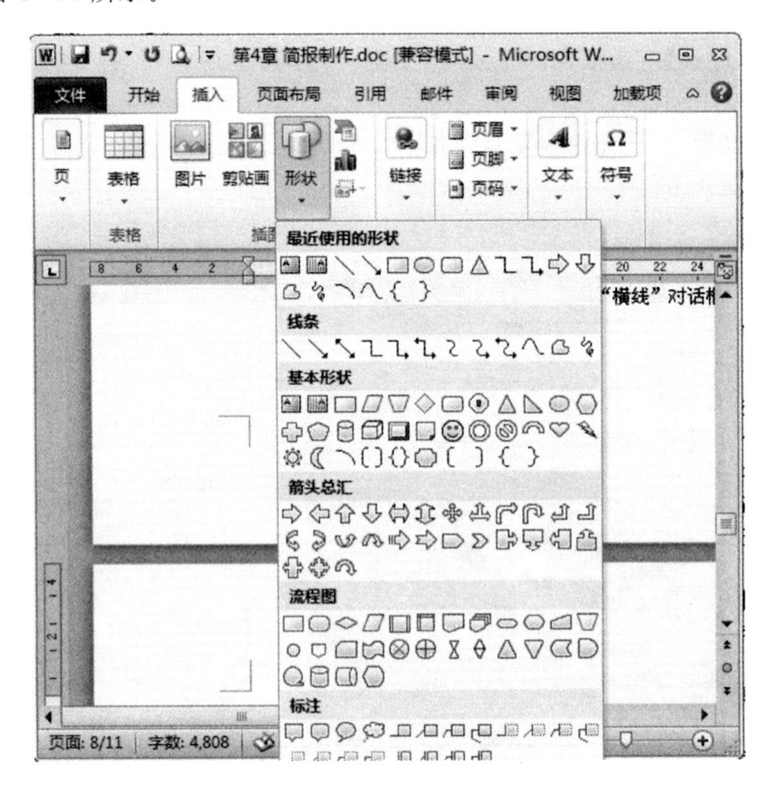

图 4-14 插入自选图形

2. 编辑自选图形

选中插入的自选图形，选择【绘图工具】的【格式】选项卡，单击【形状样式】右下角的按钮，打开【设置自选图形格式】对话框，对自选图形的【填充】和【线条】进行设置，如图 4－15 所示。

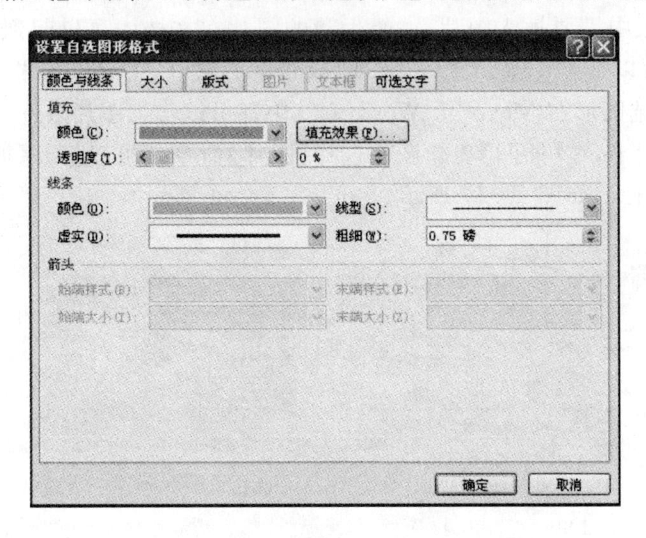

图 4－15　【设置自选图形格式】对话框

3. 自选图形中插入文字

选中自选图形，右击，选择【添加文字】，如图 4－16 所示。

在自选图形中输入文字，自选图形中文字格式的设置和前面所讲的文字格式的设置方法是一样的。

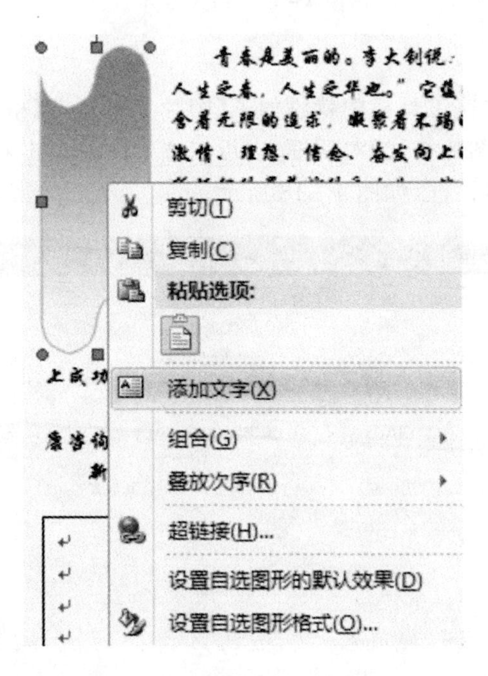

图 4－16　自选图形中添加文字

4.2.5 图片的插入和编辑

1. 插入图片

在简报的第 2 版中需要插入图片,一幅生动的图片在文档中可以起到意想不到的效果。

插入的图片既可以是 Microsoft Word 2010 自带的剪贴画,也可以是来自文件的图片。其实艺术字、文本框和自选图形在 Microsoft Word 2010 中都可以作为图片来进行插入和编辑。

选择【插入】选项卡,在【插图】功能区中选择【图片】命令就可以打开【插入图片】对话框,进行图片的选择并且插入,如图 4-17 所示。

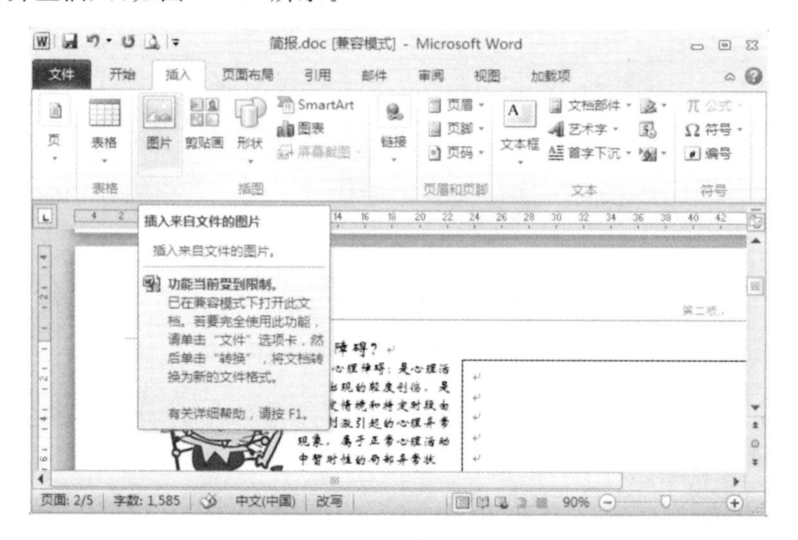

图 4-17 插入图片

2. 编辑图片

选中所插入的图片,快速工具栏中就添加了【图片工具】,在【格式】选项卡中单击【边框】功能右下角按钮,打开【设置图片格式】对话框;也可以选中图片单击右键选择【设置图片格式】命令,打开【设置图片格式】对话框,如图 4-18 所示。

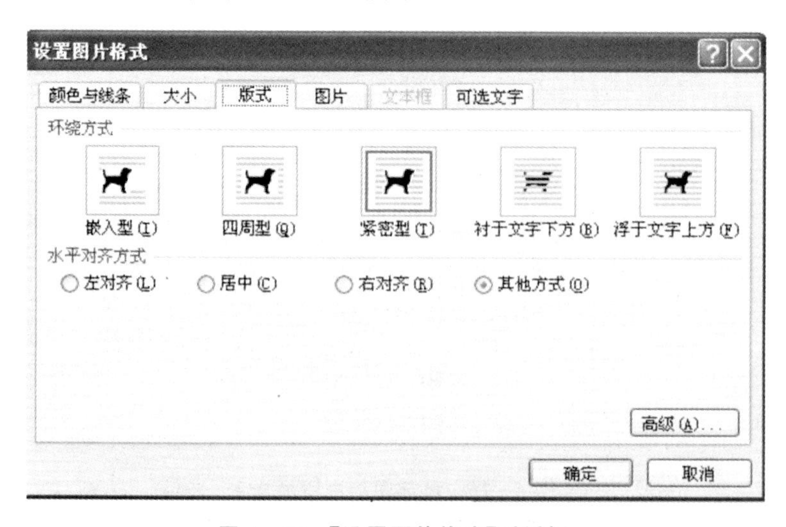

图 4-18 【设置图片格式】对话框

图片的编辑可以通过【图片工具】的【格式】功能区来设置图片的大小、亮度和位置等。

图片的版式设置，是图文混排的关键因素，决定文字内容在图片周围的排列方式。【版式】选项卡中有“嵌入型”、“四周型”、“紧密型”、“衬于文字下方”和“浮于文字上方”五种版式。操作者在排版的时候可以进行逐一的尝试，体会这五种版式的不同效果。

说明：文本框的插入和编辑操作，与自选图形及图片的插入和编辑相同，这里不再赘述。

4.2.6　分　栏

“分栏”是文档排版中常用的一种方法，在各种报纸和杂志中广泛运用。“分栏”是指页面在水平方向上分为几个栏，文字是逐栏排列的，填满一栏后才转到下一栏。“分栏”使页面排版灵活，阅读方便。使用 Microsoft Word 2010 可以在文档中建立不同类型的分栏，并可以随意更改各栏的栏宽及栏间距。

选定要设置分栏的段落，选择【页面布局】选项卡，选中功能区中【分栏】，如图 4－19 所示。单击可直接分栏，也可以选择【更多分栏】，打开【分栏】对话框，如图 4－20 所示。

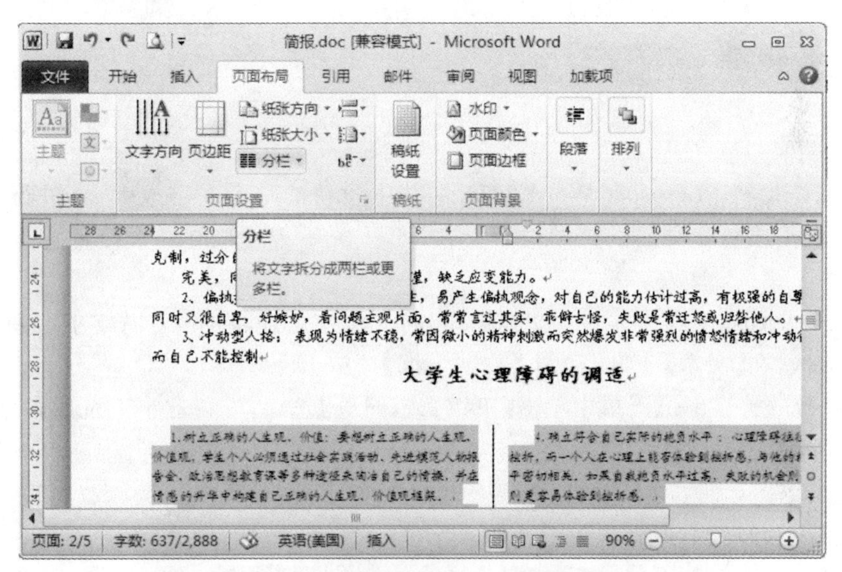

图 4－19　选择【分栏】命令

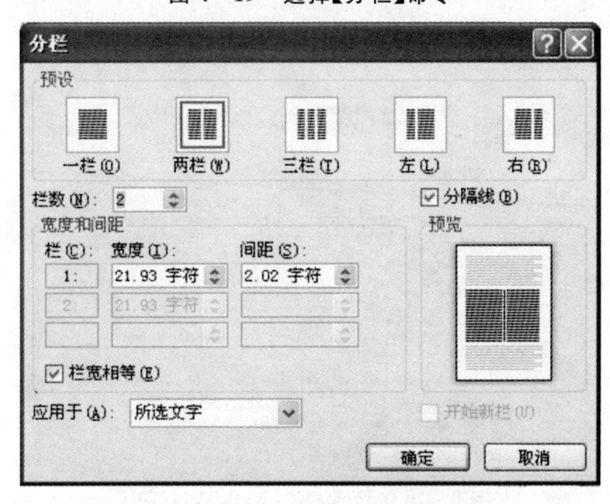

图 4－20　【分栏】对话框

4.3 案例总结

本案例中,通过对《心理健康报》的制作,介绍了 Microsoft Word 2010 中的各种排版技术,如文本框、艺术字、图片、分栏等。

简报的排版,主要利用了图文混排。具体步骤总结如下:

(1) 用【页面设置】来设置页面的页边距、纸张大小,纵横方向等。

(2) 根据表达的内容,对文档的版面进行布局设计,用表格或文本框进行规划。

(3) 使文档突显其艺术性,做到美观协调,可以采用插入艺术字、图片的方法实现图文混排;有时需要对文本框进行边框或底纹的设置。

(4) 使文档页面排版更加灵活,同时为了阅读方便,对于较长的文档运用"分栏"编辑。

对于简报的设计,最终要达到:版面均衡协调、图文并茂、生动活泼,颜色搭配合理、淡雅而不失美观;版面设计不拘一格,充分发挥想象力,体现个性化、独特创意等。

4.4 知识拓展

1. 首字下沉

首字下沉是指将 Microsoft Word 2010 文档中段首的一个文字放大,并进行下沉或悬挂设置,以凸显段落或整篇文档的开始位置。在 Microsoft Word 2010 中设置首字下沉或悬挂的步骤如下:

(1) 打开 Microsoft Word 2010 文档窗口,将光标定位到需要设置首字下沉的段落中。选择【插入】功能区,在【文本】分组中单击【首字下沉】按钮。

(2) 在打开的首字下沉菜单中单击【下沉】或【悬挂】选项,设置首字下沉或首字悬挂效果,如图 4-21 所示。

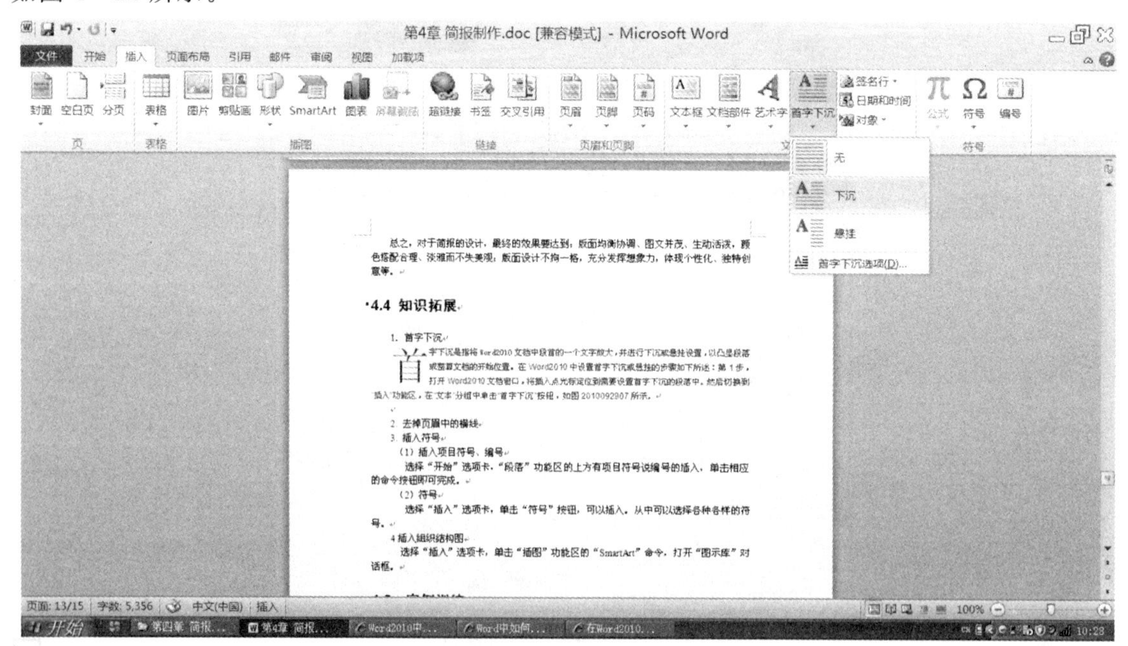

图 4-21 【首字下沉】

(3) 设置下沉文字的字体或下沉行数等选项，可以在下沉菜单中单击【首字下沉选项】，打开【首字下沉】对话框。选中【下沉】或【悬挂】选项，并选择字体或设置下沉行数。设置完成后单击【确定】按钮，如图 4－22 所示。

图 4－22　【首字下沉】对话框

2. 去掉页眉中的横线

(1) 在打开的 Microsoft Word 2010 窗口中选择【插入】选项卡。单击【页眉】按钮，选择第一个【空白】，然后可以看到正文中有了页眉。

(2) 按 DEL 或退格键删除一个段落，如图 4－23 所示。

(3) 选定段落符号，单击【开始】选项卡下的【边框】按钮侧边的小三角形，从下拉菜单中选择【无框线】，如图 4－24 所示。

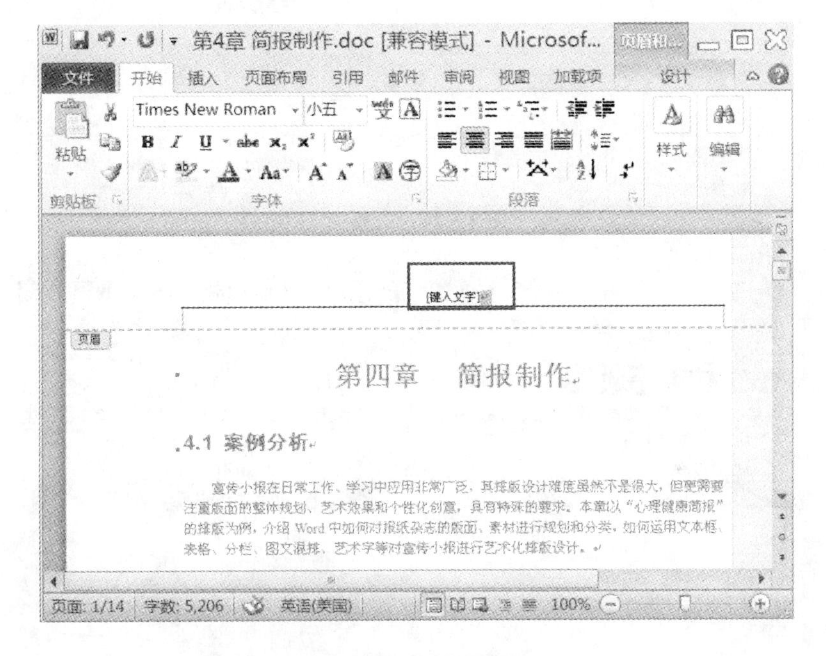

图 4－23　"页眉"图

(4) 返回正文就可以看到页眉已经没有了下划线，如图 4－25 所示。

3. 插入符号

(1) 插入项目符号、编号

选择【开始】选项卡，【段落】功能区的上方有项目符号和编号的插入，执行相应的命令即可完成。

(2) 符号

选择【插入】选项卡，单击【符号】按钮，可以插入。从中可以选择各种各样的符号。

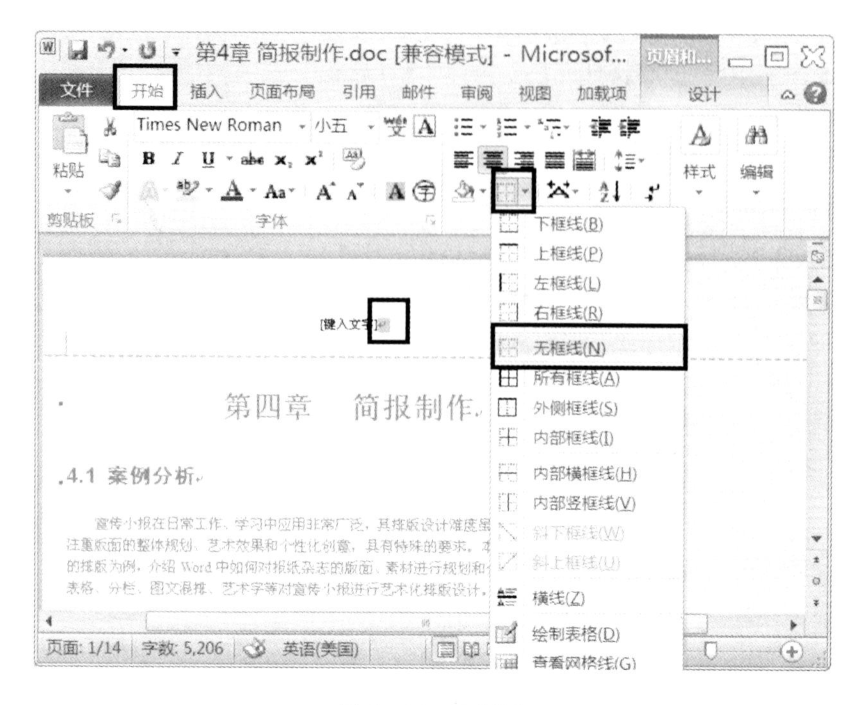

图 4-24 边框图

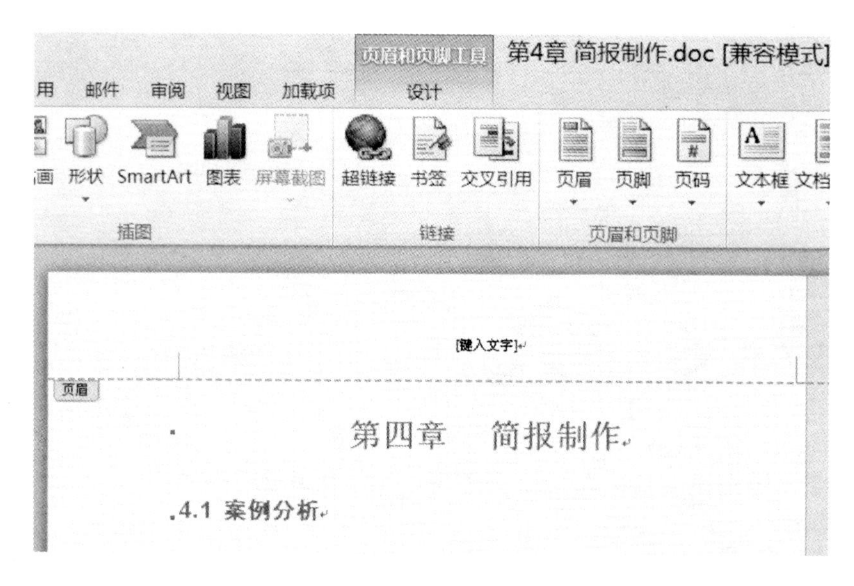

图 4-25 编辑后图

4. 插入组织结构图

选择【插入】选项卡，单击【插图】功能区的 SmartArt，打开【图示库】对话框。左上角的图示类型为“组织结构图”，如图 4-26 所示。

4.5　实践训练

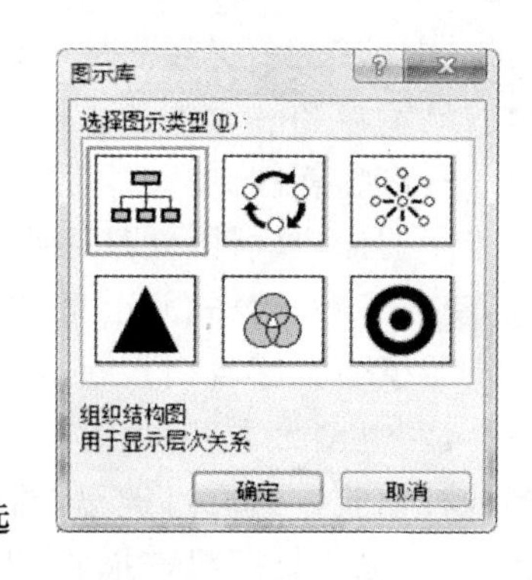

图 4－26　【图示库】对话框

4.5.1　基本训练

1. 训练一

绘制自选图形，进行如下设置：

（1）利用 Word 的绘图工具绘制如图 4－27 所示的自选图形。

（2）为各个自选图形设置不同的填充效果，包括过渡、纹理、图案等，具体参数自定。

（3）利用旋转、叠放、组合功能对图形进行调整，用文本框为图形加上说明。

（4）将所有图形及文本框全部组合起来，存储为文件 jbxu1. doc。

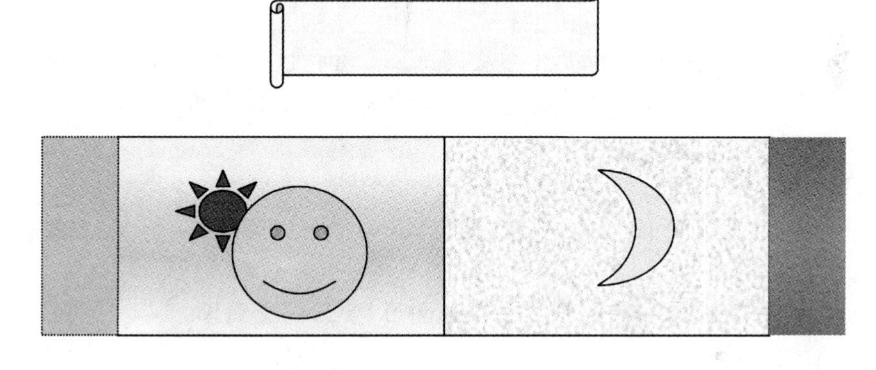

图 4－27　“自选图形”的绘制

2. 训练二

新建文档“电脑医生. docx”，并进行如下设置：

（1）将第 1 段的左缩进置为 0.5 厘米，右缩进置为 0.5 厘米，首行缩进为 0.8 厘米。

（2）将第 2 段的“电脑”改为“Cpmputer”。

（3）将最后一段置成蓝色，字号设为小五，并加粗。

（4）插入页眉，内容为“电脑医生”。

（5）将正文（标题除外）中的第一、二段分二栏排版，栏间距为“0.5 厘米”，添加分隔线。

（6）将标题文字“电脑医生”设置成艺术字。艺术字样式为“第 1 行第 3 列”，字体为“宋体”，形状自选，添加阴影。

（7）插入剪贴画（任选），将图片进行适当裁剪，并按比例缩小。将图片移动到合适的位置，设置环绕方式为“紧密型”。

电脑医生

“电脑医生”曾与当代名医进行“较量”。人们让肝病专家潘澄濂教授和“电脑医生”公开在两个房间看病。170 位病人，先让潘老先生诊断，再叫“电脑医生”看病。结果，不仅诊断结果完全一样，连开的药方也基本相符，准确率在 99％以上。

"电脑医生"实际上是一套专用的微型计算机。它由计算机带键盘的形状大小与电视机相似的显示器和一台灵巧的打印机组成。与一般电脑不同的是,它装有各种名医的治病绝招——诊疗软件。

所谓诊疗软件,就是一张存储数据信息的磁盘。它把名医看病的思维过程和经验加以总结,变成了数学公式并记录下来,写成电子计算机能够执行的程疗。输入电子计算机中,就可让机器模仿名医看病。

请"电脑大夫"看病时,只要有一位年青的医生,向病人问诊、切脉、看舌苔,把人的症状,连同各种化验数据通过键盘"告诉"计算机,它就会根据名医的经验,在几分钟内通过它的"嘴巴"——电传打字机,"报告"诊断结果,开出处方,并且还可按照规定开出病假条。

"电脑医生"可集全国高明医生于一身。科学家们把名医的看病经验都汇编入磁盘,送往各地医院,用电子计算机"武装"起来,那将是"名医"遍天下了。

4.5.2 能力训练

(1) 参照《心理健康报》第1版和第2版的设计,完成《心理健康报》第3版和第4版的设计。

(2) 参照本章《心理健康报》的设计方法,结合自己掌握的Microsoft Word 2010排版知识,自选图形和素材,设计一份与学习或生活相关的简报。材料和图片可以自己写,也可以从网上下载。

① 用A4纸,共4个版面。

② 用表格或文本框对版面整体进行布局设计,添加页眉为"第一版、第二版、第三版和第四版"。

③ 必须包含艺术字、艺术横线、图片和自选图形,实现图文混排。

④ 必须对有的内容进行分栏。

⑤ 必须有艺术性的边框。

案例5 排版毕业论文

5.1 案例分析

毕业论文是学生在校期间十分重要的综合性实践教学环节，是对学生全面运用所学基础理论、专业知识和技能的综合考查。它是检验学生独立工作能力、分析和解决问题能力的重要指标。毕业论文不仅包括论文内容的要求，还需要对撰写的论文进行规定格式的排版和编辑。本案例通过毕业论文排版的过程，使读者顺利、快速地理解并掌握 Microsoft Word 2010 的论文排版功能以及方法。

5.1.1 任务的提出

小孙这学期以后就毕业了，老师要求撰写毕业论文。为了编辑出一份合格的论文，许多学生花费很多心思甚至绞尽脑汁，要把论文编辑到最好。其实，编辑一份在格式方面符合学校要求的论文并不困难，掌握论文排版的方法是关键。下面就跟小孙一起来学习如何高效、快速地对论文进行排版。

5.1.2 解决方案

Microsoft Word 2010 提供的版式设计功能可以为文档穿上美丽的外衣。本案例主要介绍如何排版设置才能制作出符合要求的合格论文，包括利用样式进行标题的设置、页眉与页脚的设置、分节符的应用以及自动添加目录等方法；同时，还将介绍论文打印的相关操作。

5.2 案例实现

毕业论文的排版过程主要包括：

(1) 论文封面的设计。封面图片、文字以及页眉信息的设置。

(2) 论文页面设置。页边距、纸张大小等的设置。

(3) 样式的使用。创建新样式、应用新样式、修改新样式以及删除新样式。

(4) 自动生成目录。运用引用插入目录的方式自动生成目录。

(5) 分节符的应用。分节符、分页符等的设置。

(6) 页眉页脚的添加。页眉与页脚的设置与编辑。

(7) 论文的打印。打印份数的设置、制定页的打印等设置。

5.2.1 论文封面的设计

完整的毕业论文，首先要创建封面。封面主要用来呈现论文的题目以及姓名、学号、指导教师等个人信息，以便迅速了解论文撰写者的相关信息。本案例中的毕业论文封面样本如

图5－1所示。

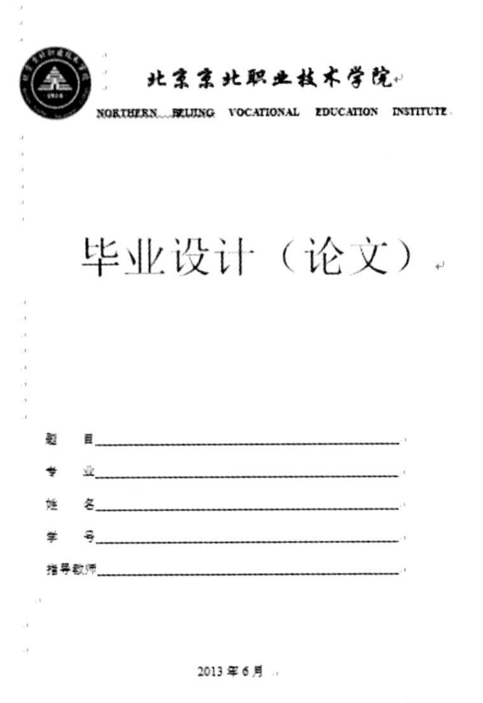

图5－1　封面样本

每个学校都有自己特定的毕业论文格式(包括封面),下面介绍如何在Microsoft Word 2010中创建并编辑封面。

(1) 制作封面。启动Microsoft Word 2010,在新创建的文档中单击【插入】选项卡中的【图片】选项,找到需要的“校徽.bmp”图片并将其插入文档中,如图5－2所示。

图5－2　校徽的插入

（2）将图片调整到适当的大小及位置后，选择【插入】|【文本框】|【绘制文本框】，如图 5 - 3 所示。

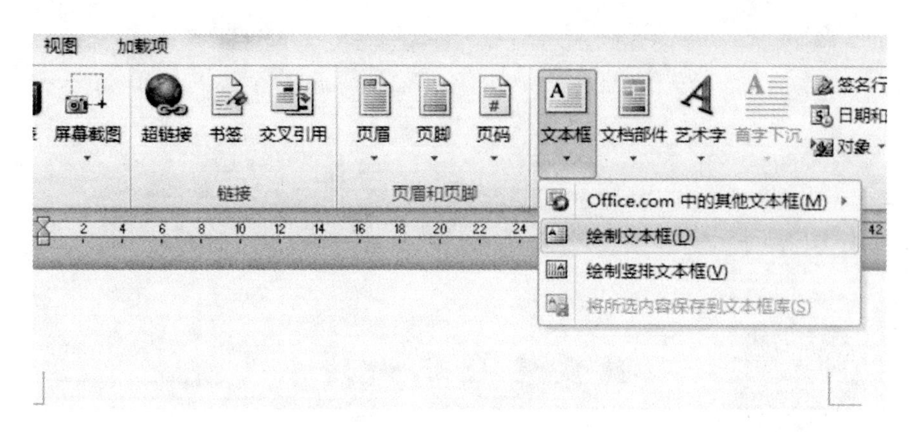

图 5 - 3　文本框的使用

（3）在校徽图片的右侧画一个“文本框”，在“文本框”中输入“北京京北职业技术学院”，并对文字进行字体、字号设置，效果如图 5 - 4 所示。

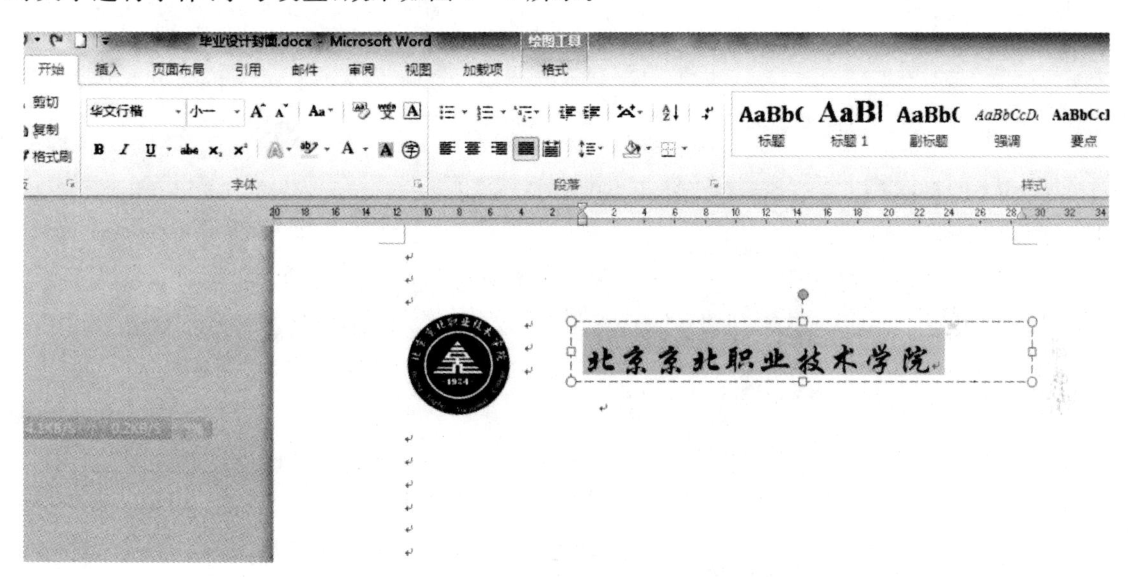

图 5 - 4　插入文本框

（4）文本框具有默认的轮廓线属性，在文字周围有黑色边框，论文封面效果图中文字的周围是没有黑色线框的，因此需要通过设置轮廓线的属性进行显示设置。

选中“文本框”，在“文本框”轮廓线上的任何一个位置双击，出现【格式】调整界面，如图 5 - 5 所示。

（5）单击![]右侧的黑色小箭头，将光标放在轮廓线上，此时文字的周围已经没有黑色边框线了，如图 5 - 6 所示。

说明：在选择文本框时，一定要注意将光标放置在边框线上，否则不能正确选择边框线。

（6）使用步骤(5)的方法设置英文校名。输入“毕业设计(论文)”并设置字体格式。

（7）输入题目等文字，使用 U 按钮画出文字后面的下画线。以“题目”文字及后面的下画

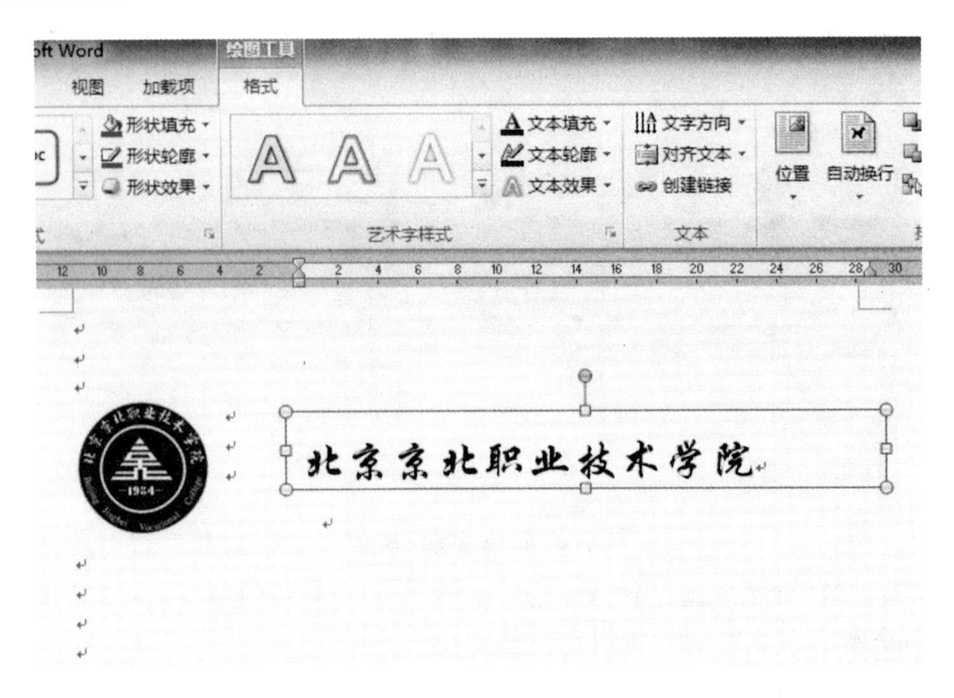

图 5-5　文本框格式调整

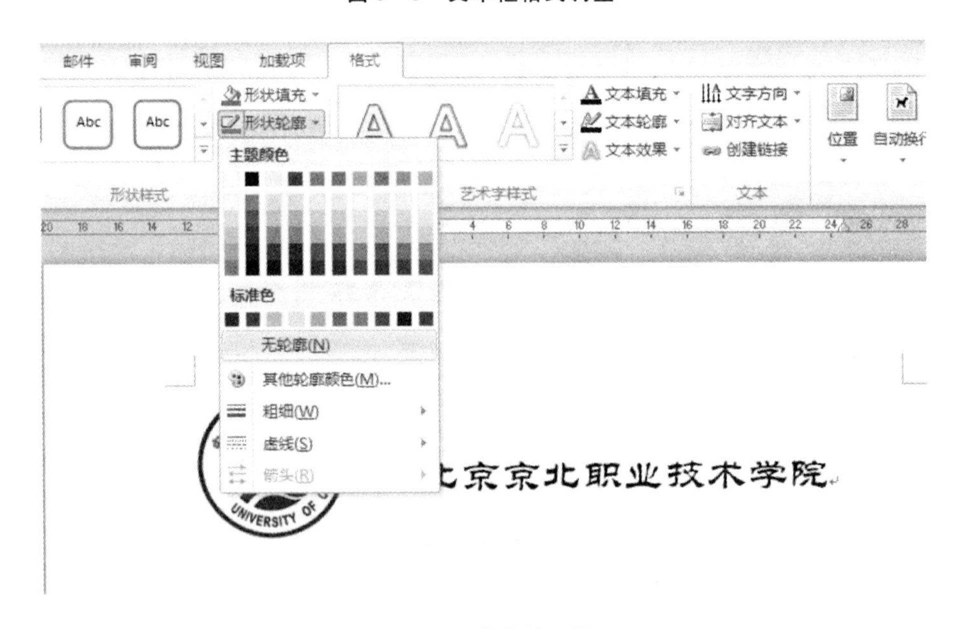

图 5-6　轮廓线设置

线为例：

输入“题目”文字后，单击【开始】选项卡中的字体区域中的 U 按钮，然后根据所需要的下画线长度不停地按键盘上的空格键即可出现所需要的下画线，如图 5-7 所示。

说明：U 按钮的作用是给所选文字加下画线，由于此处要在“题目”二字的后面加下画线，所以无需选中文字，直接将鼠标定位在输入的“题目”二字后，单击 U 按钮，然后根据下画线的长短连续按空格键即可，如图 5-8 所示。

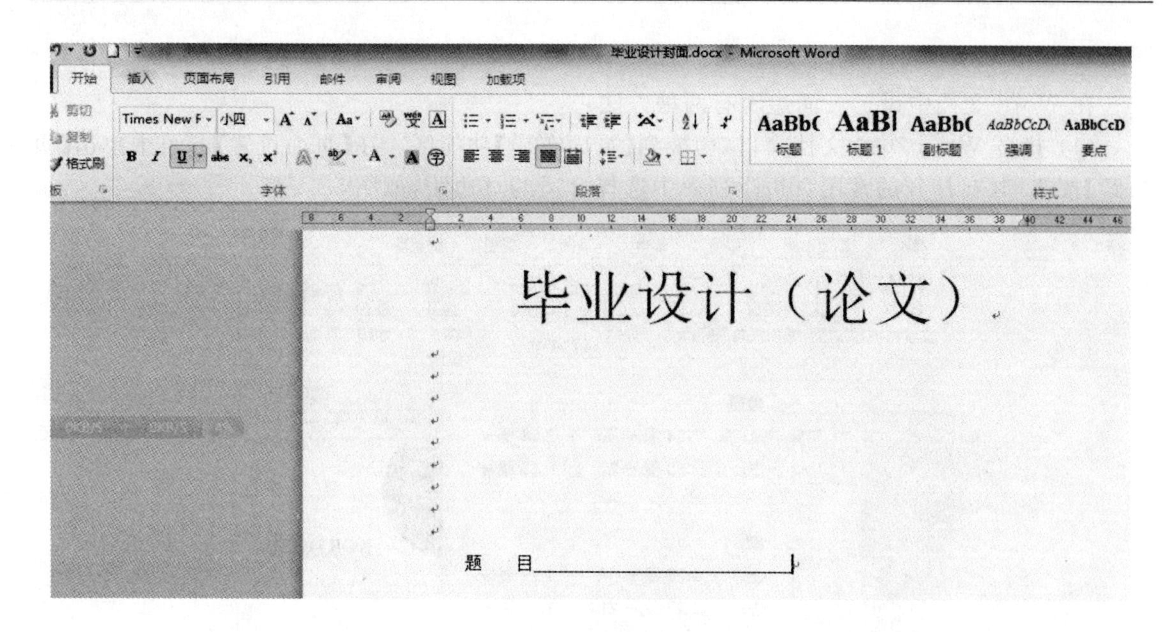

图 5－7　输入下画线

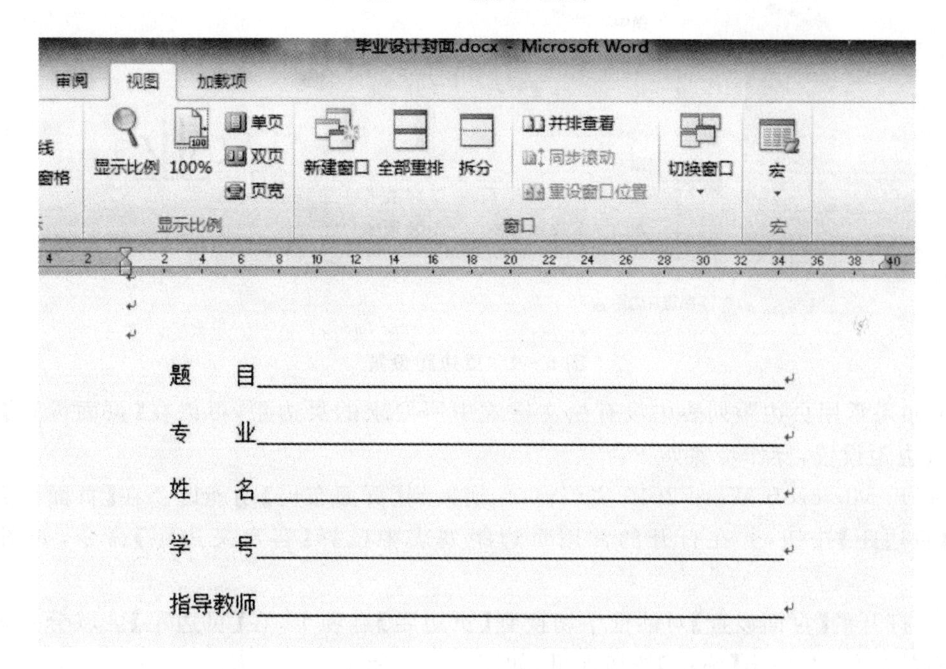

图 5－8　下画线效果

（8）输入年月日。论文封面设置完毕，如图 5－1 所示。

5.2.2　论文页面设置

页面设置可以设置页边距、纸张类型及大小等。通过页边距的设置，可以使 Word 文档的正文部分跟页面边缘保持比较合适的距离。这样不仅使 Word 文档看起来更加美观，还可以达到节约纸张的目的。

1. 页边距

在Word文档中设置页面边距有两种方法：

(1) 打开Word 2010文档窗口，切换到【页面布局】功能区。在【页面设置】分组中单击【页边距】按钮，并在打开的常用页边距列表中选择合适的页边距，如图5-9所示。

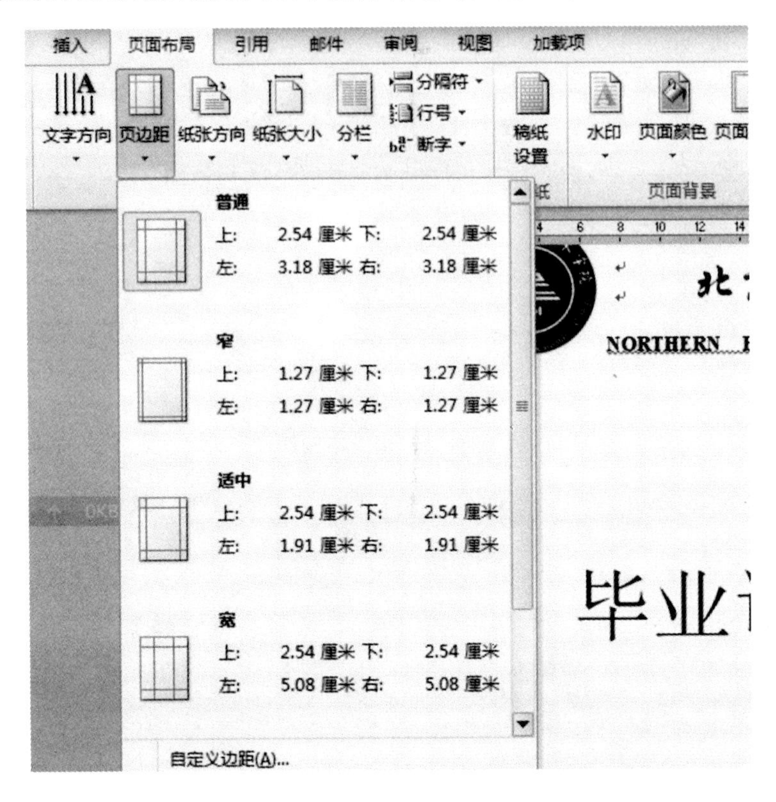

图5-9 页边距设置

(2) 如果常用页边距列表中没有论文格式中所要求的页边距，可以在【页面设置】对话框自定义页边距设置，操作步骤如下：

① 打开Microsoft Word 2010文档窗口，切换到【页面布局】功能区。在【页面设置】分组中单击【页边距】按钮，并在打开的常用页边距列表中选择【自定义边距】命令，如图5-10所示。

② 在打开的【页面设置】对话框中切换到【页边距】选项卡，在【页边距】区域分别设置上、下、左、右的数值，并单击【确定】按钮即可，如图5-11所示。

说明：在设置页边距下方，可对纸张方向进行设置。如果需要横向显示，打印时选择横向即可。

2. 纸张大小

单击【页面布局】中的【纸张大小】按钮，可以在展开的下拉列表中选择所需要的页面大小，如图5-12所示。

如果在展开的列表中没有符合要求的纸张大小，还可以通过选择【其他页面大小】来进行设置。

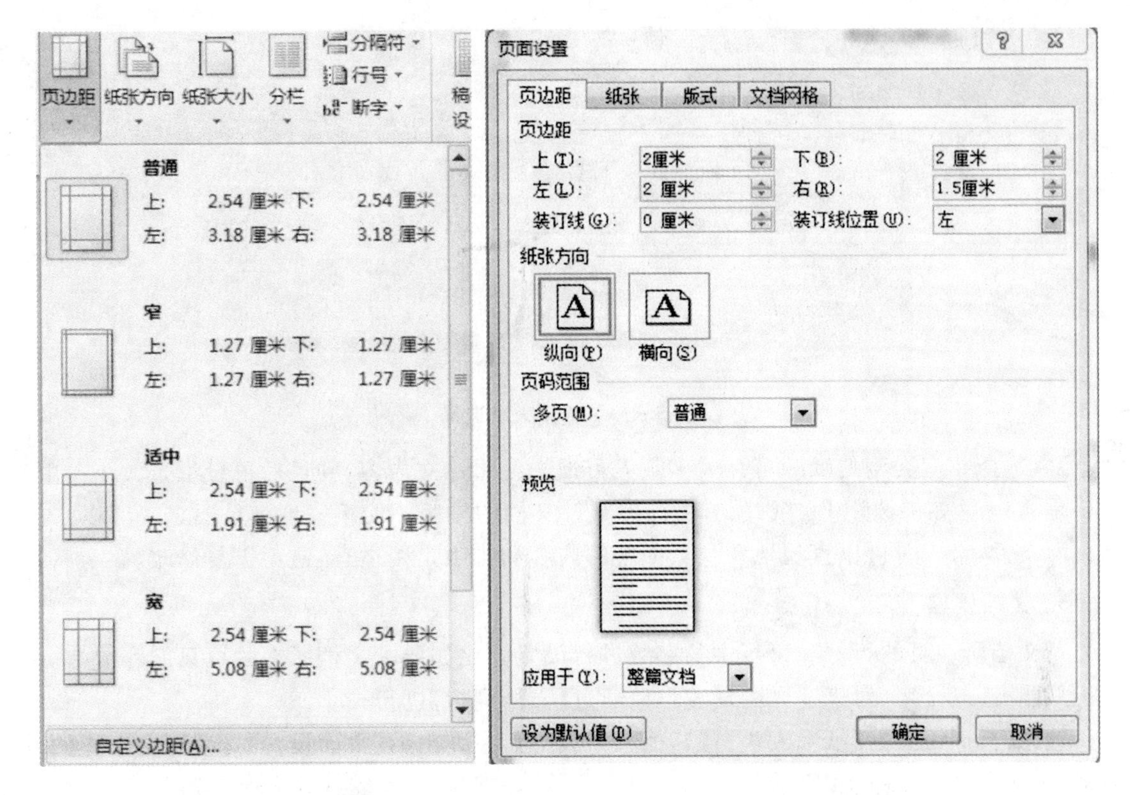

图 5－10　自定义边距　　　　图 5－11　自定义边距设置

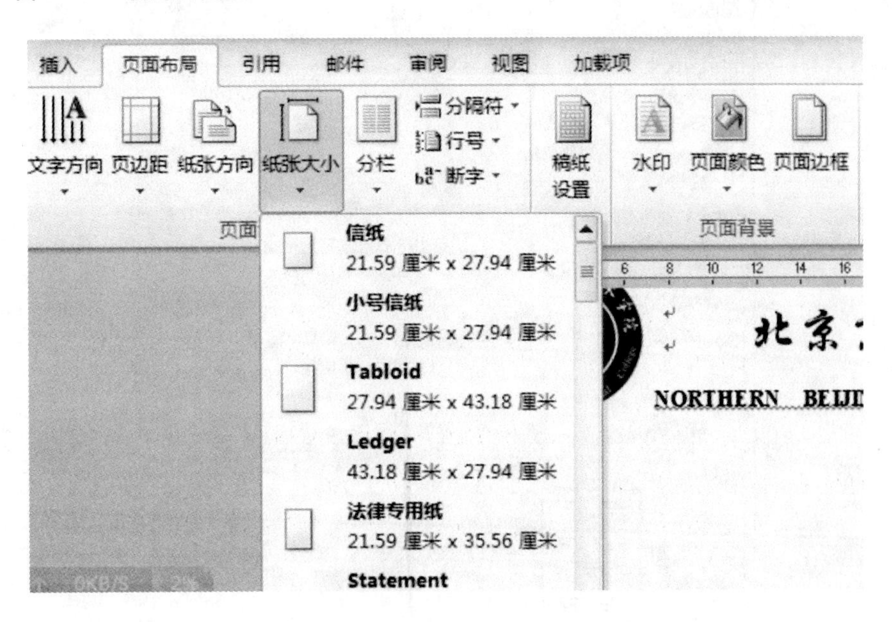

图 5－12　纸张大小选择

单击【纸张大小】后，在展开的下拉列表中的最下方单击【其他页面大小】，在弹出的【页面设置】对话框中选择【纸张】选项卡后就可以对纸张大小进行选择，如图 5－13 所示。

说明：通常纸张大小都用 A4 纸，所以可采用默认设置。有时也会用 B5 纸，只需从【纸张

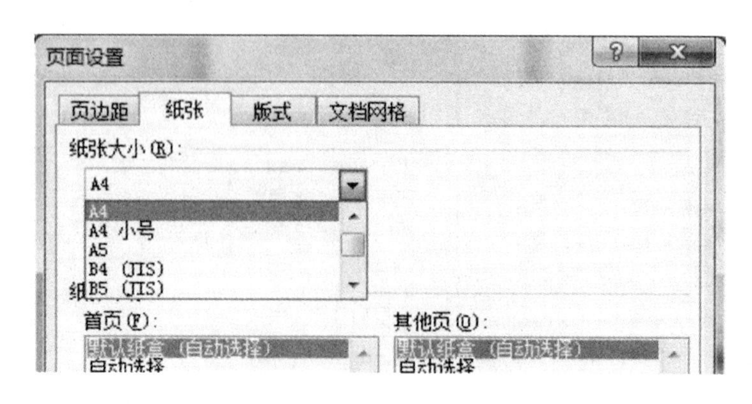

图 5-13 纸张大小选择

大小】中选择相应类型的纸即可。大多数人习惯先编辑论文内容,到最后再设纸张大小。由于默认是 A4 纸,如果改用 B5 纸,就有可能使整篇文档的排版不能很好地满足要求。所以,先进行页面设置,录入时可以直观地看到页面中的内容和排版是否适宜,避免重复修改。

3. 文档网格

对文档所在页的行数和每行中的字数进行设置。比如要求文档所在的页只能容纳 37 行,每行只能有 36 个字,对于这样的设置可以通过【文档网格】进行。

选择【页面设置】|【纸张大小】|【其他页面大小】,在弹出的【页面设置】对话框中选择【文档网格】选项卡,如图 5-14 所示。

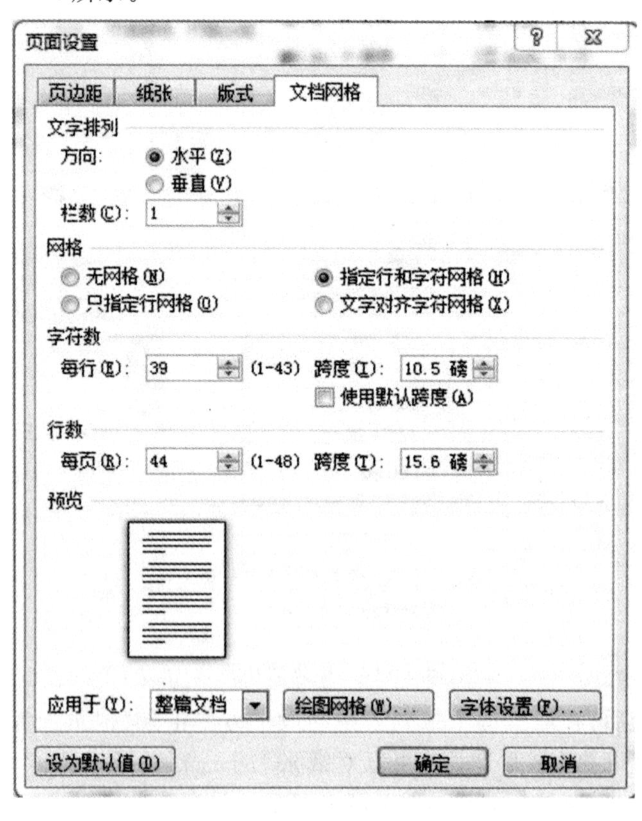

图 5-14 【文档网格】设置

选中【指定行和字符网格】，在【字符数】设置中每行所拥有的字数，默认值为“每行39”个字符，可以适当增多或减少，例如改为“每行37”个字符。同理，在“行数”设置中，默认值为“每页44”行，可以适当增多或减少，例如改为“每页40”行。

5.2.3　样式的使用

无论是书籍还是论文都会有目录，Microsoft Word 2010提供了方便快捷的自动添加目录的方式。这种通过自动添加目录的方式添加的目录，可以方便地跟踪文章中的标题内容及其所在页码等。比如：论文中的论文标题内容发生了文字上的修改或者所在页的页码发生了变化，手工查找非常繁琐。

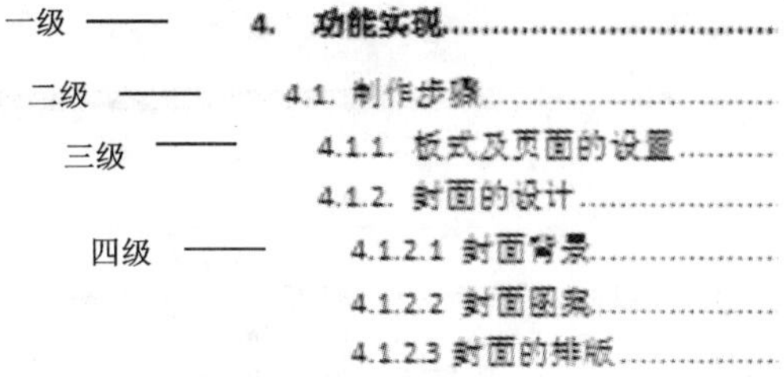

在使用Word进行自动添加目录之前必须要进行一项工作，就是对论文中的标题添加样式，即样式的使用。

一级 ——　4. 功能实现……
二级 ——　4.1. 制作步骤……
三级 ——　4.1.1. 板式及页面的设置……
4.1.2. 封面的设计……
四级 ——　4.1.2.1 封面背景……
4.1.2.2 封面图案……
4.1.2.3 封面的排版……

图5-15　层级目录

首先查看论文的目录层级之分，如图5-15所示。越在上端的目录层级就越高，本案例中目录的层级只有4级，即一级目录、二级目录、三级目录以及四级目录。

1. 样式引用

为相应的标题文字添加相应的样式之后，才能使用Word提供的自动添加目录的方式添加目录。本案例以“毕业论文1.doc”中的前言部分所在页的各级标题文字为例，说明如何引用已有的样式。

打开“毕业论文1.doc”，标题文本引用样式前的效果如图5-16所示。

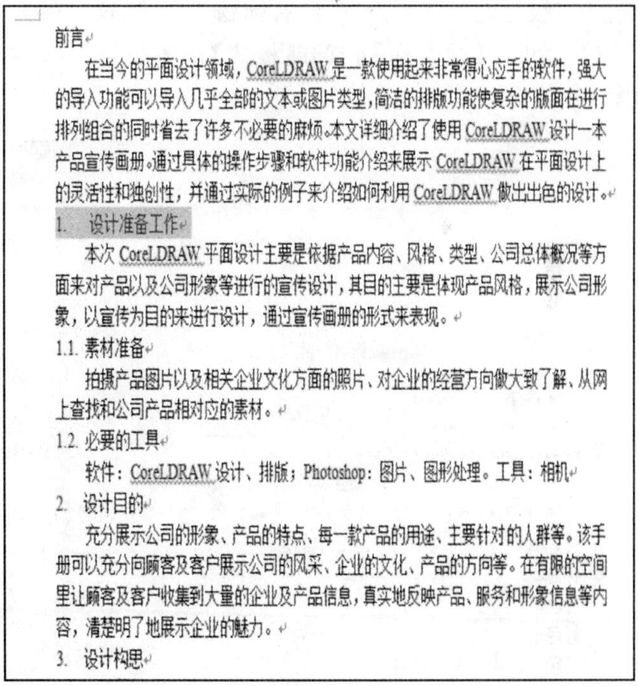

前言

在当今的平面设计领域，CoreLDRAW是一款使用起来非常得心应手的软件，强大的导入功能可以导入几乎全部的文本或图片类型，简洁的排版功能使复杂的版面在进行排列组合的同时省去了许多不必要的麻烦。本文详细介绍了使用CoreLDRAW设计一本产品宣传画册。通过具体的操作步骤和软件功能介绍来展示CoreLDRAW在平面设计上的灵活性和独创性，并通过实际的例子来介绍如何利用CoreLDRAW做出出色的设计。

1.　设计准备工作

本次CoreLDRAW平面设计主要是依据产品内容、风格、类型、公司总体概况等方面来对产品以及公司形象等进行的宣传设计，其目的主要是体现产品风格，展示公司形象，以宣传为目的来进行设计，通过宣传画册的形式来表现。

1.1. 素材准备

拍摄产品图片以及相关企业文化方面的照片、对企业的经营方向做大致了解、从网上查找和公司产品相对应的素材。

1.2. 必要的工具

软件：CoreLDRAW设计、排版；Photoshop：图片、图形处理。工具：相机

2.　设计目的

充分展示公司的形象、产品的特点、每一款产品的用途、主要针对的人群等。该手册可以充分向顾客及客户展示公司的风采、企业的文化、产品的方向等。在有限的空间里让顾客及客户收集到大量的企业及产品信息，真实地反映产品、服务和形象信息等内容，清楚明了地展示企业的魅力。

3.　设计构思

图5-16　引用样式前效果

由分析得知“1. 设计准备工作”属于一级标题，因此选中“1. 设计准备工作”后，单击【开始】选项卡的【样式】组中的【样式】按钮，弹出【样式】任务窗格，如图5-17所示。

然后在弹出的【样式】任务窗格中找到标题1样式，单击后在文档中即可看到设置后的标题1样式效果，如图5-18所示。

说明：文档中的“1.1　素材准备”和“1.2　必要的工具”等其他一级、二级、三级标题的相应标题文本部分，使用同样的方法进行样式的使用。

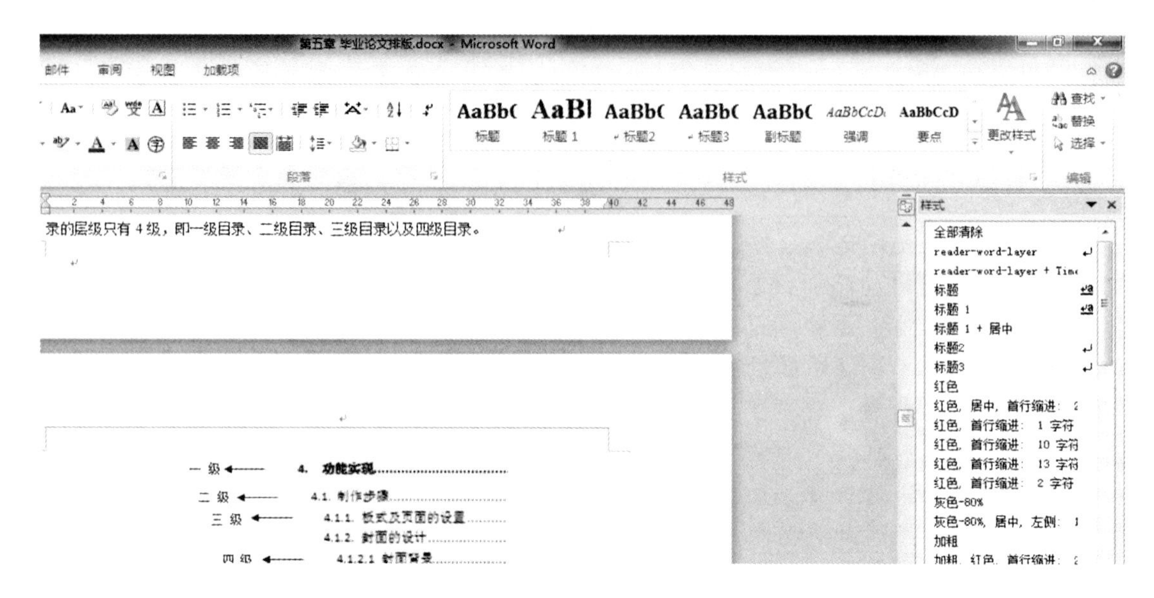

图 5 - 17 样式任务窗格

2. 创建新样式

图 5 - 15 所示的层级目录中共有四个层级的目录级别，在样式列表中应用标题 1、标题 2 和标题 3 三级标题样式后发现，没有标题 4 样式，这时就需要在样式中定义一个新的样式：标题 4。

(1) 单击样式图标，打开【样式】任务窗格，在【样式】任务窗格中单击新建样式按钮，如图 5 - 19 所示。

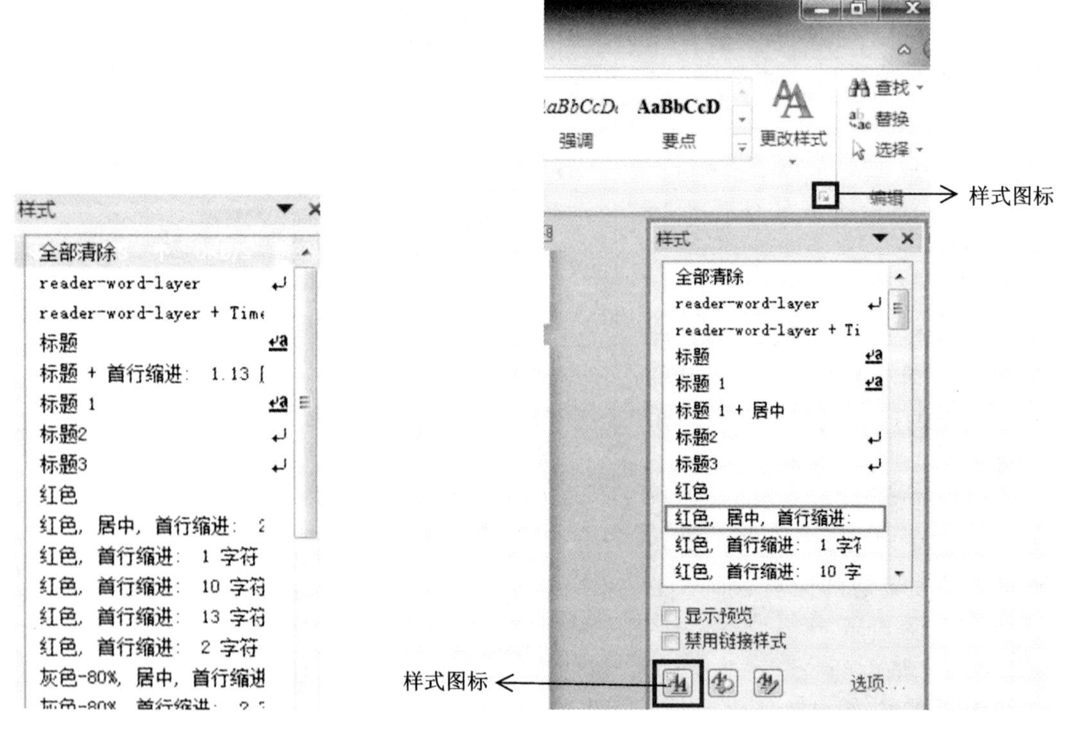

图 5 - 18 已有样式的引用

图 5 - 19 样式列表

（2）在打开的【根据格式设置创建新样式】对话框中设置参数，单击【确定】即可创建新样式标题 4，如图 5－20 所示。

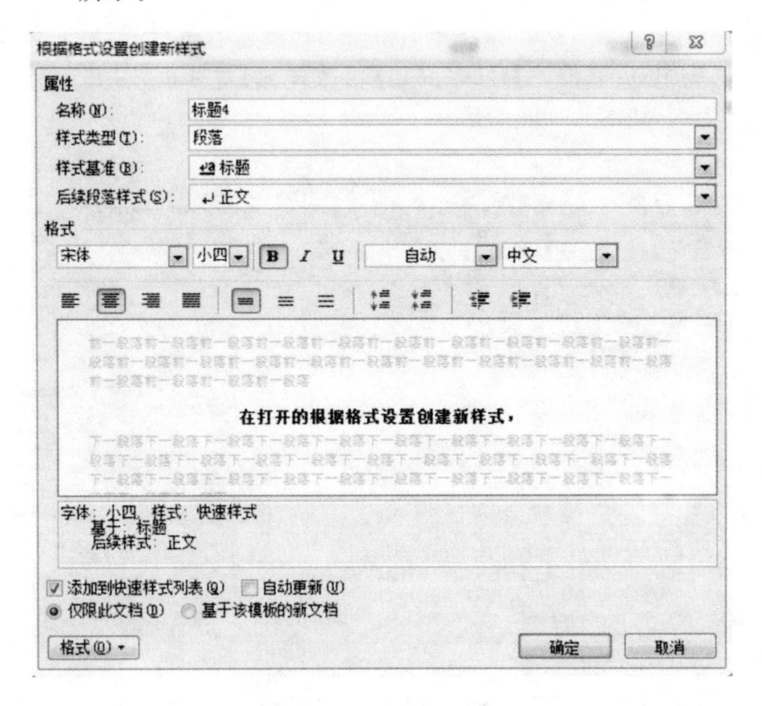

图 5－20　创建新样式设置

（3）创建完新样式后发现，在【样式】列表中就会有新样式“标题 4”，如图 5－21 所示。

3. 引用新样式

无论是 Word 内置的样式还是自定义的新样式，在应用时都要在正文中先选中即将要应用某种标题样式的文本文字，然后再选择样式列表中需要的标题样式。

在正文中选择“4. 功能实现”文本后，单击【样式】任务窗格的标题 1 样式，引用样式。

使用同样的方法，在主文档中选中“4.1.2.1 封面背景”文字，然后在【样式】任务窗格中选择新创建的样式“标题 4”来引用新样式，如图 5－22 所示。

说明：通常情况下，不建议每次都选中标题文本后再选择【样式】的标题样式。一般情况下，只要将同级标题文本引用相应的标题样式后，通过格式刷的方式将其他标题文本复制相应的样式即可。

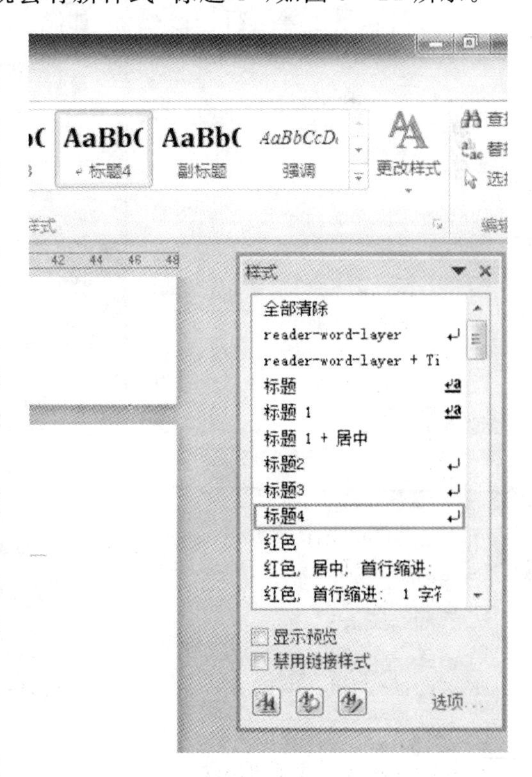

图 5－21　标题新样式

4. 修改新样式

无论是 Word 中的内置样式还是自定义的

样式,都可以通过修改设置来对其样式进行格式修改,并且可以对引用其样式的所有标题进行统一修改,这种方法方便、快捷。

在修改样式时,可在打开的【样式】任务窗格中单击要修改的样式,然后单击右侧黑色小箭头,在展开的下拉列表中选择【修改】样式,弹出【修改样式】对话框,对其进行修改设置。这里以修改标题4样式为例,如图5-23所示。

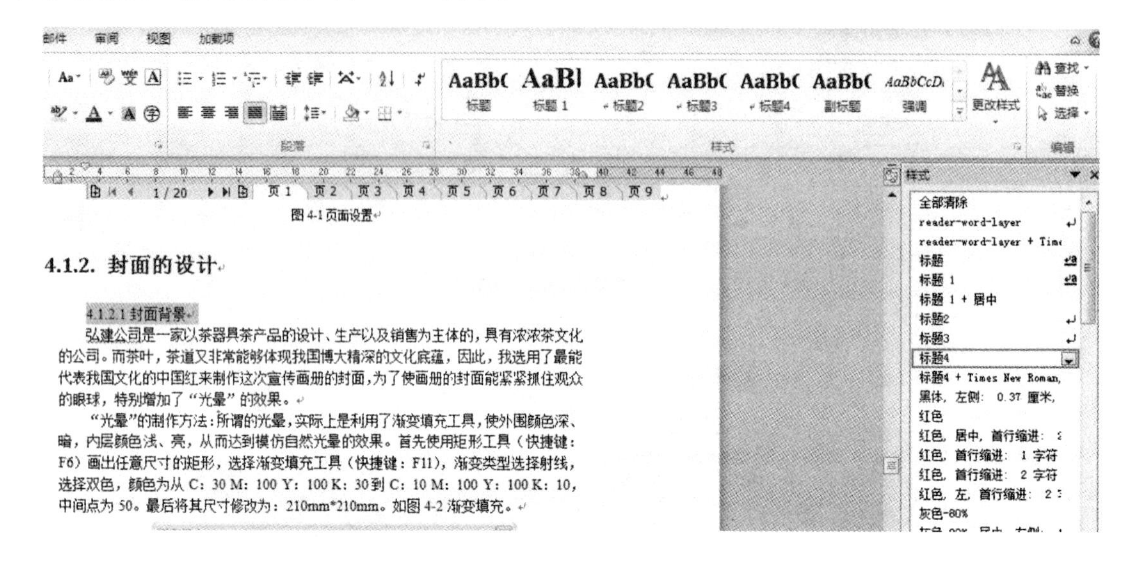

图5-22 引用新样式

在打开的【修改样式】对话框中,根据实际需求对该样式的名称、格式等项目进行修改,也可以对其字体、段落等进行修改设置,如图5-24所示。

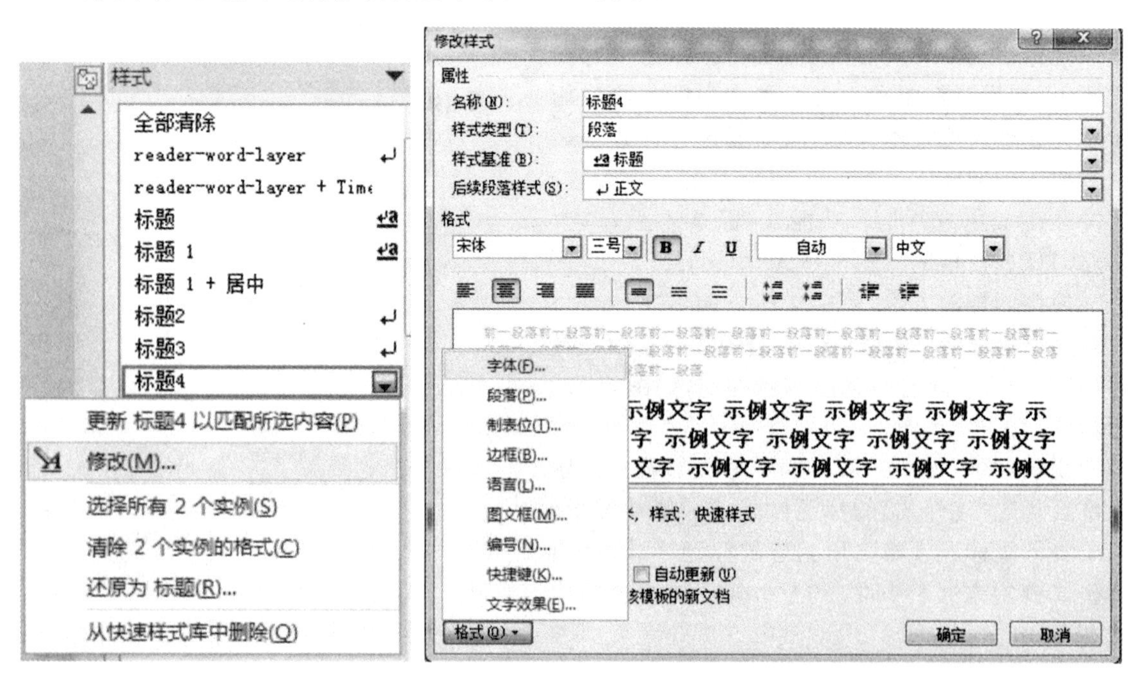

图5-23 选择【修改】

图5-24 修改新样式

单击【字体】选项后，在弹出的【字体】对话框中就可以对标题样式的字体进行修改设置。然后单击【确定】按钮，如图5-25所示。

图5-25　新样式字体

说明：修改样式后，选择【所有应用此样式的实例】，即可看到论文中所有使用此样式的标题都会发生样式上的变化。

5. 删除新样式

在Microsoft Word 2010中，用户不能删除Word提供的内置样式，只能删除自定义的样式，且该自定义样式必须能够应用于所有Word文档。删除新样式的方法很简单，操作步骤如下：

在打开的【样式】任务窗格中，选中样式后的黑色小箭头后，选择【删除】选项，则会出现是否要删除的该样式的提示对话框。如果确认要删除，单击【是】即可，否则单击【否】，如图5-26所示。

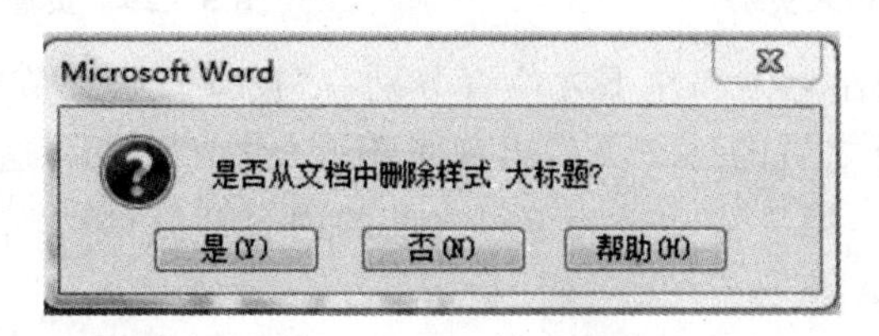

图5-26　删除样式

说明：如果在主文档中引用了某种样式，那么在删除时就要慎重，否则会影响到引用此样式的标题文本。

5.2.4 页眉页脚的添加

1. 页眉的插入

将光标定位在论文中的任何一页，单击【插入】|【页眉】，在展开的列表中选择【编辑页眉】，在随后出现的闪动的光标处输入“北京京北职业技术学院毕业论文(设计)”内容即可。

2. 页脚的插入

在本案例当中根据要求，需要将论文分割为两个不同的部分以设置两种不同显示格式的页码，即从前言所在页开始使用数字格式1, 2, 3, ……，前言之前的页码使用 I, II, III, ……格式。

(1) 在正式使用页眉页脚添加页码之前，需要在前言所在页的前一页结尾处插入分节符(插入分节符的具体方法详见“5.2.5　分节符的应用”)，位置如图 5－27 所示。

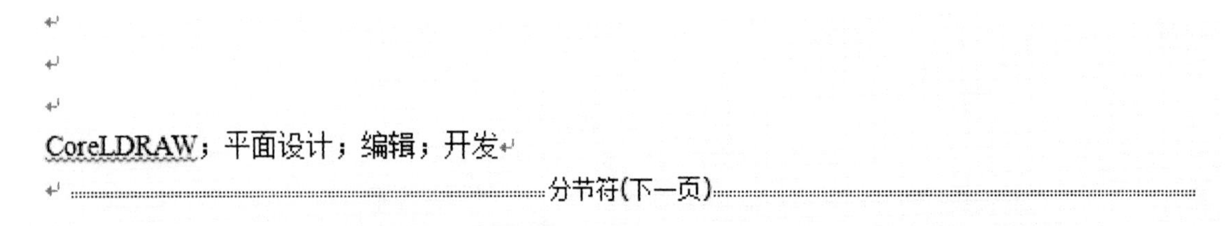

图 5－27　分节符位置

(2) 首先将光标定位在要开始插入页码的首页上的任何位置(即光标定位在前言之前的所在页)，选择【插入】|【页脚】|【编辑页脚】，如图 5－28 所示。随后将出现【页眉和页脚工具】，如图 5－29 所示。

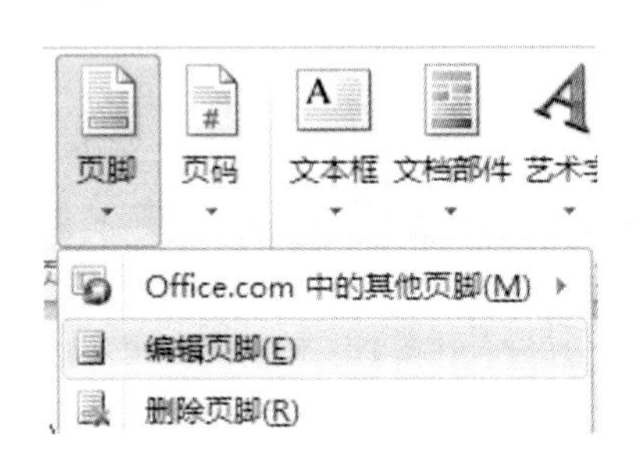

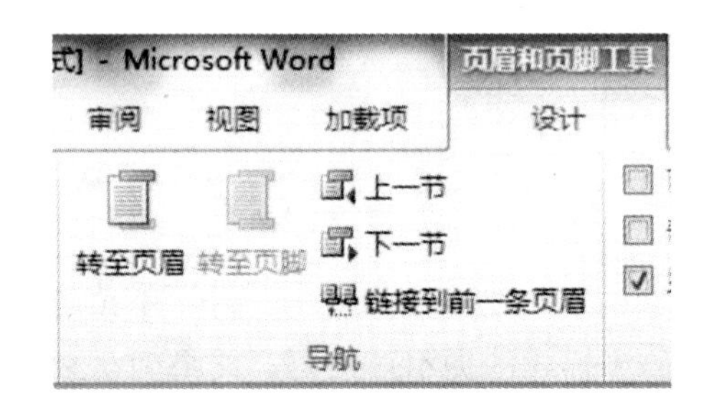

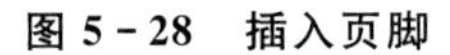

图 5－28　插入页脚　　图 5－29　页眉页脚工具

此时可见：当前页的左上方和左下方位置分别有“页脚—第 1 节”、“页眉—第 2 节”，但是在分节符所在页和分节符之后的论文页就出现了不同的“节”提示，这是因为使用了分节符将论文分成了两个大节部分，第 1 节就是分节符之前的内容部分，第 2 节即是分节符之后的内容部分，如图 5－30 所示。

(3) 将光标定位在“页脚—第 1 节”处，选择【页码】|【设置页码格式】选项，如图 5－31 所示。在打开的【页码格式】对话框中，【编号格式】选择 I, II, III, … 后，单击【确定】，如图 5－32 所示。

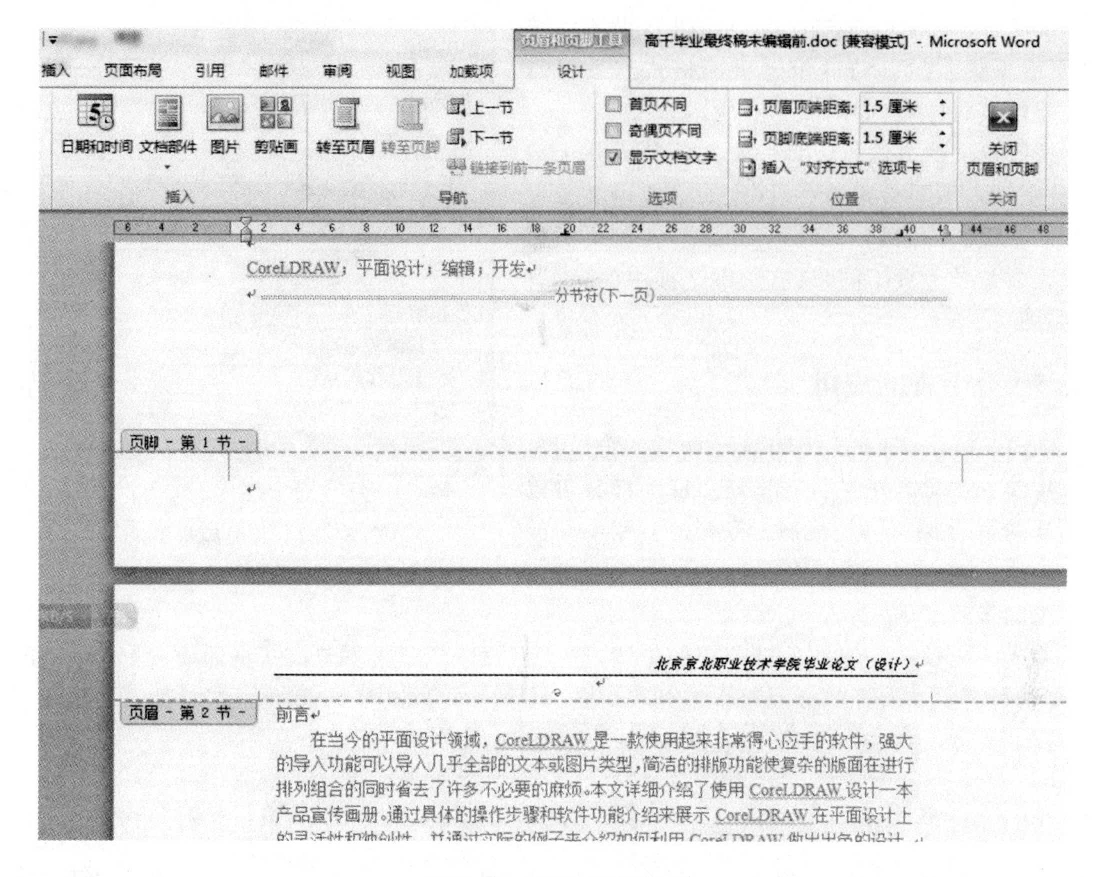

图 5-30　页眉页脚提示

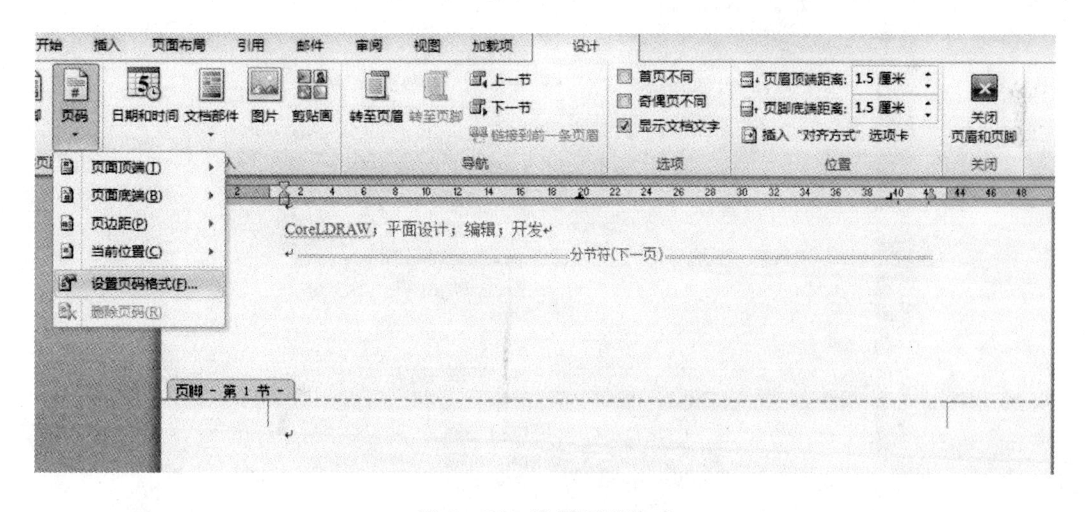

图 5-31　设置页码格式

(4) 单击【页眉页脚工具】中的【下一节】，光标将自动跳转到前言所在页，设置页码显示的格式1, 2, 3, ……即可。

说明：有时需要对起始页码值进行设置。选择【页眉页脚】|【页码】|【设置页面格式】，设置需要的起始页码即可，如图5-28所示。

按照本文的方法可以将一个文档分为几个部分，分别插入不同格式的页码(比如毕业论文首页不要求有页码的添加)。另外，如果想让首页不显示页码或与其他页不同，只需选中选项中的【首页不同】即可。

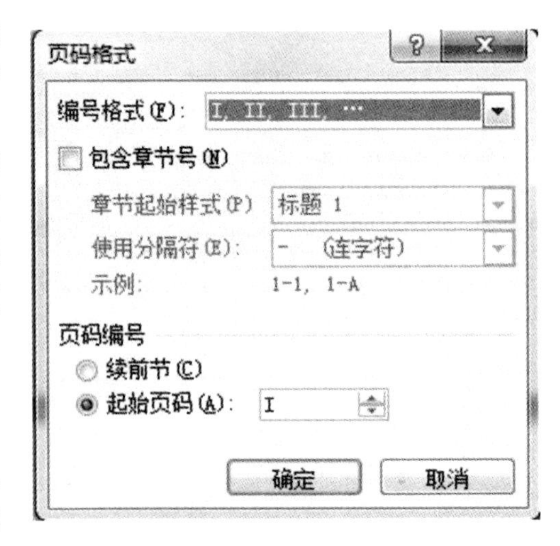

图5-32 页码编号格式

5.2.5 分节符的应用

在Microsoft Word 2010文档中插入分节符，可以将Word文档分成多个部分。每个部分可以有不同的页边距、页眉、页脚、纸张大小等不同的页面设置。在Microsoft Word 2010文档中插入分节符的步骤如下：

将光标定位在需要插入分节符的位置，选择【页面布局】选项卡，在【页面设置】分组中单击【分隔符】按钮，在展开的分隔符下拉列表中选择【下一页】，如图5-33所示。

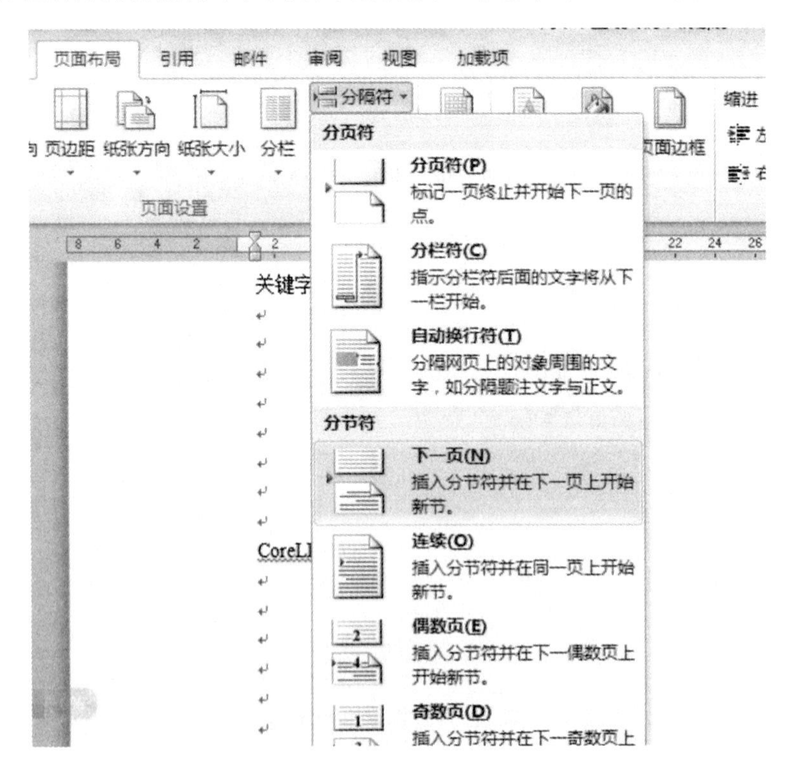

图5-33 分节符的插入

在打开的分隔符列表中，【分节符】区域列出4中不同类型的分节符，使用时可根据具体需要选择合适的分节符即可。

- 下一页：插入分节符，并在下一页上开始新节。
- 连续：插入分节符，并在同一页上开始新节。
- 偶数页：插入分节符，并在下一偶数页上开始新节。
- 奇数页：插入分节符，并在下一奇数页上开始新节。

说明：加入分节符后在论文中看不到分节符时，单击【文件】|【选项】，在打开的【Word 选项】对话框中选择【显示】，在【始终在屏幕上显示这些格式标记】选项下勾选【显示所有格式标记】选项，完成后单击【确定】，如图 5－34 所示。

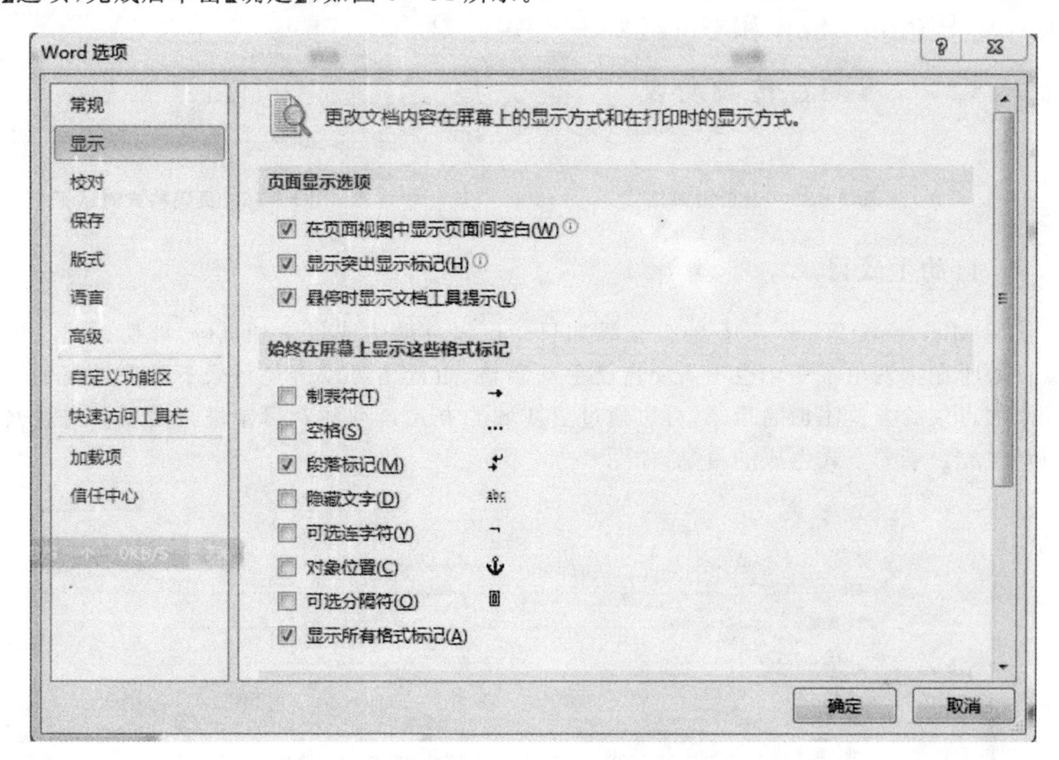

图 5－34　分节符显示设置

5.2.6　页码的插入

在本案例中除了通过插入页脚的方式插入页码外，也可以通过专用的插入【页码】的方式插入页码。由于论文要求页码分两种显示格式，因此在正式插入页码前需要插入一个分节符。插入分节符及页码的具体步骤如下：

（1）打开“毕业论文 1.docx”，将光标定位在“关键词”的下方，插入一个分节符。

（2）将光标定位在前言页的任何一个位置，选择【插入】|【页眉和页脚】组中的【页码】|【设置页码格式】，如图 5－35 所示。

（3）在打开的【页码格式】对话框中，选择所需要的格式，单击【确定】，如图 5－36 所示。

说明：以上只是说明了直接使用【页码】在插入分节符后的第 2 节中插入页码的方式。如果继续插入第 1 节中的页码，将光标定位在第 1 节中，选择【插入】|【页眉和页脚】组中的【页码】|【设置页码格式】，单击【编号格式】右侧的小黑三角，在下拉列表中移动滑块，直到出现所需的格式后选中此格式，单击【确定】，如图 5－36所示。

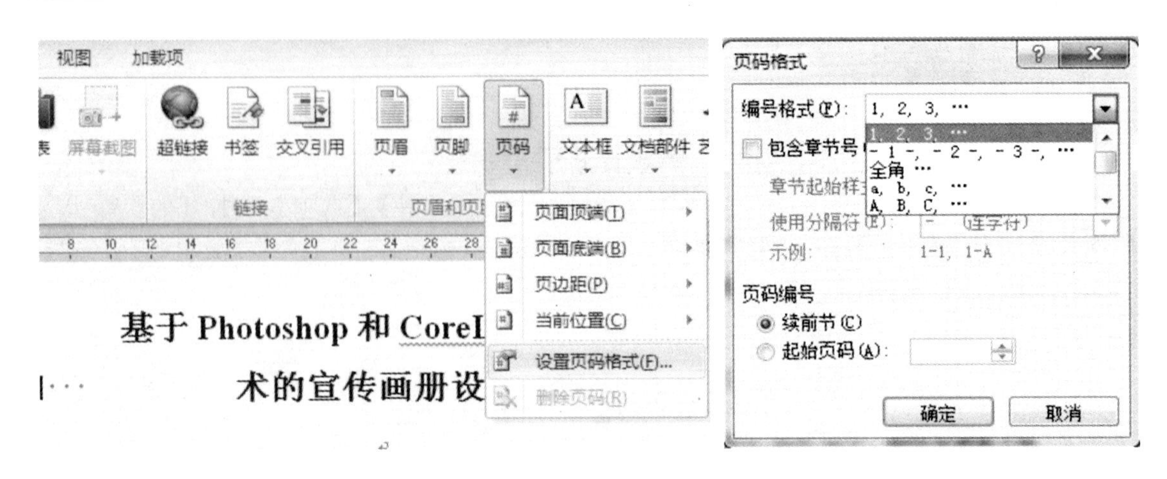

图 5-35　设置页码格式　　　　图 5-36　页码格式对话框

5.2.7　自动生成目录

使用 Microsoft Word 2010 的自动添加目录可以自动生成目录和页码,即使标题发生变化或标题所在页发生了变化也不需要自己手动调整,而且还可以避免目录不整齐的问题。用自动添加目录的方式添加的目录,可以通过更新域的方式自动地对目录进行更新。先观察通过自动生成目录的方式生成的目录,如图 5-37 所示。

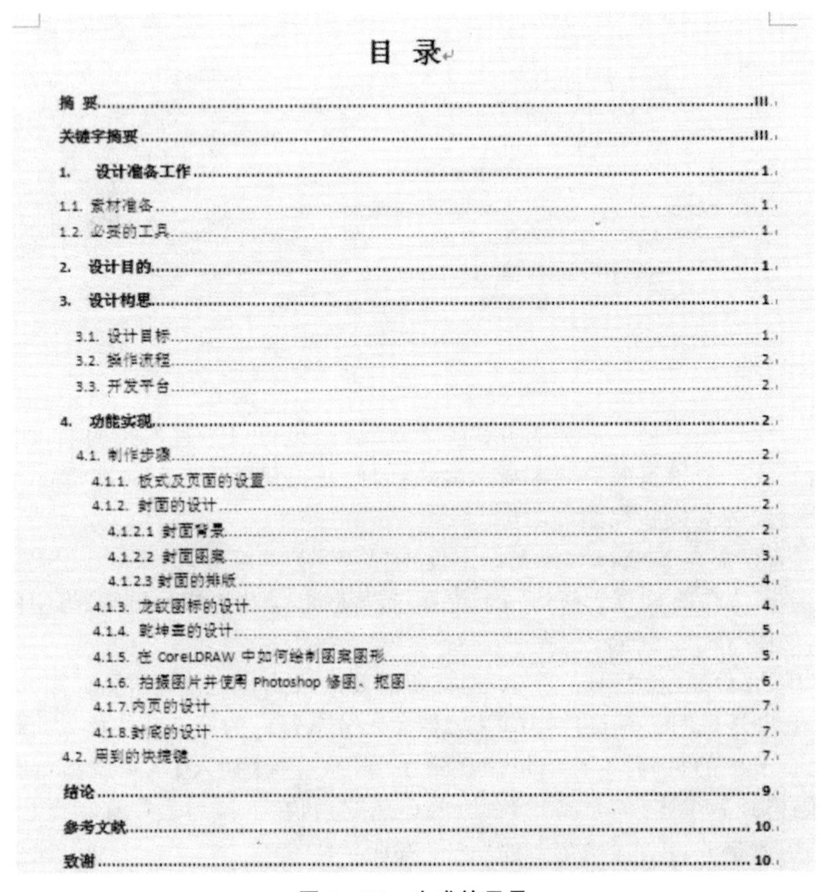
目 录

摘 要……III
关键字摘要……III
1. 设计准备工作……1
1.1. 素材准备……1
1.2. 必要的工具……1
2. 设计目的……1
3. 设计构思……1
3.1. 设计目标……1
3.2. 操作流程……2
3.3. 开发平台……2
4. 功能实现……2
4.1. 制作步骤……2
4.1.1. 板式及页面的设置……2
4.1.2. 封面的设计……2
4.1.2.1 封面背景……2
4.1.2.2 封面图案……3
4.1.2.3 封面的排版……4
4.1.3. 龙纹图标的设计……4
4.1.4. 乾坤盏的设计……5
4.1.5. 在 CorelDRAW 中如何绘制图案图形……5
4.1.6. 拍摄图片并使用 Photoshop 修图、抠图……6
4.1.7.内页的设计……7
4.1.8.封底的设计……7
4.2. 用到的快捷键……7
结论……9
参考文献……10
致谢……10

图 5-37　生成的目录

生成目录的具体步骤为：

(1) 对文章中对应的标题设置成相应的标题样式，具体设置方法参见 5.2.3 节中样式的引用部分所介绍的方法。

(2) 将光标移动到想创建目录的地方，选择【引用】|【目录】，在展开的下拉列表中选择【插入目录】，如图 5-38 所示。

(3) 在打开的【目录】对话框中选择【目录】选项卡，设置对话框参数，单击【确定】后即可自动生成目录，如图 5-39 所示。

(4) 如果论文中的某个样式标题发生了变化（比如标题内容或标题文本所在页码等），则可以直接将光标放在自动生成的目录上并右击，在弹出的列表中选择【更新域】即可，如图 5-40 所示。

说明：单击【更新域】后，在弹出的【更新目录】中有两种选择，如图 5-41 所示。

● 只更新页码：更新目录时前面的标题不更新而只是更新页码。

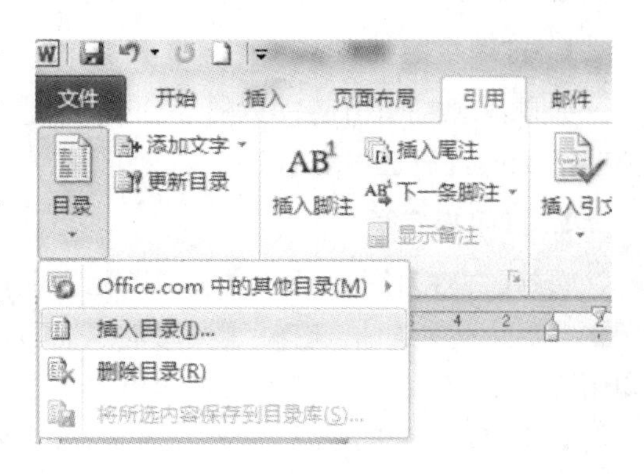

图 5-38　插入目录

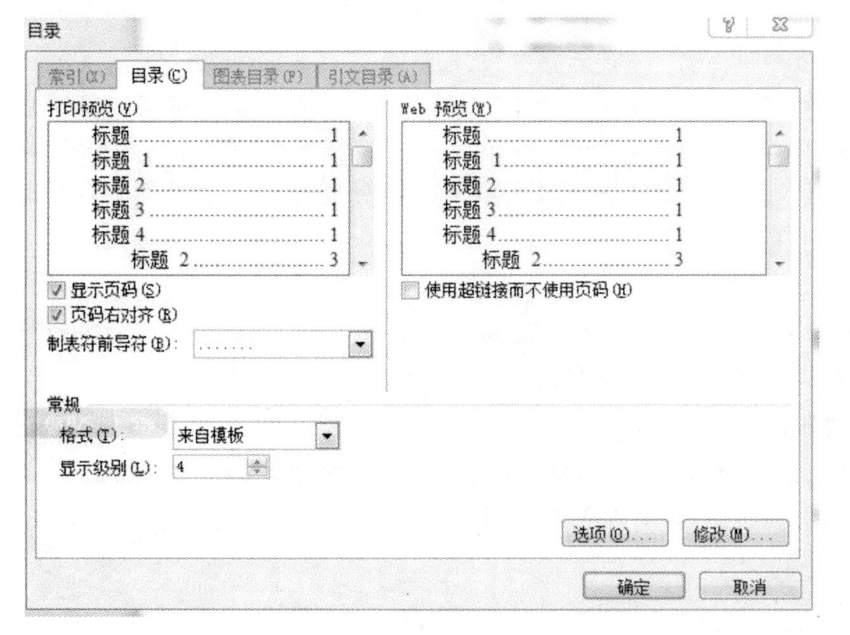

图 5-39　生成目录设置

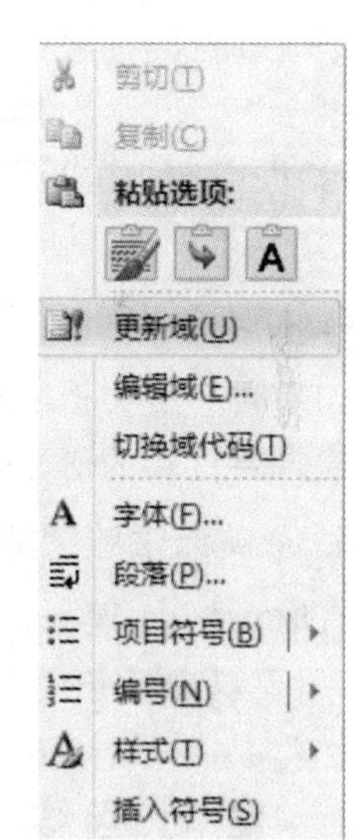

图 5-40　目录更新域

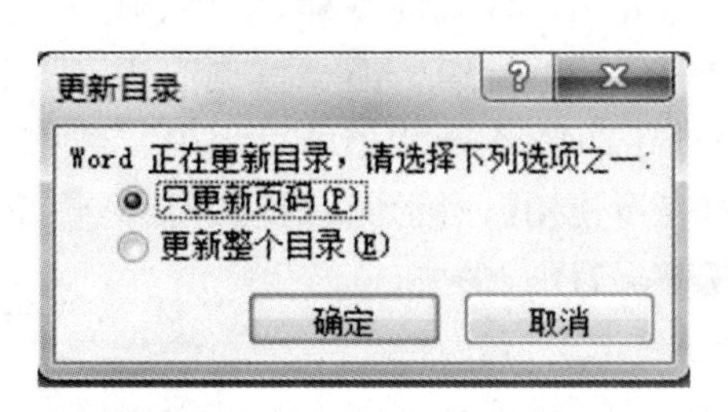

图 5-41　更新目录

● 更新整个目录：更新目录的同时连同标题和页码一起更新。

5.2.8 论文的打印

论文编辑后需要将其打印出来，在打印之前根据需要就打印的份数、打印区域等进行设置。常见的论文打印设置有以下几种：

1. 打印指定部分

如果只想打印出某一页的部分文件，首先选择【文件】|【打印】，再在【打印】窗口中选择【页面范围】下的【所选内容】即可。

2. 打印指定页

选择【文件】|【打印】，在【页面范围】部分中选择【当前页】项，则 Word 会打印出当前光标所在页的内容。如果选择了【页码范围】项，就可以键入指定的页码或页码范围，“1－1”可以打印第 1 页内容，如“1－5”可以打印出第 1 页至第 5 页的全部内容。

如果打印一些不连续页码的内容，就要依次键入页码，并以逗号相隔，连续页码可以键入该范围的起始页码和终止页码，并以连字符相连。例如“3，5－8，9”，可以打印第 3、5、6、7、8 和第 9 页。

3. 逆页序打印

在打印一个文件时，经常把最前面一页放在最下面，而把最后一页放在最上面，然后再一张一张地重新翻过来。文件页数较少，还可以这样操作；如果文件页数很多，一张一张重新手工排序会相当麻烦。其实，只需要在 Word 中单击打印对话框中的【选项】按钮，在打开的【打印】对话框中选中【逆页序打印】选项并单击【确定】，这样在打印文件时就会从最后面一页开始打起，直至第一页。

4. 打印副本

如果同一份文档需要打印多份，只需要在【打印】对话框中的【副本】选项区域下的【份数】框中输入要打印的份数，可同时打印多份同一文档。

5. 取消无法继续的打印任务

有时在打印 Word 文件时会遇到打印机卡纸等情况。如果遇到这种情况，无需重新启动系统，只要双击任务栏上的打印机图标，取消打印工作即可。

5.3 案例总结

本案例主要通过排版论文，介绍了样式的创建、引用、修改与删除、目录的添加、页眉和页脚的插入，以及页面设置与打印的相关知识。需要重点注意以下 3 点内容：

(1) 在使用 Microsoft Word 2010 编辑文档的过程中，有时希望在修改了样式的格式后会有提示信息，另外希望编号列表不使用【段落列表】样式，而是使用【正文】样式。对显示样式已经更新信息和编号列表使用【正文】样式的方法。

① 打开 Word 2010 文档，单击【文件】按钮。

② 选择【选项】，在【Word 选项】对话框中单击【高级】选项卡。

③ 在【编辑选项】区选中【提示更新样式】选项。

④ 然后在【编辑选项】区选中【对项目符号或编号列表使用'正文'样式】选项，并单击【确定】按钮即可实现上述两项要求。

(2) 应用样式对标题进行设置后，通常论文的其他部分，如正文部分也会有相应的字体、字号等要求，在样式列表中不仅可以对标题级别的样式进行创建，也可以创建诸如正文样式等。

(3) 一般情况下封面是不需要显示页码的，这就需要插入分隔符。把光标放在封面首行，然后选择菜单栏【插入】|【分隔符】|【下一页】。再次选择【插入】|【页码】，取消【首页显示页码】。

5.4 知识拓展

1. 字数的查询

Microsoft Word 2010 具有统计字数的功能，用户可以方便地获取当前 Word 文档的字数统计信息。

打开 Word 2010 文档窗口，切换到【审阅】功能区。在【校对】分组中单击【字数统计】按钮后即可看到论文中字数、字符数以及段落数等，如图 5-42 所示。

2. 页眉页脚的设置

在使用 Microsoft Word 2010 编辑文档时，需要在页面顶部或底部添加页码，有时还需要在首页、奇数页、偶数页使用不同的页眉或页脚。

(1) 打开 Word 文档，单击【插入】选项卡。

(2) 在【页眉和页脚】中单击【页眉】按钮，在菜单中选择【编辑页眉】选项。

(3) 在【设计】选项卡的【选项】分组中选中【首页不同】和【奇偶页不同】选项。

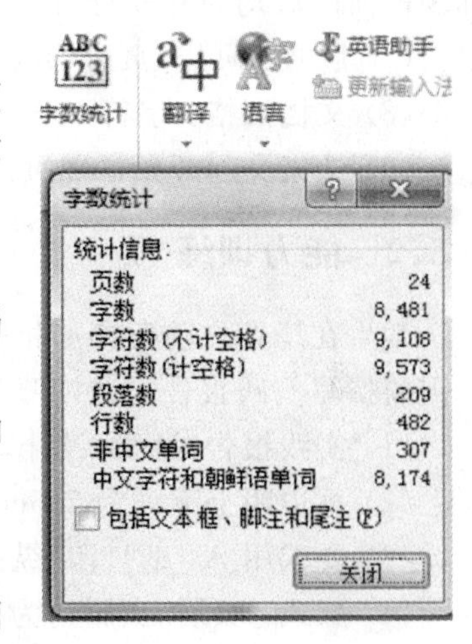

图 5-42 字数统计

3. 使用脚注和尾注注释文档

脚注和尾注主要用来对文本进行补充说明，比如备注说明或者提供文档中所引用内容的来源信息等。脚注位于页面的低端，用来说明每页中需要注释说明的内容；尾注位于文档结尾处，用来解释说明文档中需要注释的内容等信息，比如，文档所引用的其他文章的名称等。

插入脚注和尾注的步骤如下：

(1) 将光标移到要插入脚注和尾注的位置。

(2) 单击【插入】菜单中的【脚注和尾注】菜单项，可出现【脚注和尾注】对话框。

(3) 选择【脚注】选项，可以插入脚注；如果要插入尾注，则选择【尾注】选项。

(4) 如果选择了【自动编号】选项，Word 就会给所有脚注或尾注连续编号，当添加、删除、移动脚注或尾注引用标记时重新编号。

(5) 如果要自定义脚注或尾注的引用标记，可以选择【自定义标记】，然后在后面的文本框中输入作为脚注或尾注的引用符号。如果键盘上没有这种符号,可以单击【符号】按钮,从【符号】对话框中选择一个合适的符号作为脚注或尾注即可。

5.5 实践训练

5.5.1 基本训练

将素材中的"毕业设计2.docx",按以下格式要求进行论文的排版:

(1) 毕业设计(论文)使用A4纸,单面打印,横向显示。页边距设置:上为2 cm,下为2 cm,左为2.5 cm,右为1.5 cm。

(2)"摘要"两字中间空3个汉字字符格,"关键词"三字每两字中间空1个汉字字符格。

(3) 正文内容使用4号宋体字,行距1.5倍行距。

(4) 英文摘要含关键词另起页(分隔符的应用),标题使用3号Times New Roman字体、加粗、居中,内容使用4号Times New Roman字体,行距1.5倍行距。

(5) 目录另起页(分页符的应用),标题使用3号黑体字,"目录"两字中间空3个英文字符格,内容使用4号宋体字。

(6) 一级标题用小3号黑体、二级标题用4号加粗宋体、三级标题小4号加粗宋体。以上标题段前段后均为0.5行,行距为单倍。正文用小4号正常宋体,行距为1.5倍行距。

(7) 版式:页眉、页脚均为1.5厘米,页眉内容为"北京京北职业技术学院毕业论文"。

(8) 文档网格:字符——————每行36;行————每页32。

(9) 从正文起开始添加页码,编码格式为1,2,3……。

5.5.2 能力训练

学生在毕业之前要参加相关专业的专业实习(或从事相应职业岗位工作),实践环节结束后需要撰写实践报告。请按照下面的要求对实践报告进行排版编辑:

(1) 实践报告封面的设计,效果如图5-43所示。

(2) 页边距上下均为2.5cm,左为3.5cm,右为3.0cm,纸张纵向。

(3) 要求用A4纸打印,纵向。

(4) 版式:页眉、页脚均为1.5cm;页眉内容为"北京京北职业技术学院实践报告",居右。

(5) 文档网格:字符——————每行36;行————每页32。

(6) 实践报告题目:宋体、加黑、小3号。正文:宋体、小4号。行间距:1.5倍行间距。字符间距:标准。

(7) 1级标题(各章题序及标题):黑体,4号,段后空4号1行,顶格。

2级标题(各节的题序及标题):黑体,小4号,顶格。

3级标题(各条的题序及标题):黑体,5号,顶格。

(8) 页码分3部分:封面不要求有页码;从封面的下一页至前言部分的最后一页,页码的编码格式为I, II, III, …;从正文起始页开始至论文结束,页码的编码格式为1,2,3……。

(9) 为报告中引用部分添加脚注(位置及内容自定)。

(10) 自动添加目录,目录字体:小4号,加粗。行距:1.5倍。

图 5－43　封面设计效果图

案例6　制作成绩通知单

6.1　案例分析

成绩通知单是学校每学期对学生学业测试成绩的综合报告单。每逢学期末考试结束后，学校教务部门都要将各个年级各个班的每位学生的各科考试成绩汇总，之后通过信件的方式将成绩通知单邮寄给每位学生家长。本案例将介绍通过使用 Microsoft Word 2010 的邮件合并功能、插入域的方法，方便快速制作出成绩单。

6.1.1　任务的提出

教务处小孙负责为每位在校生邮寄期末成绩单。在汇总完所有学生的各科考试成绩后，如何制作数据量如此之大的成绩通知单成为小孙最大的难题，是将姓名、成绩等这些位置空着，等到通知单打印完毕再对空处进行手工填写吗？这工作量太大。经过学习和查资料，问题解决了。对于批量制作内容大部分一致且有少量变化的文档，使用邮件合并可以方便快捷地制作出大批量的成绩通知单，在确保准确性的同时极大地提高工作效率。

6.1.2　解决方案

要完成成绩通知单的制作，需要用到 Microsoft Word 2010 的"邮件合并"功能。本案例中，首先建立成绩通知单主文档，即成绩通知单样本，然后通过"邮件合并"的"插入合并域"功能引入数据源，在成绩通知单中插入 Excel 数据源，将所需要的数据通过数据关联的方式连接合并到成绩单中，即生成每个学生的成绩通知单。

6.2　案例实现

制作成绩单主要包括以下 4 个过程：

(1) 创建并编辑主文档。

(2) 使用"邮件合并"对主文档和数据源建立关联。

(3) 在主文档中插入合并域。

(4) 形成每位学生的成绩单并保存。

6.2.1　建立主文档

启动 Microsoft Word 2010，创建新文件，并在文件中输入文字进行排版，编辑制作一份"成绩通知单"主文档，制作后的 Word 主文档，即成绩通知单样本，如图 6－1 所示。

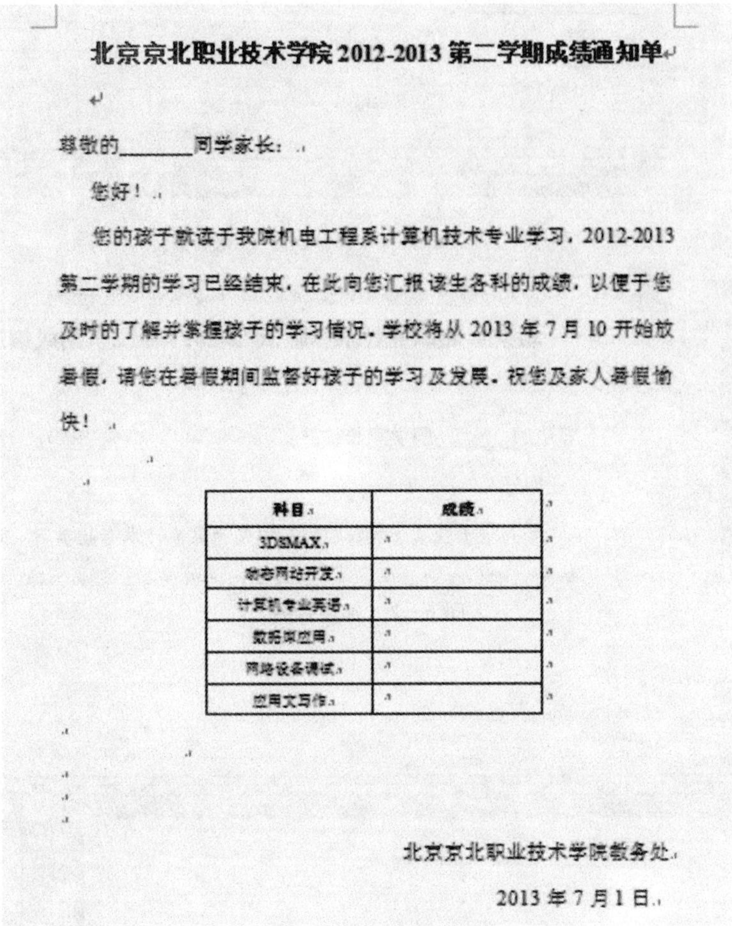

北京京北职业技术学院2012-2013第二学期成绩通知单

尊敬的_______同学家长：

您好！

您的孩子就读于我院机电工程系计算机技术专业学习，2012-2013第二学期的学习已经结束，在此向您汇报该生各科的成绩，以便于您及时的了解并掌握孩子的学习情况。学校将从2013年7月10开始放暑假，请您在暑假期间监督好孩子的学习及发展。祝您及家人暑假愉快！

科目	成绩
3DSMAX	
动态网站开发	
计算机专业英语	
数据库应用	
网络设备调试	
应用文写作	

北京京北职业技术学院教务处

2013年7月1日

图 6－1　成绩通知单样本

6.2.2　主文档和数据源之间建立关联

(1) 主文档建立后，将光标定位在“尊敬的_________同学家长”内的横线上，选择【邮件】|【开始邮件合并】|【邮件合并分布向导】，如图 6－2 所示。

(2) 在弹出的【邮件合并】列表中，在【第 1 步，共 6 步】中单击【下一步：正在启动文档】，如图 6－3 所示。

(3) 单击【下一步：选取收件人】，直至在【邮件合并】任务窗格中出现“第 3 步，共 6 步”，单击【浏览】按钮，如图 6－4 所示。

(4) 单击【浏览】按钮后，在弹出的【选取数据源】对话框中选择要应用的“学生成绩.xls”工作簿，单击【打开】按钮即可引入数据源，如图 6－5 所示。

(5) 单击【打开】按钮后，在弹出的【选择表格】中选择“2ban”工作表，如图 6－6 所示。

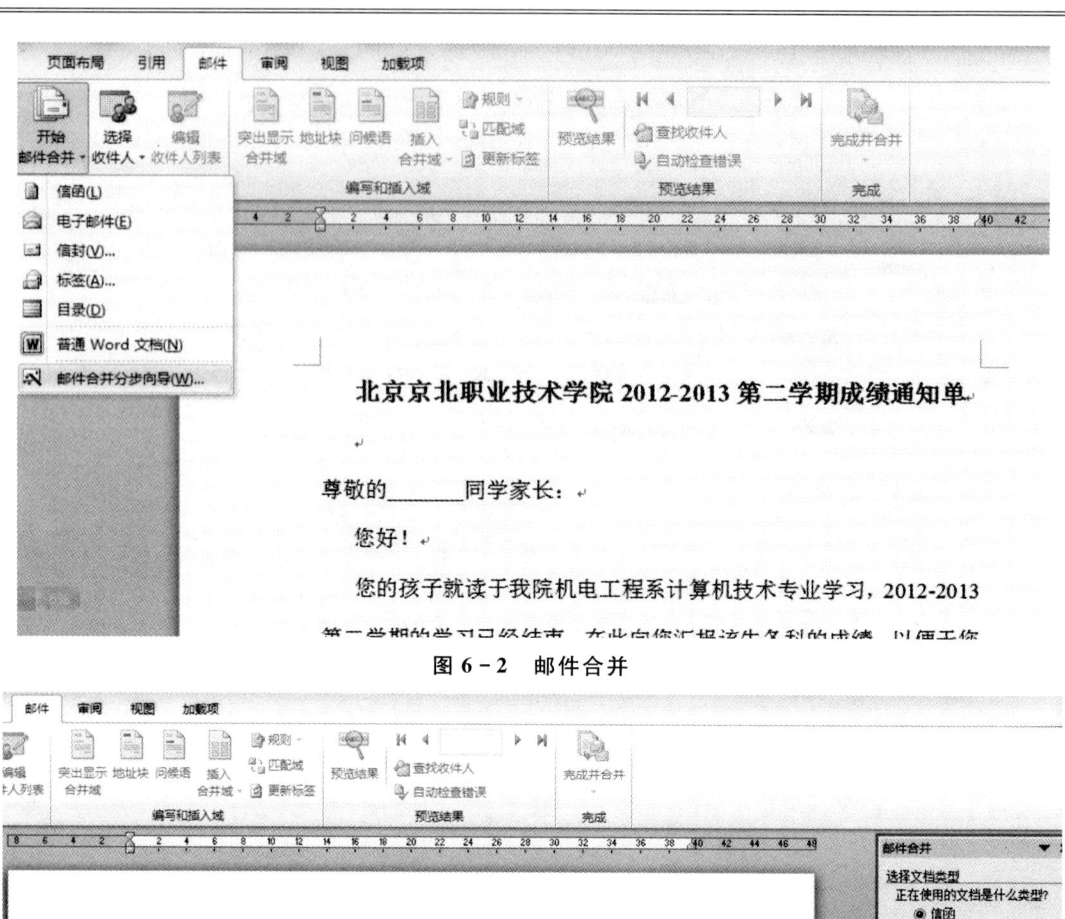

图6-2　邮件合并

图6-3　邮件合并向导

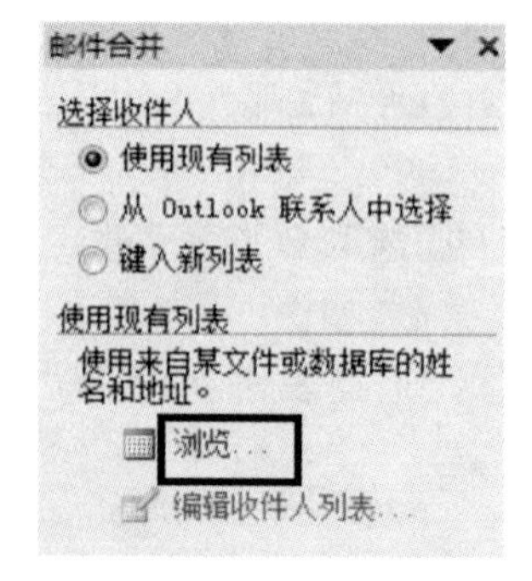

图6-4　收件人选取

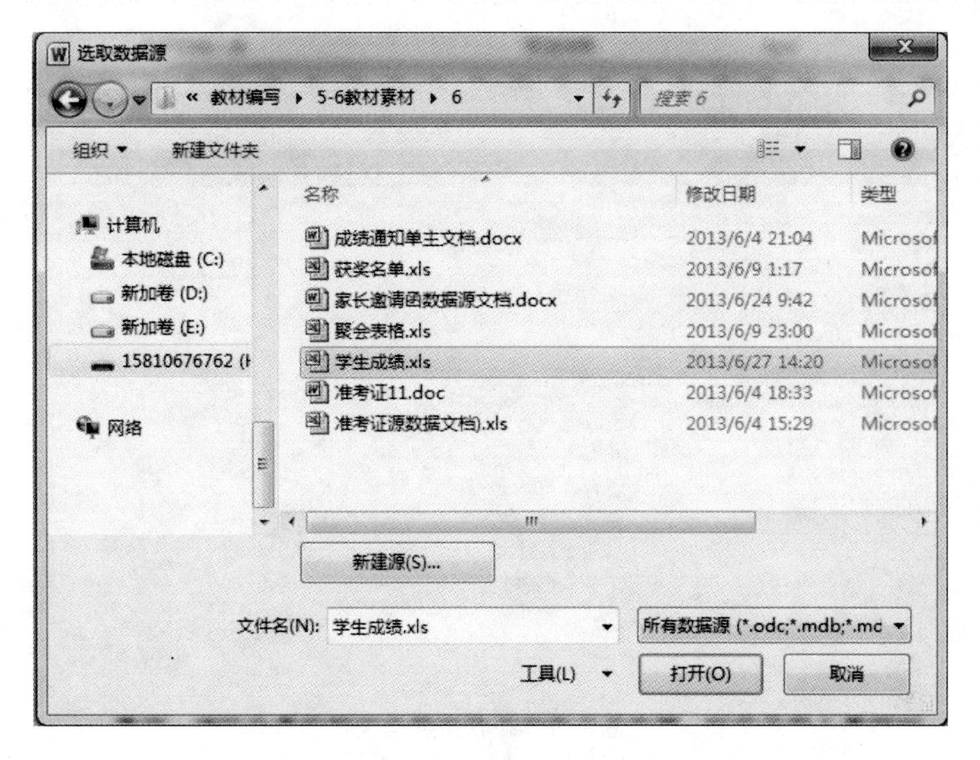

图 6-5　数据源文件选择

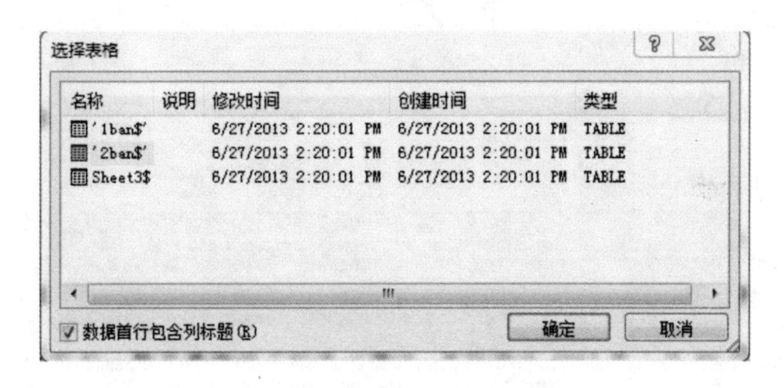

图 6-6　选择表格

单击【确定】后弹出【邮件合并收件人】对话框，直接单击【确定】，如图 6-7 所示。

说明：在制作成绩通知单时用到的“学生成绩.xls”是已经整理好的 Excel 文件。由于本案例中所用的“学生成绩.xls”工作簿里一共有 3 个工作表，在进行邮件合并过程中需要的学生成绩源数据在名为“2ban”的工作表里，如图 6-8 所示，因此在选择表格时选择“2ban”工作表。

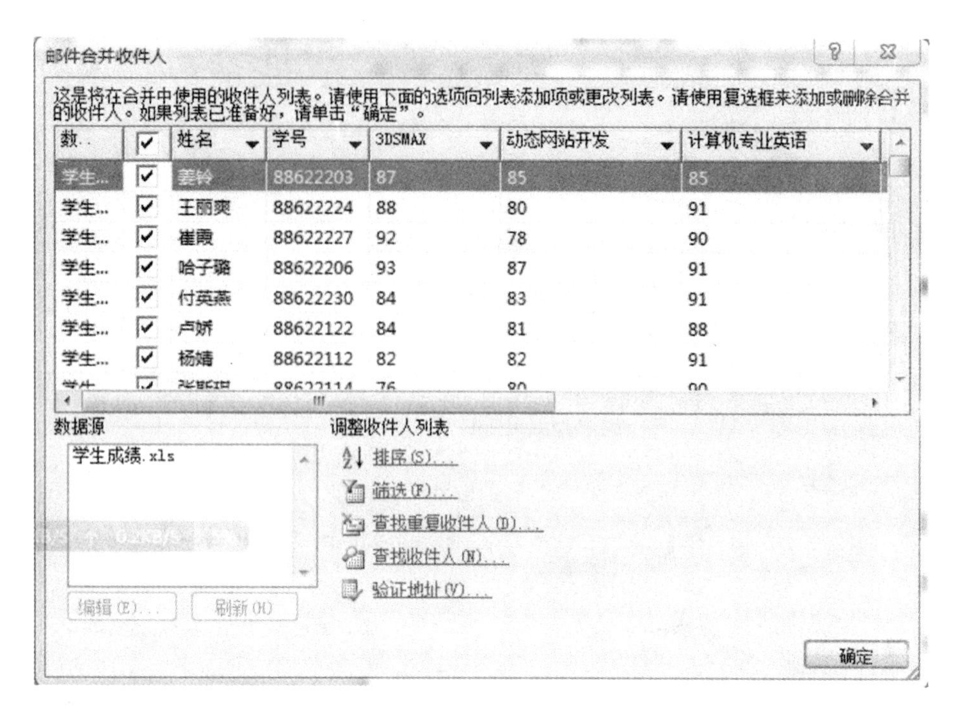

数...	☑	姓名	学号	3DSMAX	动态网站开发	计算机专业英语
学生...	☑	姜铃	88622203	87	85	85
学生...	☑	王丽爽	88622224	88	80	91
学生...	☑	崔霞	88622227	92	78	90
学生...	☑	哈子璐	88622206	93	87	91
学生...	☑	付英燕	88622230	84	83	91
学生...	☑	卢娇	88622122	84	81	88
学生...	☑	杨婧	88622112	82	82	91

图 6-7 邮件合并收件人

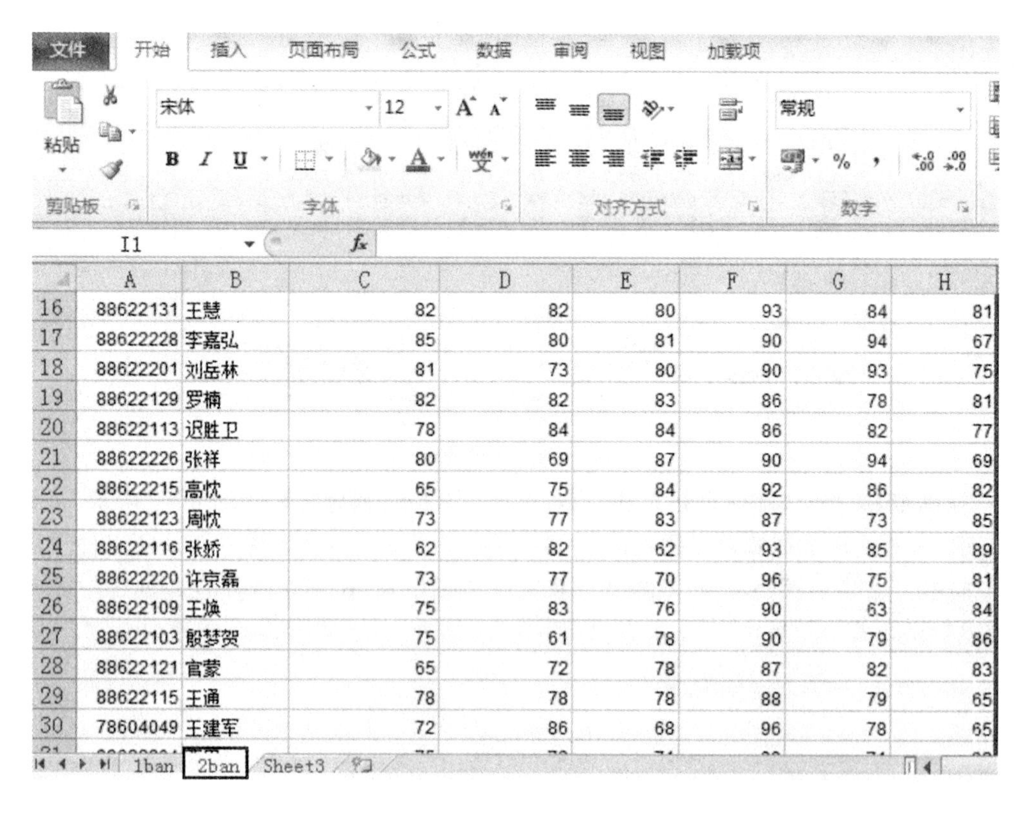

	A	B	C	D	E	F	G	H
16	88622131	王慧	82	82	80	93	84	81
17	88622228	李嘉弘	85	80	81	90	94	67
18	88622201	刘岳林	81	73	80	90	93	75
19	88622129	罗楠	82	82	83	86	78	81
20	88622113	迟胜卫	78	84	84	86	82	77
21	88622226	张祥	80	69	87	90	94	69
22	88622215	高忱	65	75	84	92	86	82
23	88622123	周忱	73	77	83	87	73	85
24	88622116	张娇	62	82	62	93	85	89
25	88622220	许京磊	73	77	70	96	75	81
26	88622109	王焕	75	83	76	90	63	84
27	88622103	殷梦贺	75	61	78	90	79	86
28	88622121	官蒙	65	72	78	87	82	83
29	88622115	王通	78	78	78	88	79	65
30	78604049	王建军	72	86	68	96	78	65

图 6-8 源数据文件工作表

6.2.3　主文档中插入合并域

(1) 将光标定位在成绩通知单主文档中的“尊敬的________同学家长：”的横线处，选择【邮件】|【插入合并域】，在展开的列表中选择【姓名】，如图 6－9 所示。

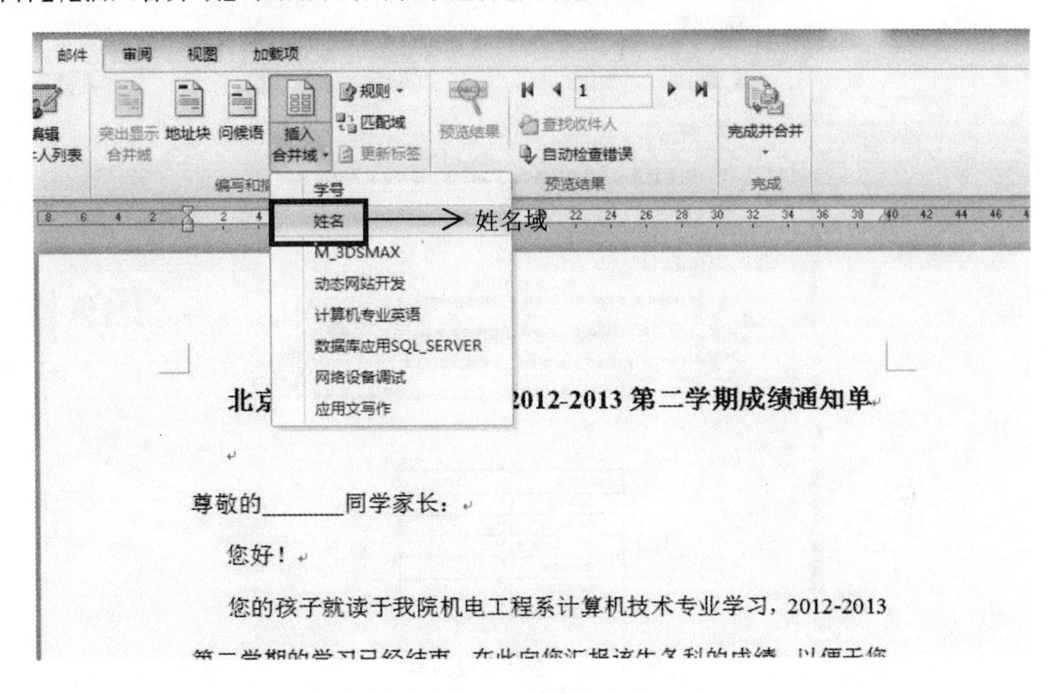

图 6－9　插入姓名域

(2) 插入“姓名域”之后的文档样本效果如图 6－10 所示。

尊敬的 «姓名» 同学家长：

图 6－10　插入姓名域效果

(3) 使用同样的方法，将光标分别定位在成绩通知单主文档中表格的单元格内，从表格的第 2 行的右侧空白单元格开始，从上往下依次插入“3DSMAX 域”、“动态网站开发域”、“计算机专业英语域”、“数据库应用域”、“网络设备调试域”、“应用文写作域”，完成后的主文档中表格显示效果如图 6－11 所示。

科目	成绩
3DSMAX	«M_3DSMAX»
动态网站开发	«动态网站开发»
计算机专业英语	«计算机专业英语»
数据库应用	«数据库应用SQL_SERVER»
网络设备调试	«网络设备调试»
应用文写作	«应用文写作»

图 6－11　插入其他域结果

(4) 插入所有的“域”之后，在【邮件合并】任务窗格中单击【下一步：撰写信函】，再单击【下一步：预览信函】，此时成绩通知单主文档中的姓名域及各科目域处的内容就会产生变化，即由原来的《 * * 》域显示效果自动替换成为具体的分数值。

由于其中的姓名域处自动引入了数据源文件（Excel 工作表）中的姓名源数据，同样，表格中的各科目成绩也同样自动引入了数据源文件中的分数，效果如图 6－12 所示。

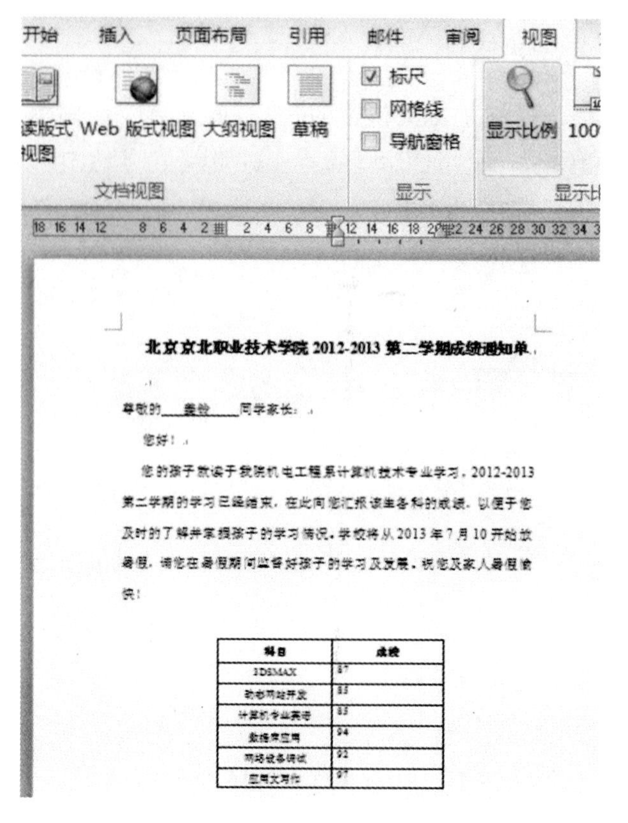

图 6－12　合并完成效果

(5) 选择【邮件合并】|【下一步：完成合并】，即可完成数据的合并，即在主文档中引用相应的源数据。

6.2.4　形成每位学生的成绩单并保存

(1) 选择【邮件】|【完成并合并】，在展开的下拉列表中选择【编辑单个文档】，如图 6－13 所示。

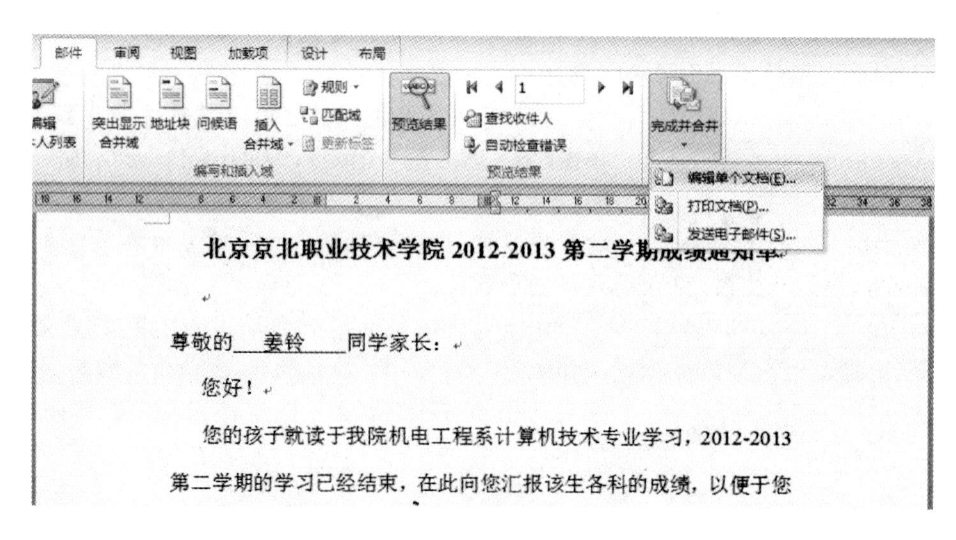

图 6－13　编辑单个文档

（2）在弹出的【合并到新文档】对话框中，选择【全部】后就可以借助文档显示窗口中的滚动条观察到在文档中所有使用邮件合并的功能而自动形成的每个学生的成绩通知单了。【合并到新文档】对话框选项如图6－14所示。

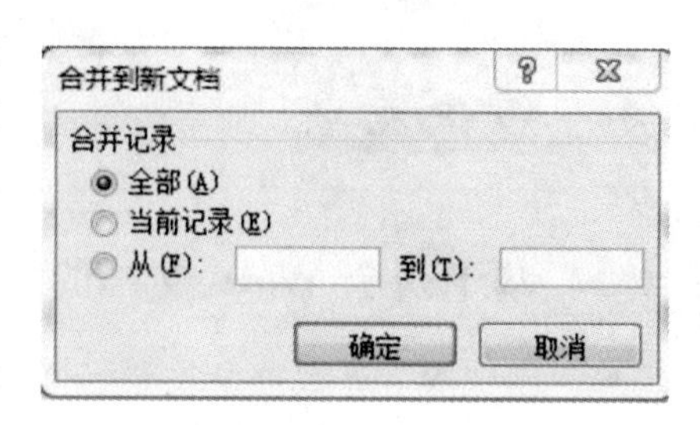

图 6－14　合并记录项

说明：在【合并到新文档】对话框中，如果选择 ◎从(F): 到(T): ，可以编辑部分学生的成绩通知单。比如，分别填入 1 和 4 后，就会只显示数据源文件（Excel 文件）中前 4 名学生的成绩通知单。一般情况下，选择编辑单个文档后在弹出的合并到新文档对话框中保持默认设置即可；如果选择全部，则可以查看完成的批量制作的成绩通知单。

6.3　案例总结

本案例中主要使用邮件合并功能，通过插入域的方式将主文档与数据源之间建立关联的方式制作成绩通知单。“邮件合并向导”主要用于帮助用户在 Word 2010 文档中完成信函、电子邮件、信封、标签或目录等的邮件合并工作，采用分步完成的方式进行，因此很适用于经常需要编辑使用邮件合并功能的普通用户。

“邮件合并”功能主要应用于处理那些主要内容基本相同，而只是具体数据有变化的文件。在填写大量格式相同，只修改少数相关内容，其他文档内容不变时，就可以灵活运用邮件合并功能。这样不仅操作简单，而且还可以设置各种格式，打印效果又好，可以满足许多不同用户不同的需求。

说明：所谓主文档就是包含文本、图形等对合并文档的每个版本都相同的文档。源就是插入主文档的不同信息，域可以是姓名、地址等信息。数据源是一个信息目录，它既可以是 Excel 文件，也可以是 Word 文档、数据库等，还可以是新建的数据源。创建数据源主要是建立数据表格。

Microsoft Word 2010 文档在进行邮件合并时，为了避免发生错误，用户可以使用内置的自动检查错误功能来检查错误。需要注意的是，在使用邮件合并时，也经常会出现一些错误。检查错误的步骤如下：

（1）在打开的 Word 文档界面中单击【邮件】选项卡，在【预览结果】分组中单击【自动检查错误】按钮。

（2）在弹出【检查并报告错误】对话框，选择【模拟合并，同时在新文档中报告错误】选项，选择完后单击【确定】按钮来检查错误。

（3）发现错误时，就会在新文档中报告错误；没有发现错误，则弹出【没有发现邮件合并错误】的提示框，单击【确定】即可。

6.4 知识拓展

6.4.1 基于两个 Word 文档的邮件合并

(1) 创建 Word 数据源文档。单击【文件】|【新建】,创建一个名为“邀请函”的空白文档。打开该文档,在文档中输入信息,如图 6-15 所示,输入完成后单击【保存】按钮 即可。

(2) 建立主文档。单击【文件】|【新建】,创建一个名为“邀请函”的主文档,输入正文内容并进行编辑,主文档内容及编辑效果如图 6-16 所示。

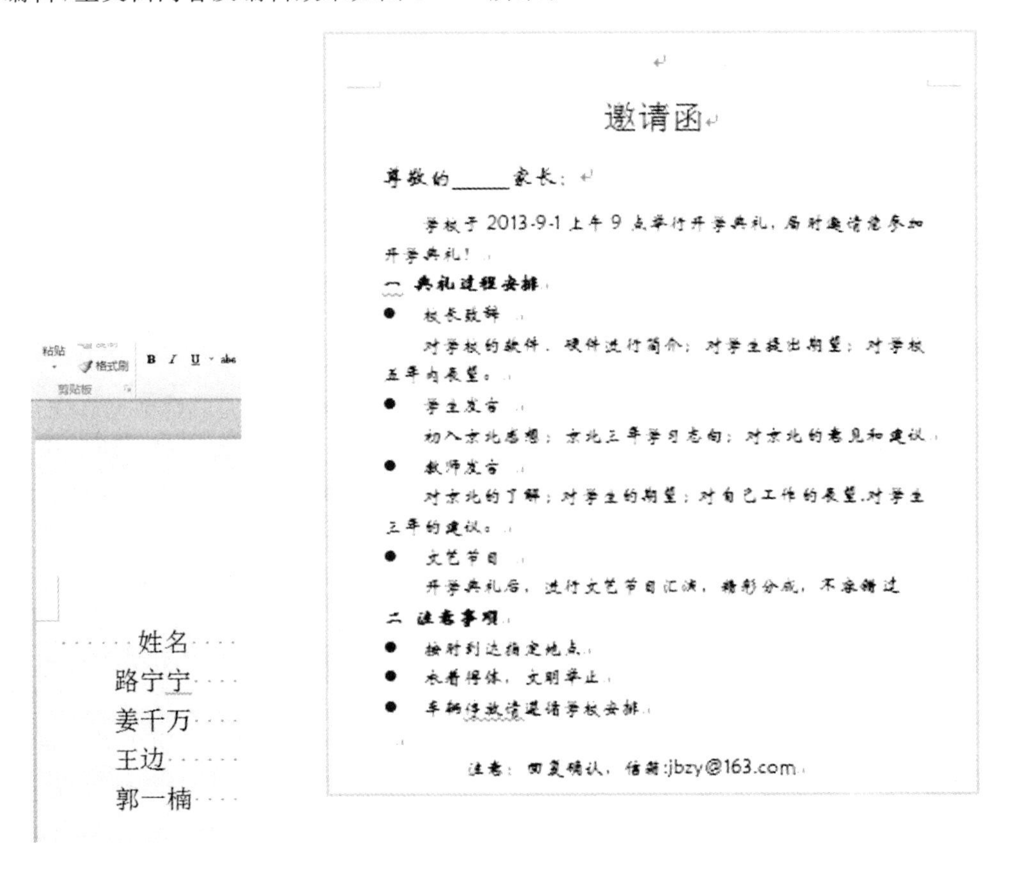

图 6-15 数据源的建立　　　　图 6-16 邀请函主文档

(3) 使用邮件合并制作邀请函。只有当两个文档都创建完成后才可以进行邮件合并。Word 将生成一个文档,按照数据源中的记录,每一条记录生成一封有学生姓名的邀请函。

单击【邮件合并】,打开已经创建好的主文档,单击【邮件】选项卡,将光标放在【开始邮件合并】按钮上时,在展开的列表中可以看到【普通 Word 文档】。单击【开始邮件合并】下的【普通 Word 文档】选项,如图 6-17 所示,表示当前编辑的主文档类型为普通 Word 文档。

(4) 单击【邮件】组中的【选择收件人】按钮,在展开的列表中选择【使用现有列表】选项,如图 6-18 所示。

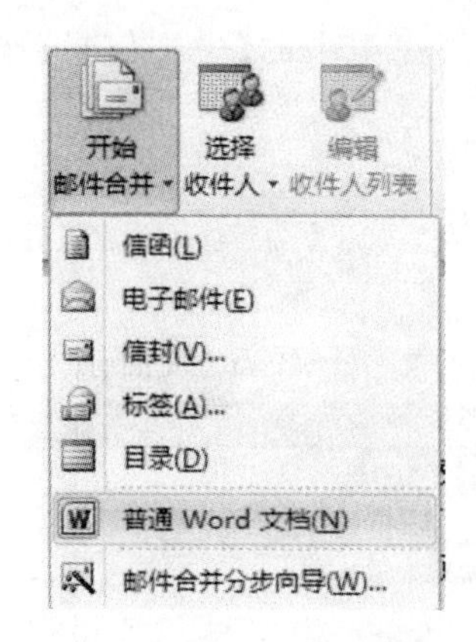

图 6-17 邮件合并文档

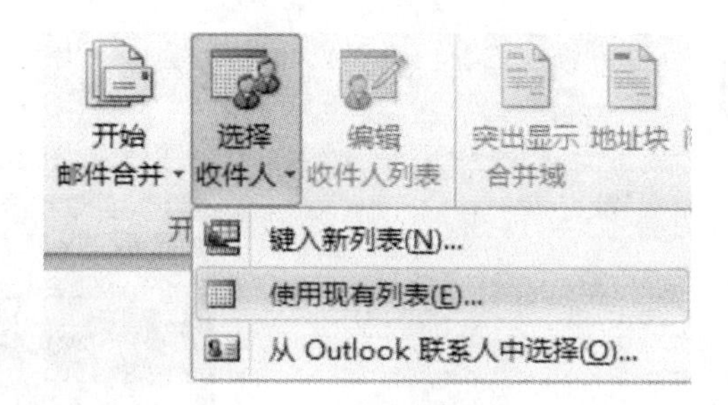

图 6-18 使用现有列表

(5) 在打开的【选取数据源】对话框中，选择已建好的数据源“家长邀请函数据源文件”文档，然后单击【打开】按钮。

(6) 将光标放置在文中需要插入合并域的位置，即“家长”二字左侧的“____”上，然后单击【插入合并域】按钮，在展开的列表中选择要插入的域“姓名”，插入姓名域后的效果如图 6-19 所示。

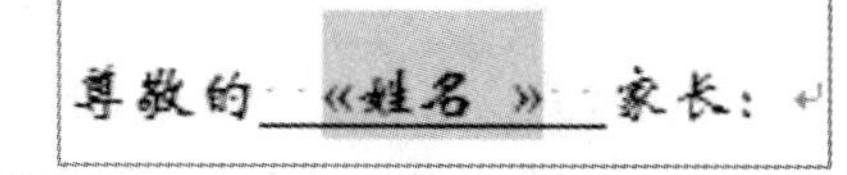

图 6-19 插入姓名域

(7) 单击【完成并合并】按钮，在弹出的下拉列表中选择【编辑单个文档】选项。

(8) 在弹出【合并到新文档】对话框中选择【全部】选项，单击【确定】按钮，Word 将根据设置自动合并文档并将全部记录存放到一个新文档中。自动生成的全部邀请函如图 6-20 所示。

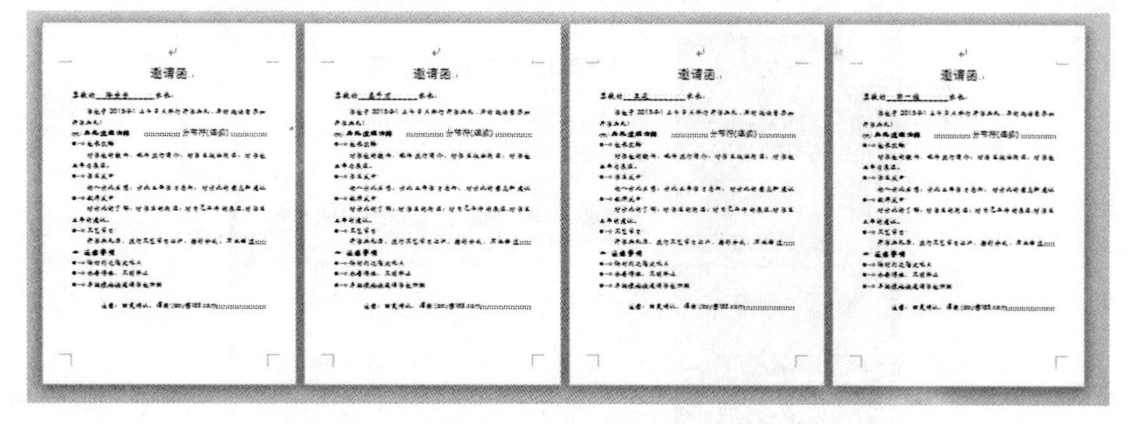

图 6-20 全部邀请函效果

6.4.2 使用邮件合并制作信封

成绩通知单制作好后要将其邮寄给学生家长，那么制作信封是至关重要的。一个一个的手写信封非常麻烦。在 Microsoft Word 2010 中，通过邮件合并功能可以制作出批量信封，利用中文信封的功能，用户可以制作符合国家标准，包含有邮政编码、地址和收信人的信封。下面介绍使用中文信封向导制作信封的方法：

(1) 启动 Microsoft Word 2010,单击【邮件】选项卡上创建组中的【中文信封】选项,打开【信封制作向导】对话框,如图 6-21 所示。

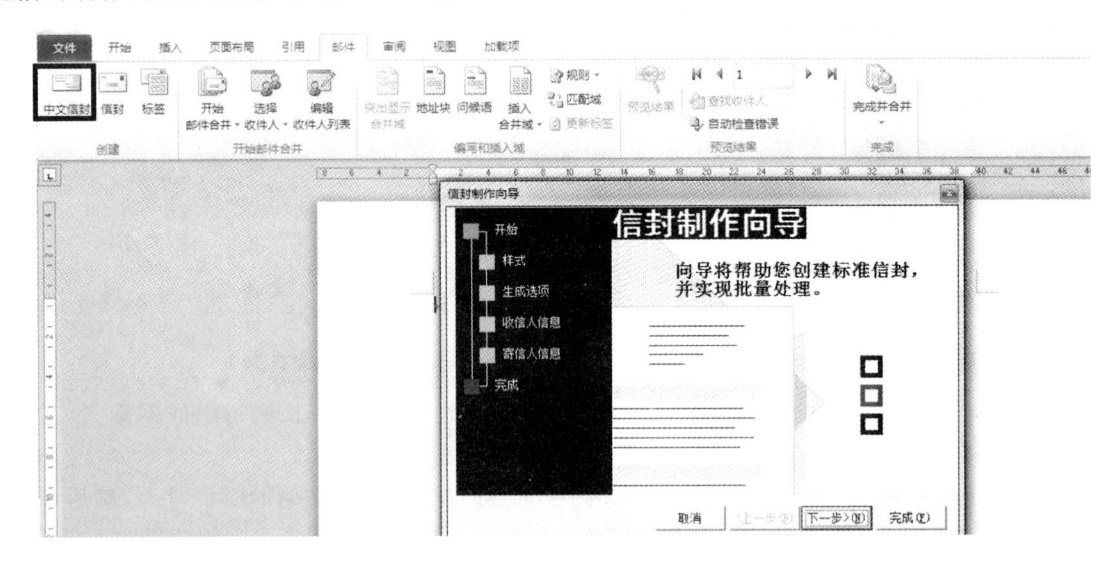

图 6-21 信封制作向导

(2) 在打开的对话框中单击【下一步】按钮,根据制作向导开始制作信封。在标准信封样式界面中,单击【信封样式】下拉列表框按钮,在弹出的信封样式下拉列表中选择【国内信封—C5(229 * 162)】,然后单击【下一步】按钮。

(3) 在生成选项卡界面中,选择【键入收信人信息,生成单个信封】选项,如图 6-22 所示。

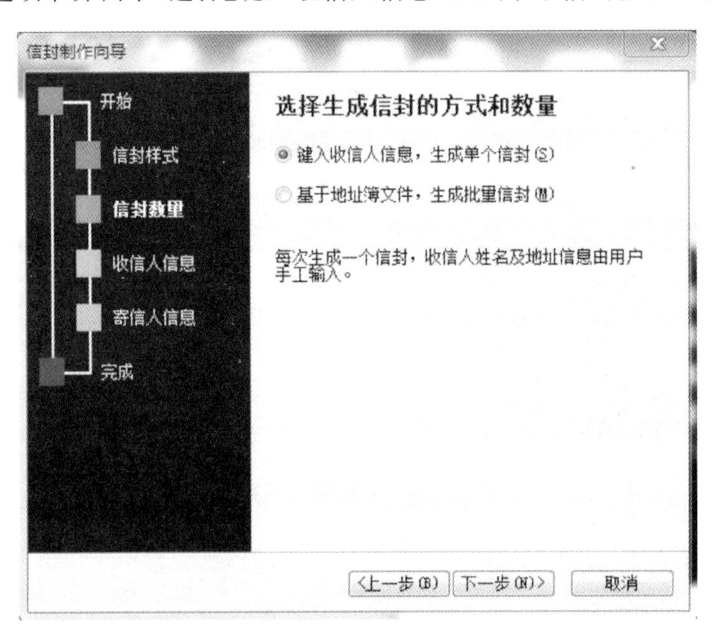

图 6-22 生成单个信封

(4) 单击【下一步】按钮,在【输入收信人信息】界面中,输入收件人的姓名、地址、邮编等信息，如图 6－23 所示，然后单击【下一步】按钮。

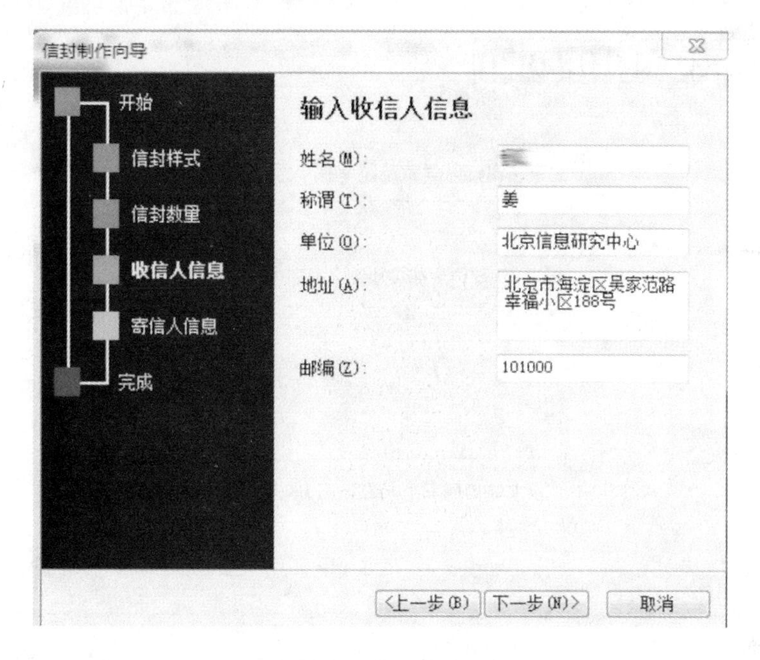

图 6－23　收件人信息输入

(5) 在打开的界面中，输入寄件人的姓名、地址、邮编等信息，如图 6－24 所示。

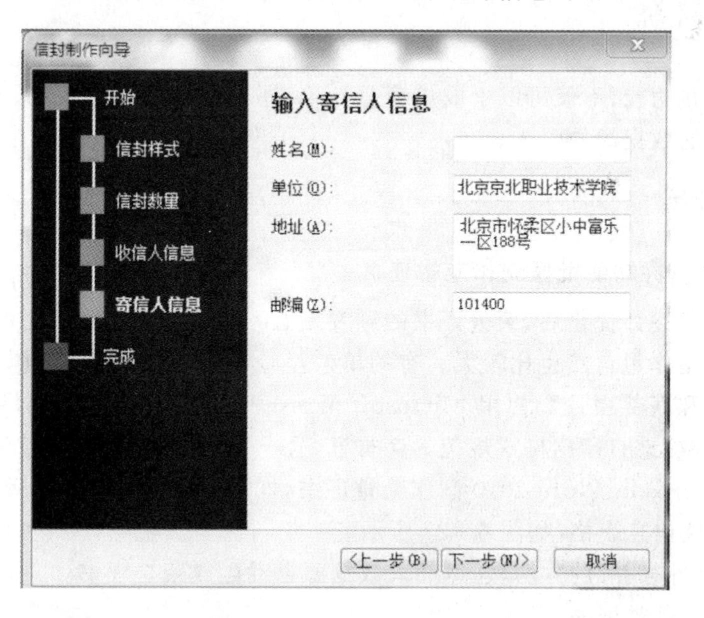

图 6－24　寄件人信息输入

(6) 单击【下一步】按钮，在出现的界面中单击【完成】按钮，即可完成单个信封的生成过程。生成的信封样式如图 6－25 所示。

本案例是生成单个信封的过程。如果在【生成选项卡】界面中选择 ◎基于地址簿文件，生成批量信封(M) ，则可批量生成多个信封，因此可以使用邮件合并的功能批量生成多个信封。

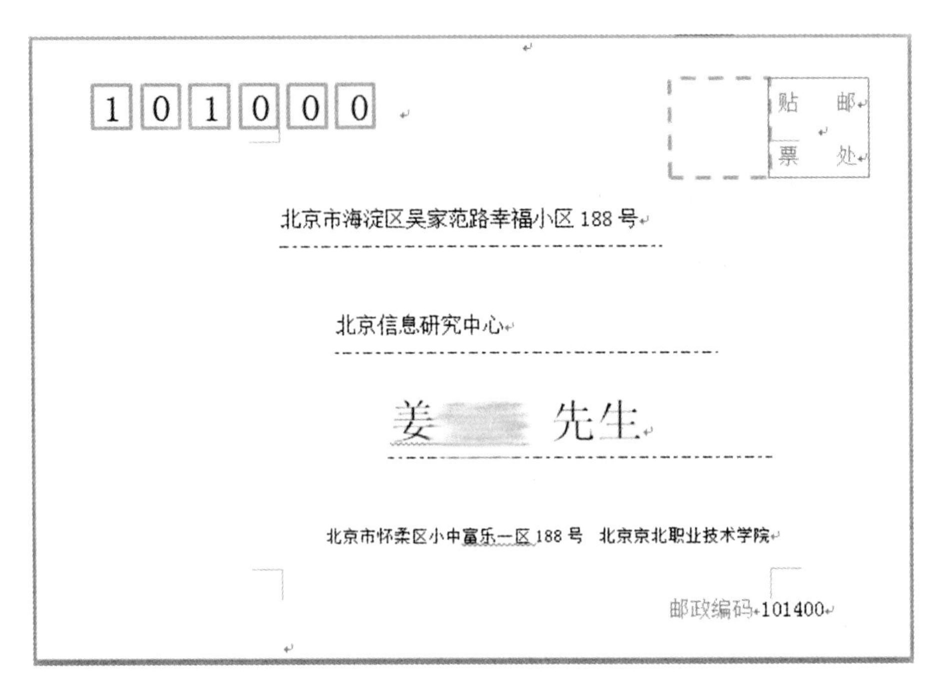

图6-25 信封生成效果

6.5 实践训练

使用邮件合并功能,不仅可以生成成绩通知单,还可以制作荣誉证书、聚会通知单等。重点在于邮件合并的数据源的引入。

6.5.1 基本训练

1. 使用邮件合并功能批量制作荣誉证书

各个单位在年终评优之后,荣誉证书的颁发是必不可少的。如果表彰的人数和项目较多,打印荣誉证书的工作量自然也比较大。有的单位至今还是打印出待填的空白荣誉证书后,再用手工填写姓名和获奖项目。使用 Microsoft Word 2010 邮件合并功能,不管数量和项目有多少,都能轻松快捷地打印出格式规范的荣誉证书。

(1) 使用 Microsoft Word 2010 制作荣誉证书,样本效果如图6-26所示。

(2) 创建授奖信息表格,如图6-27所示。

(3) 使用"邮件合并"的方法,通过插入数据源自动生成荣誉证书。

(4) 逐张打印荣誉证书。

至此,所有荣誉证书打印工作便可很轻松地完成。如果前两张打印正常,其余的打印甚至可无人值守完成。

同学：

在 2011-2012 第二学期，学习努力，成绩优异，尊敬师长，表现优秀。授予“”荣誉称号。

特发此证，以资鼓励。

北京京北职业技术学院
2012-9-6

图 6-26　荣誉证书主文档

K6

	A	I
1	姓名	荣誉称号
2	杨巍	道德标兵
3	魏师	学习标兵
4	许建华	道德标兵
5	侯金英	科技创新标兵
6	孔凡丹	先进个人
7	于菲	优秀班干部
8	赵越	优秀团员
9	齐林	优秀党员
10	李学磊	科技创新标兵
11	于胜懿	科技创新标兵
12	李学勇	优秀班干部
13	郑振奎	先进个人

图 6-27　获奖信息表

2. 利用邮件合并功能制作聚会通知单

(1) 使用 Microsoft Word 2010 设置聚会通知单主文档(可制作一个只需要插入姓名域的主文档)。

(2) 利用【邮件合并分步向导】进行合并。

(3) 通过插入数据源的方法合并文档。

(4) 预览生成的所有聚会通知单。

6.5.2 能力训练

要求：在同一页面生成多个准考证信息。

如何在一张A4纸上打印多个准考证？大家已经知道，通过【邮件合并】功能可以自动生成批量的准考证，但运用之前学习的方法只能在一页纸上生成单人的准考证，那么，如何批量生成一页纸上同时容纳多人信息的准考证呢？在这里将使用Microsoft Word 2010【邮件合并】功能的【插入合并域】和“规则”下拉菜单中的【下一记录】的方法来实现。首先请看没有进行【邮件合并】设置之前的准考证样本效果，如图6-28所示。

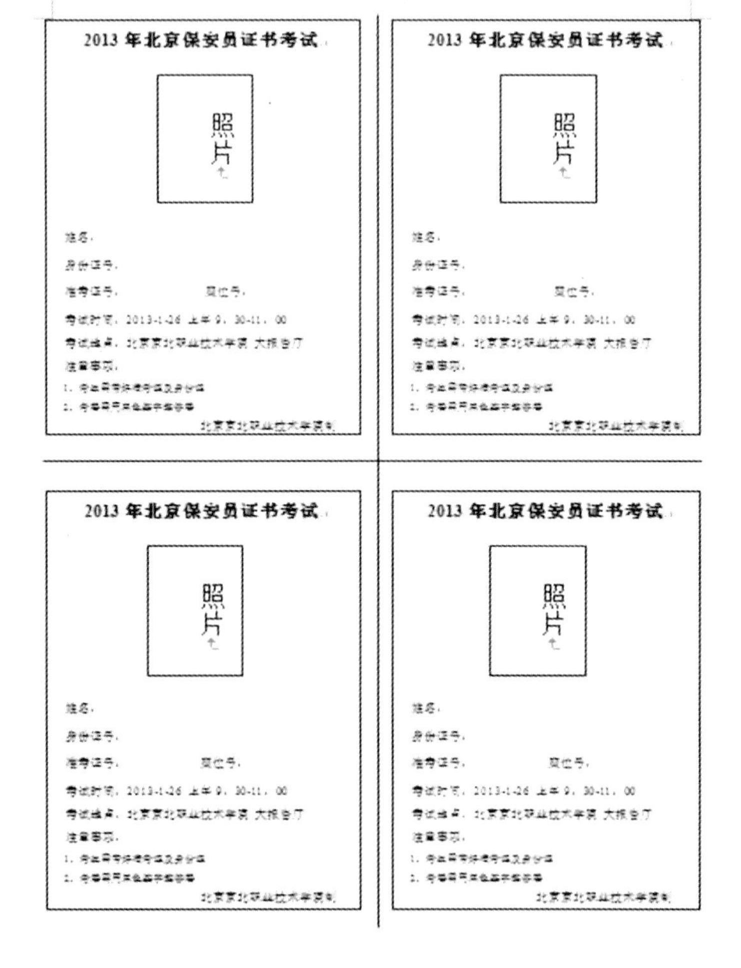

图6-28　邮件合并前

(1) 打开主文档(见素材\6\准考证.docx)，单击【邮件】|【开始邮件合并】|【邮件合并分布向导】，通过单击两次【下一步】之后，在第3步中单击▦，打开【选择数据源】对话框，从中找到源数据表“准考证源数据文档”工作簿，如图6-29所示。

(2) 单击【打开】按钮，选择【结合】工作表，单击【确定】，如图6-30所示。随后在打开的【邮件合并收件人】对话框中单击【确定】。

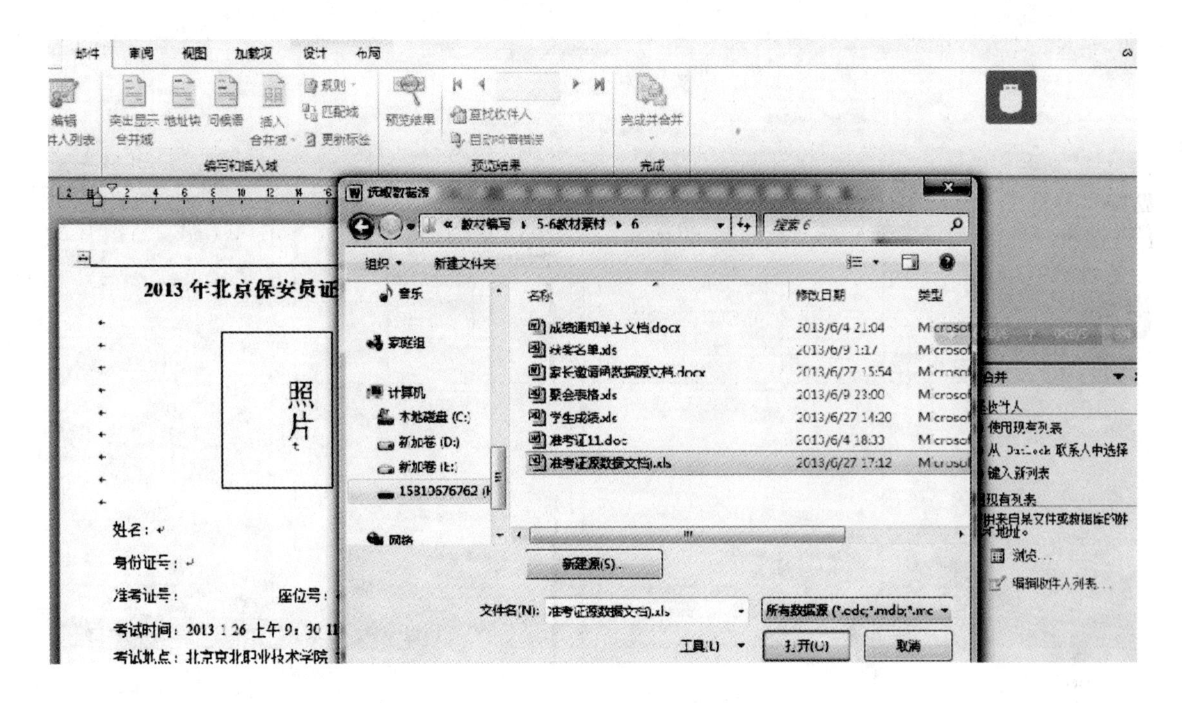

图 6 - 29　数据源选择

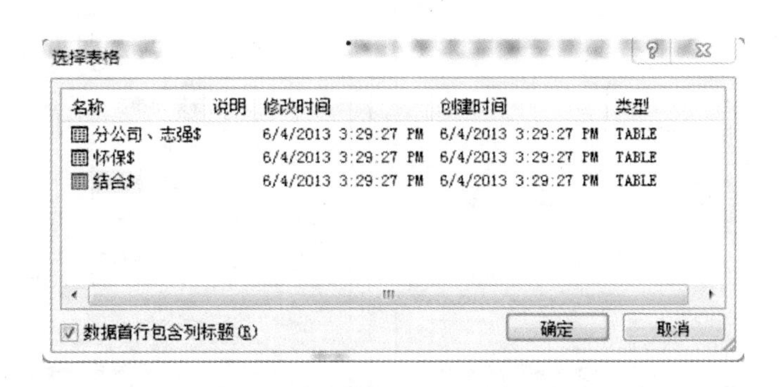

图 6 - 30　数据源表选择

(3) 在 Word 主文档中，将光标定位在第一行第一列的准考证中的姓名后，通过邮件合并插入域的方式插入姓名数据源。用同样的方法插入身份证源、准考证源以及座位号源数据。

(4) 对第 1 行第 2 列的准考证中插入数据源之前，要先单击规则下拉列表中的【下一个记录】后再单击【插入合并域】，依次插入身份证等源数据，如图 6 - 31 所示。

(5) 将主文档中插入全部的数据域之后的样本效果如图 6 - 32 所示，注意样本效果中的“下一记录”。

(6) 完成后，通过【编辑单个文档】选择相应的格式即可预览生成的准考证。

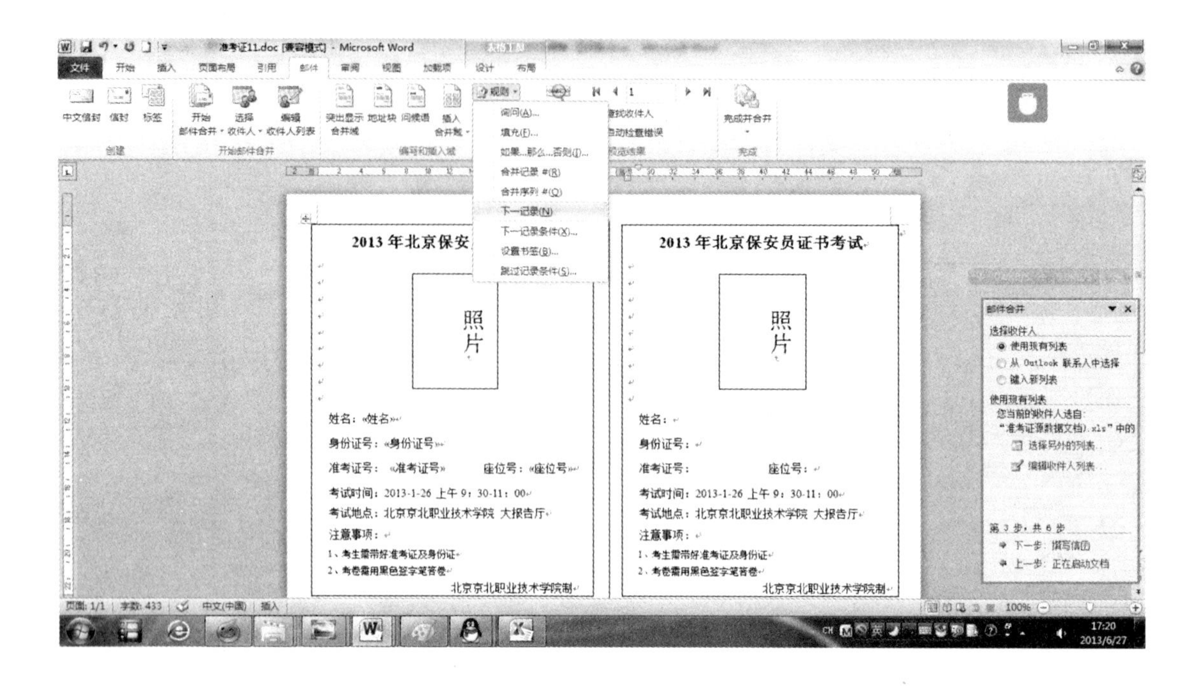

图 6-31　下一记录

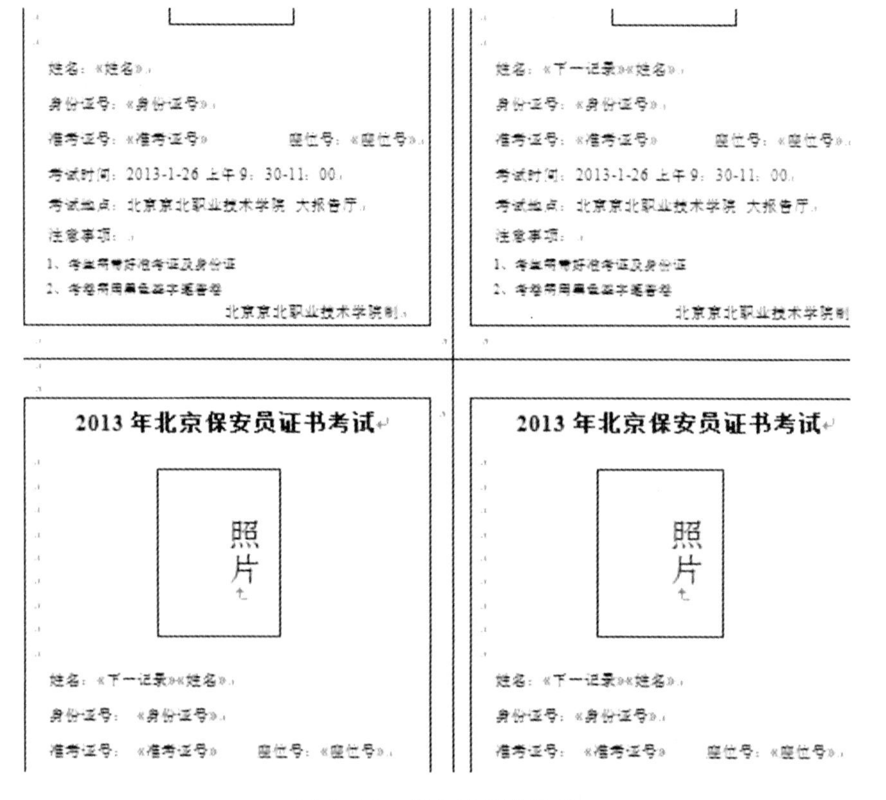

图 6-32　插入域最终格式

案例7　制作客户基本情况表

7.1　案例分析

本案例通过制作客户基本情况表，熟悉 Microsoft Excel 2010 软件工作界面，掌握 Microsoft Excel 2010 软件的基本操作。Microsoft Excel 2010 表格的制作主要是快速、准确地输入数据，对表格作适当的修饰以及将制作好的 Excel 表格进行打印。

7.1.1　任务提出

进入公司工作后，小孙的工作与客户接触较多，因此他需要对客户的基本情况非常熟悉。而制作一个详细的客户基本情况表可以记录所需要的客户信息，如姓名、出生日期、电话、电子邮件等，就可以快速地查询相关信息，大大提高工作的效率，起到事半功倍的效果。

7.1.2　解决方案

新建一张客户基本情况表，然后按照需求进行数据的输入。对于具有某些顺序上的关联特性的数据，可以采用填充完成；对于具有可选择性范围的数据，可以采用下拉列表来实现；对于能够从已有数据提取出的数据，可以采用数据分列；对于有些输入要求的数据，可以设置有效性的检查等。表格制作好后，可以通过相应的格式设置，美化表格，提高表格的可读性。

7.2　案例实现

制作客户基本情况表的主要步骤为：

（1）建立新文档；

（2）数据录入；

（3）表格修饰；

（4）打印输出；

7.2.1　建立新文档

1. 启动 Excel

选择【开始】|【所有程序】|Microsoft Office| Microsoft Office Excel 2010，即可启动 Excel 软件。

启动 Excel 后，程序会创建一个默认的空白工作簿——工作簿 1 文档，并定位在此工作簿的第 1 张工作表中，如图 7－1 所示。

说明：标签分隔条，拖动该按钮可以显示或隐藏工作表标签；拆分按钮，双击或拖动该按钮可以将工作表分成两部分，便于查看同一个工作表中的不同部分的数据；视图方式，主要用

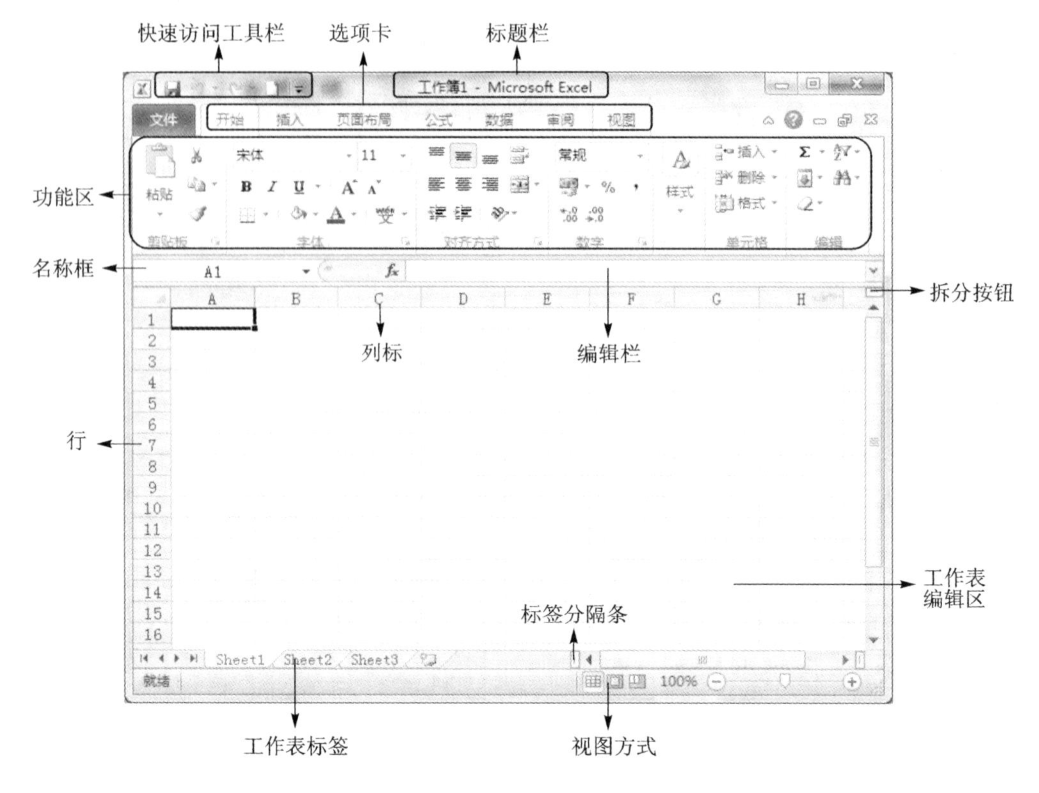

图 7-1　Excel 工作界面

来切换工作表的视图模式,包括普通、页面布局与分页预览3种模式。

2. 保存工作簿

选择【文件】|【保存】,将出现如图7-2的【另存为】对话框,将文件的名字改为"客户基本

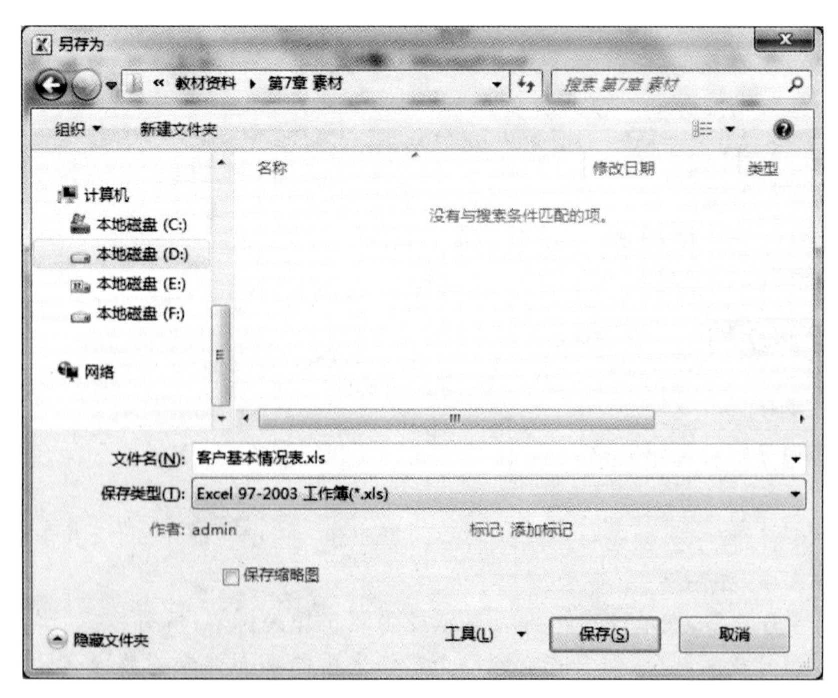

图 7-2　保存工作簿

情况表”，选择合适的存储位置，单击【保存】按钮，完成工作簿保存。

然后右击工作表标签 Sheet1，在快捷菜单中，单击【重命名】，如图 7－3 所示，将工作表改名为“基本情况表”，如图 7－4 所示。

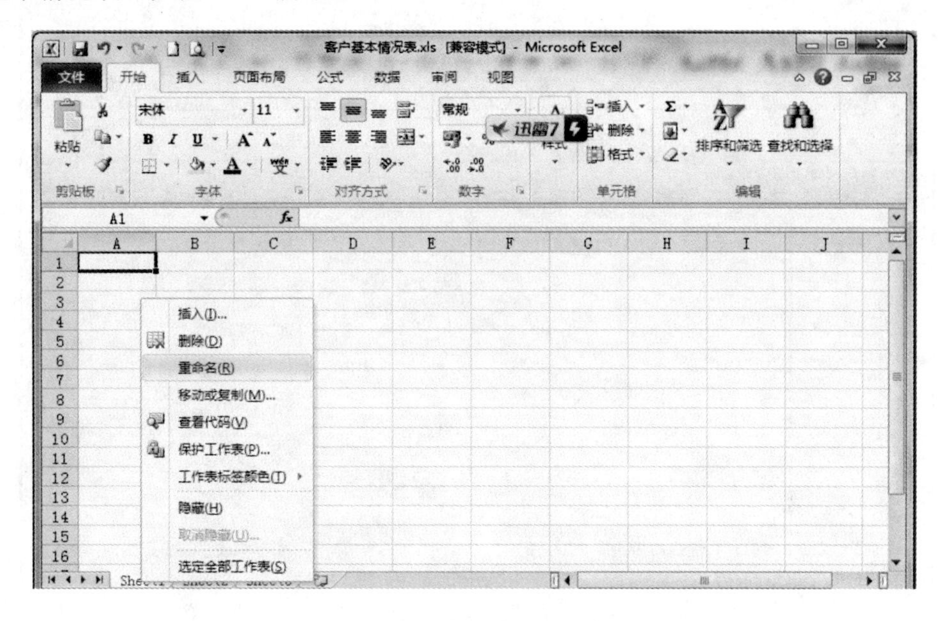

图 7－3　重命名工作表

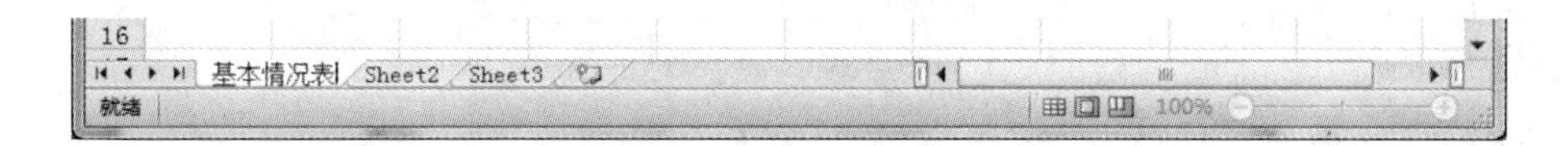

图 7－4　输入新工作表名

7.2.2　数据录入

(1) 输入表格的标题和表头内容：

① 选择 A1 单元格，输入文字“客户基本情况表”；

② 依次选择 A2 至 I2 单元格，分别输入如图 7－5 所示的内容。

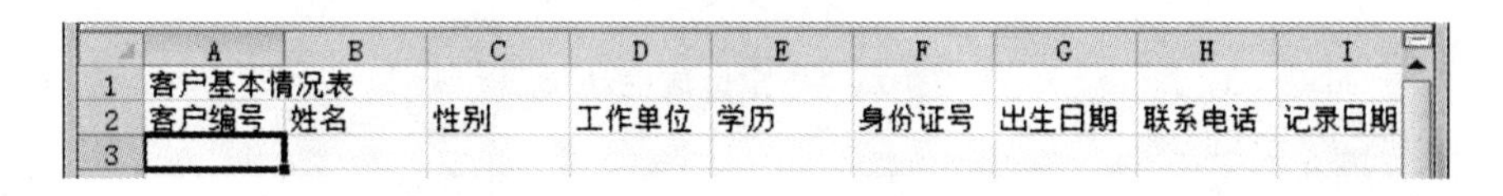

图 7－5　表头和标题内容

说明：选中的单元格称为活动单元格。活动单元格的名称，也叫单元格的引用，为“列标＋行号”，如 A1，显示在“名称框”中。

(2) 将“客户编号”、“身份证号”、“联系电话”所在列的数字格式设置为“文本型”：

① 选择“客户编号”、“身份证号”和“联系电话”所在的 A、F 和 H 列；

② 执行【开始】|【数字】选项卡中的【数字格式】，在下拉列表中选择【文本】，如图 7－6 所示。

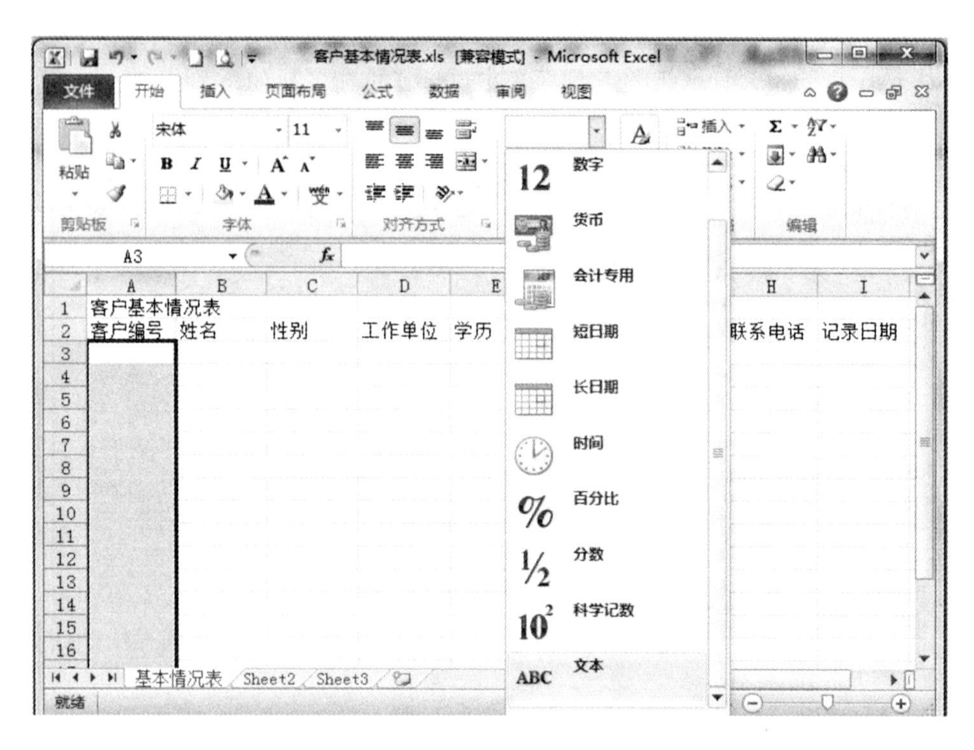

图 7-6 设置单元格文本格式

说明：如果没有将单元格的格式设置为文本，那么在输入客户编号、身份证号和电话号码时，在数字前输入英文的单引号(')，则数字会自动转换成文本格式。

(3) 使用自动填充功能输入"客户编号"所在列的数据：

① 在 A3 中输入 000001。

② 选择 A3 单元格，将光标定位到单元格的右下角的填充柄，光标变成黑色十字，如图 7-7 所示。按住鼠标左键向下拖到 A22，此时 A4 至 A22 的单元格数据被自动填充，如图 7-8 所示。

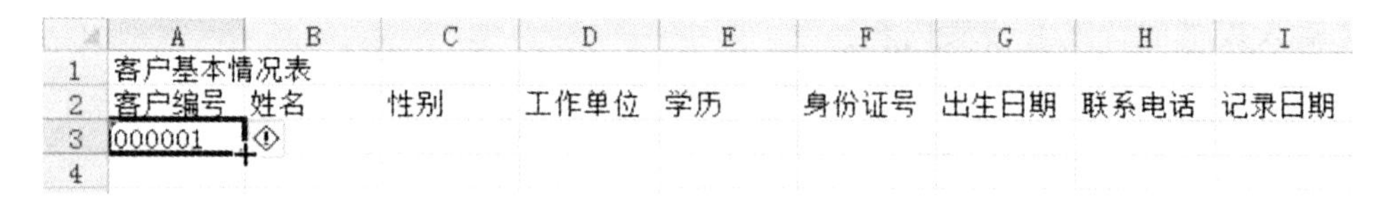

图 7-7 定位填充柄

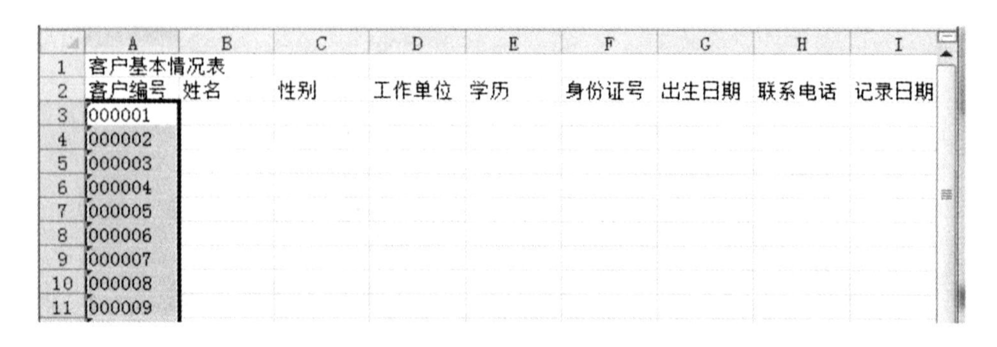

图 7-8 自动填充数据

说明：除了通常的数据输入方式以外，如果数据本身包括某些顺序上的关联特性，还可以使用Excel所提供的填充功能进行快速的批量录入数据。

(4) 将B3：B22区域输入“姓名”，D3：D22区域输入工作单位。

(5) 在I3：I22区域输入“记录日期”：

① 日期的格式为“年－月－日”或者“年/月/日”，时间的格式为“时：分：秒”，输入完成后，如图7－9所示。

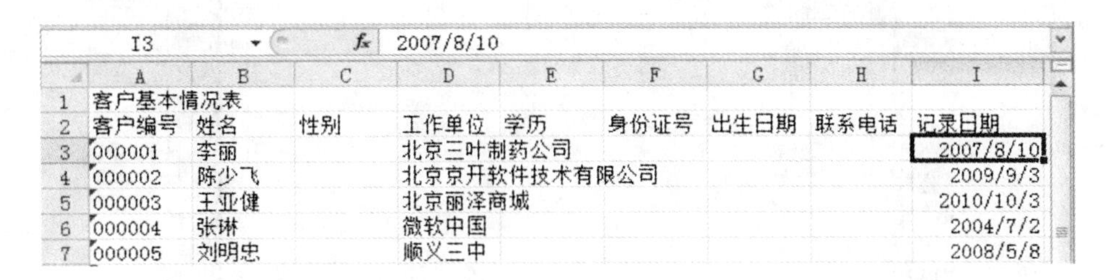
I3 　 fx 2007/8/10

	A	B	C	D	E	F	G	H	I
1	客户基本情况表								
2	客户编号	姓名	性别	工作单位	学历	身份证号	出生日期	联系电话	记录日期
3	000001	李丽		北京三叶制药公司					2007/8/10
4	000002	陈少飞		北京京开软件技术有限公司					2009/9/3
5	000003	王亚健		北京丽泽商城					2010/10/3
6	000004	张琳		微软中国					2004/7/2
7	000005	刘明忠		顺义三中					2008/5/8

图7－9　输入日期

② 选择【开始】|【数字】选项卡中的【数字格式】，在下拉列表中选择【其他数字格式】。在打开的【设置单元格格式】对话框中，选择【数字】选项卡中的【日期】，则在旁边的【类型】窗口中，选择合适的日期格式，如图7－10所示。

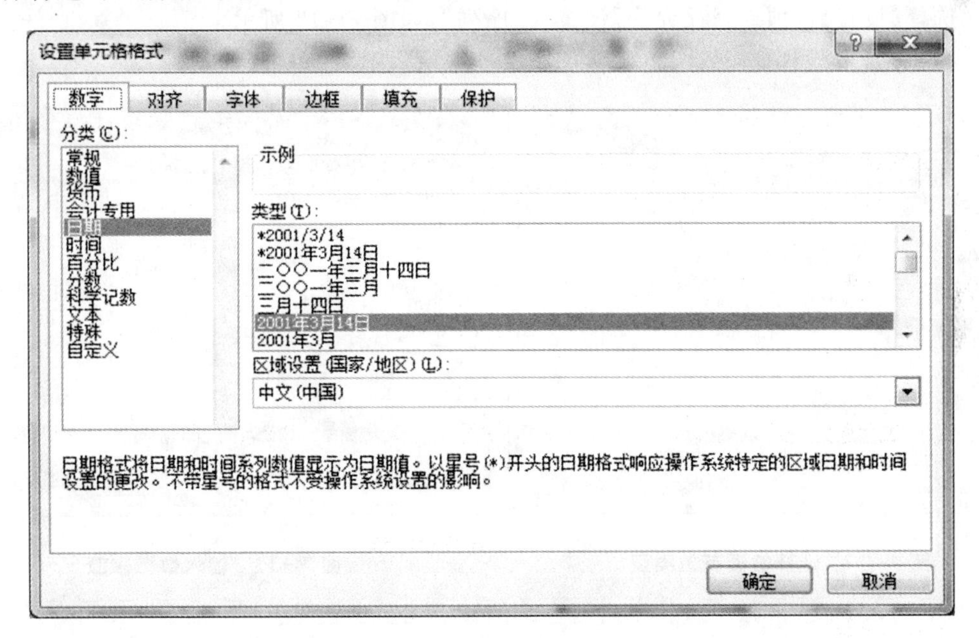

图7－10　设置单元格格式

(6) 在C3：C22区域输入性别：

① 选中C3：C22区域；

② 执行【数据】|【数据工具】选项卡，单击【数据有效性】，弹出【数据有效性】对话框，如图7－11所示。

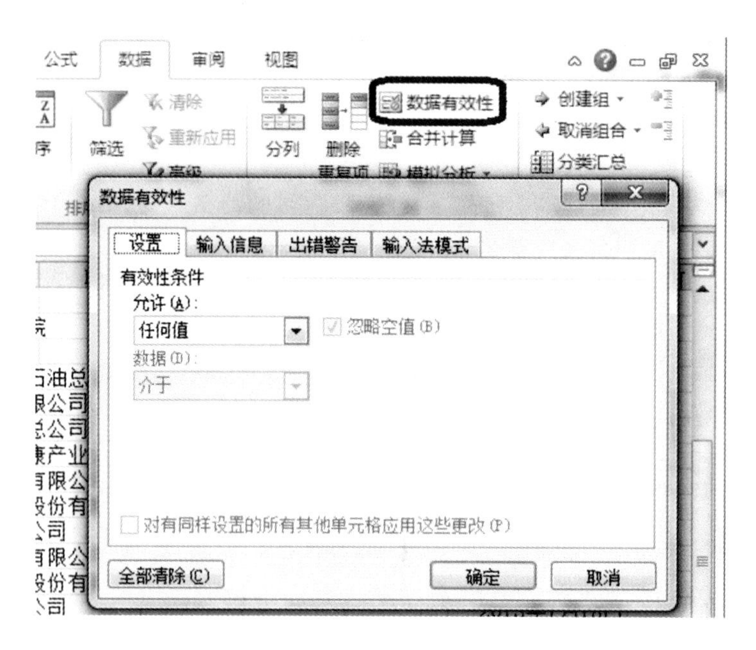

图 7-11 设置数据有效性

③ 选择【设置】选项卡,将【允许】设置为“序列”,如图 7-12 所示。

④ 在数据【来源】中,输入“男,女”,如图 7-13 所示,然后单击【确定】。

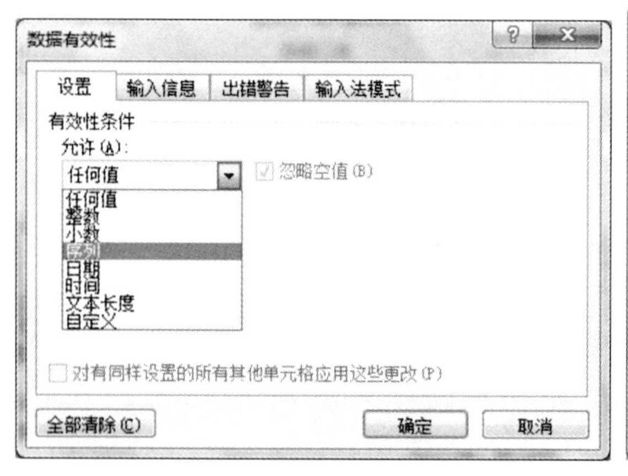

图 7-12 选择数据有效类型

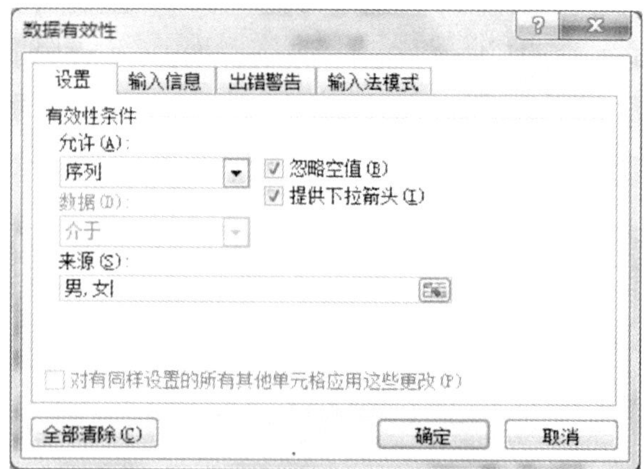

图 7-13 输入数据来源

说明:输入数据“来源”时,各序列内容间的标点为英文逗号。

⑤ 选中该区域中的单元格,会出现下三角按钮并出现可选择的序列,单击即可输入性别,如图 7-14 所示。

(7) 在 E3:E22 区域输入学历:使用上述的方法在该区域输入学历信息,序列内容为“高中、专科、本科、研究生、博士”,如图 7-15 所示。

(8) 在 F3:F22 区域输入身份证号,并且设置该列的文本长度不小于 18。

① 选择 F3:F22 区域;

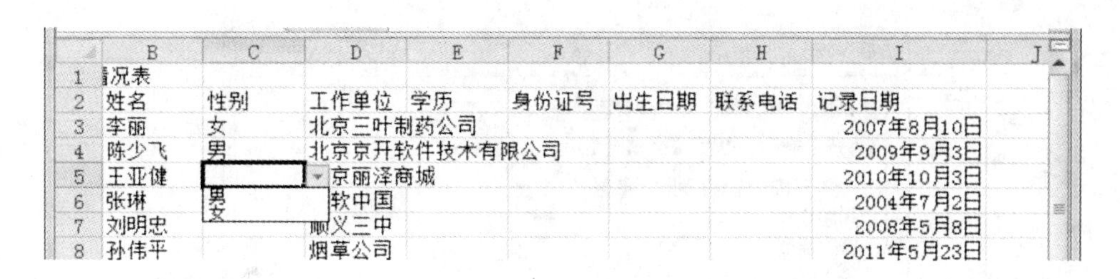

	B	C	D	E	F	G	H	I	J
1	况表								
2	姓名	性别	工作单位	学历	身份证号	出生日期	联系电话	记录日期	
3	李丽	女	北京三叶制药公司					2007年8月10日	
4	陈少飞	男	北京京开软件技术有限公司					2009年9月3日	
5	王亚健	男 女	京丽泽商城					2010年10月3日	
6	张琳		软中国					2004年7月2日	
7	刘明忠		顺义三中					2008年5月8日	
8	孙伟平		烟草公司					2011年5月23日	

图 7－14　选择序列内容

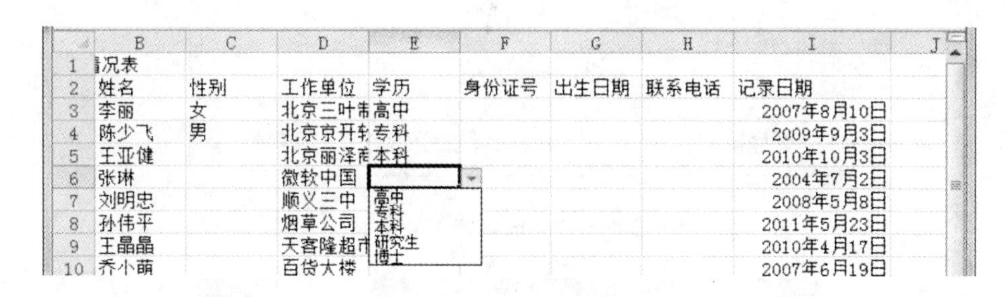

	B	C	D	E	F	G	H	I	J
1	况表								
2	姓名	性别	工作单位	学历	身份证号	出生日期	联系电话	记录日期	
3	李丽	女	北京三叶制	高中				2007年8月10日	
4	陈少飞	男	北京京开软	专科				2009年9月3日	
5	王亚健		北京丽泽商	本科				2010年10月3日	
6	张琳		微软中国	高中 专科 本科 研究生 博士				2004年7月2日	
7	刘明忠		顺义三中					2008年5月8日	
8	孙伟平		烟草公司					2011年5月23日	
9	王晶晶		天客隆超市					2010年4月17日	
10	乔小萌		百货大楼					2007年6月19日	

图 7－15　输入学历信息

② 执行【数据】|【数据工具】选项卡，单击【数据有效性】，弹出【数据有效性】对话框。在【设置】选项卡中，将【允许】设置为“文本长度”，【数据】设置为“等于”，【长度】设置为 18，如图 7－16 所示。

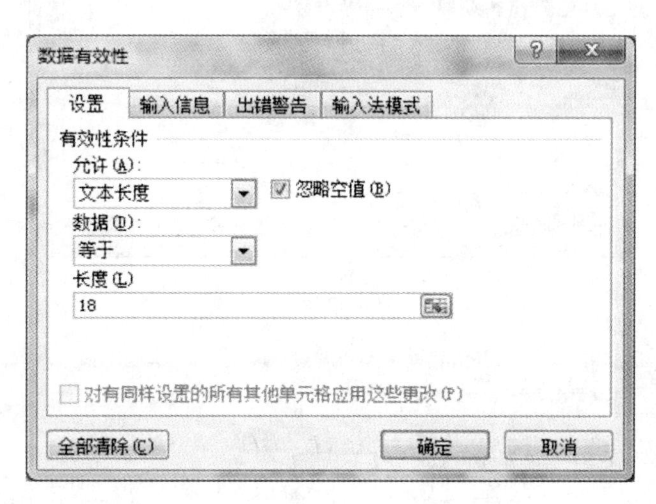

图 7－16　设置数据有效文本长度为 18

③ 在【输入信息】选项卡中，将【标题】设置为“输入身份证号”，【输入信息】设置为“身份证号的长度为 18 位!”，如图 7－17 所示。

④ 在【出错警告】选项卡中，将【样式】选择为“停止”，【标题】设置为“出错警告”，【错误信息】设置为“您输入的身份证号不是 18 位，请重新输入!”，如图 7－18 所示，然后单击【确定】。

⑤ 选定该区域的单元格输入数据，则会出现提示信息，如图 7－19 所示。

如果输入的身份证号不是 18 位，则会出现如图 7－20 的出错警告信息。

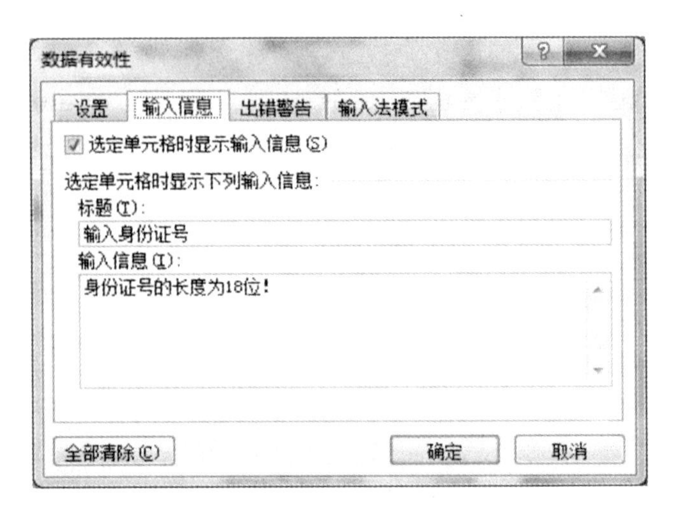

图 7-17 设置输入信息

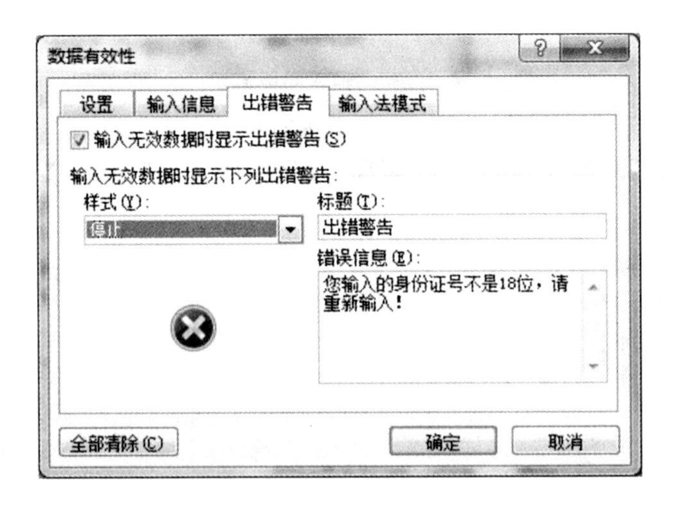

图 7-18 设置出错警告

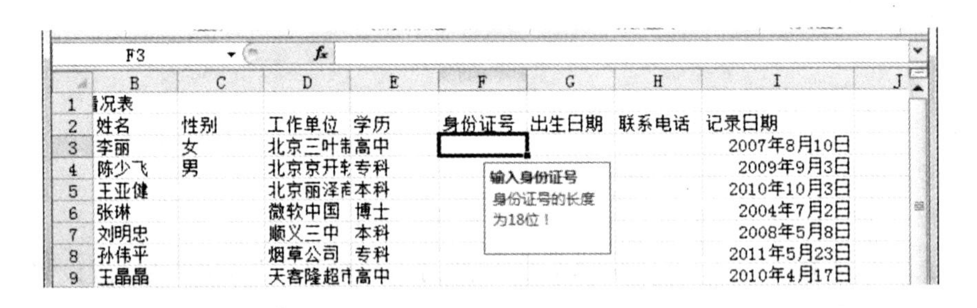

图 7-19 显示提示信息

(9) 在 H3：H22 区域输入联系电话：

使用上述的方法在该区域输入联系电话，设置长度为 11 位，并设置提示信息为“联系电话长度为 11 位!”，出错信息为“长度有误，请重新输入!”，如图 7-21 所示。

(10) 使用身份证号分列，在 G3：G22 区域输入出生日期：

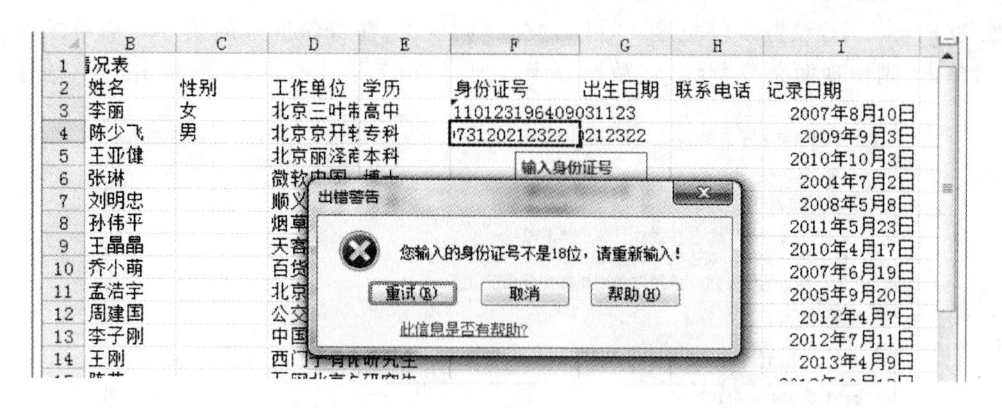

图 7－20　数据长度出错后显示出错提示

图 7－21　输入联系电话

① 选择 F3：F22 区域。

② 选择【数据】|【数据工具】选项卡，单击【分列】，弹出“文本分列向导”对话框。在向导的第 1 步中，将【请选择最合适的文件类型】设置为“固定宽度”，如图 7－22 所示，然后单击【下一步】。

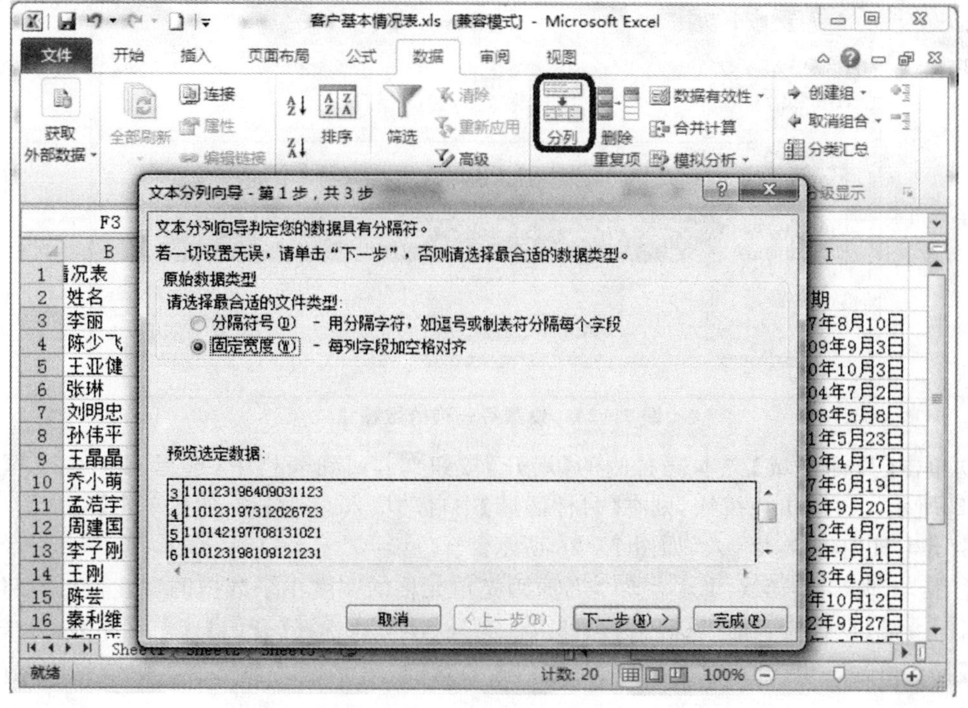

图 7－22　分列向导对话框

③ 在向导 2 中,设置字段宽度。在【数据预览】窗口,在身份证号的第 6 位后单击,再在第 14 位后单击,则出现两条分割线,将数据分为 3 列,如图 7－23 所示,然后单击【下一步】。

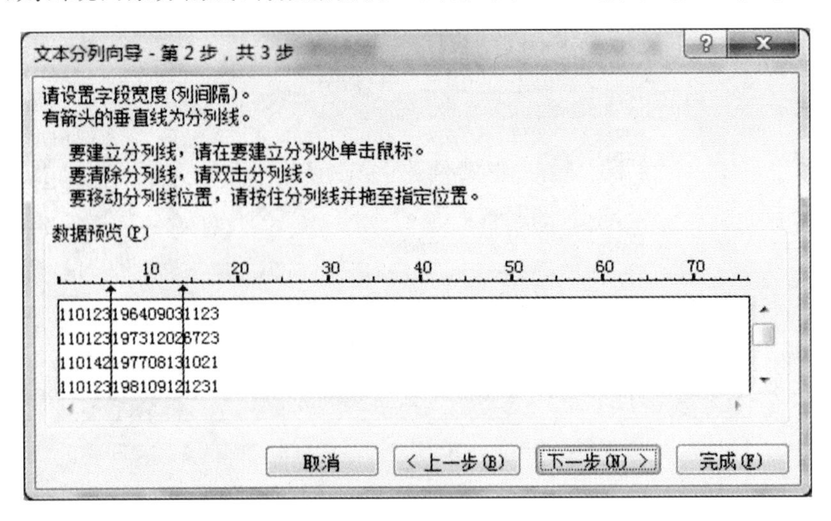

图 7－23　设置宽度分割线

④ 在向导第 3 步中,设置每一列的数据格式。依次在“数据预览”窗口中,单击每一列,设置它们的格式分别为“不导入此列”、“日期”和“不导入此列”,如图 7－24 所示。

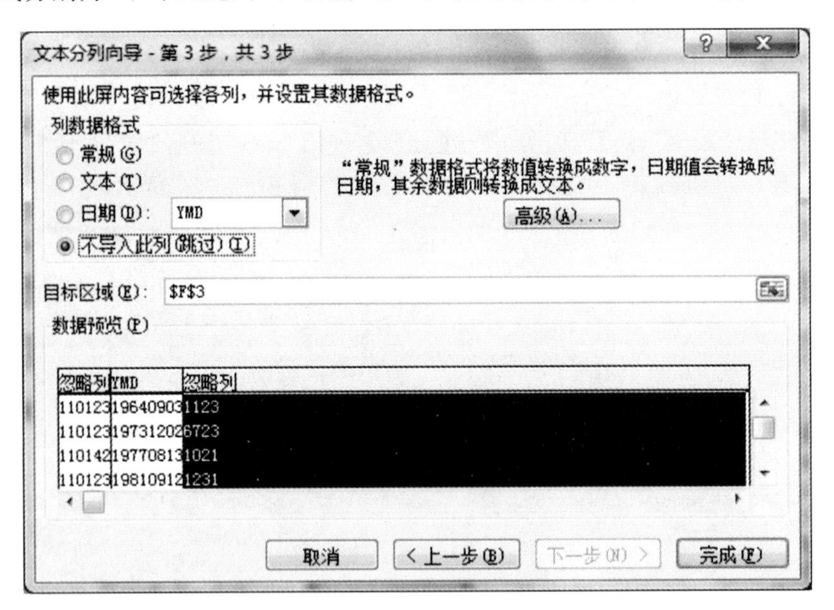

图 7－24　设置每一列的数据格式

⑤ 单击【目标区域】文本框右侧的【展开】按钮,回到表格中,选择 G3:G22 区域,如图 7－25所示。再单击该按钮,则在【目标区域】中自动填入 G3:G22,然后单击【完成】。

⑥ 出生日期将自动输入,如图 7－26 所示。

说明:出现“##########”,原因是单元格的宽度小于数据的宽度,只需要用鼠标拖动标题边界,直到显示出正确的结果即可。另外,还可以选择【开始】|【单元格】选项卡,单击【格式】右下角的三角按钮,执行【自动调整列宽】,这样,单元格就会根据其中数据的宽度自动

增减为合适的宽度。

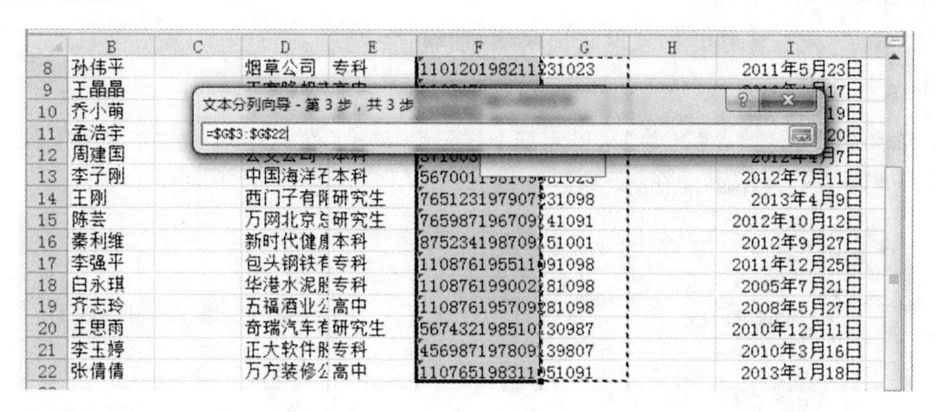

	B	C	D	E	F	G	H	I
8	孙伟平		烟草公司	专科	110120198211	31023		2011年5月23日
9	王晶晶							17日
10	乔小萌							19日
11	孟浩宇							20日
12	周建国			本科	371003			7日
13	李子刚		中国海洋石	本科	567001	81023		2012年7月11日
14	王刚		西门子有限	研究生	765123197907	31098		2013年4月9日
15	陈芸		万网北京总	研究生	765987196709	41091		2012年10月12日
16	秦利维		新时代健康	本科	875234198709	51001		2012年9月27日
17	李强平		包头钢铁有	专科	110876195511	91098		2011年12月25日
18	白永琪		华港水泥股	专科	110876199002	81098		2005年7月21日
19	齐志玲		五福酒业公	高中	110876195709	81098		2008年5月27日
20	王思雨		奇瑞汽车有	研究生	567432198510	30987		2010年12月11日
21	李玉婷		正大软件股	专科	456987197809	39807		2010年3月16日
22	张倩倩		万方装修公	高中	110765198311	51091		2013年1月18日

图 7－25　选择目标区域

	A	B	C	D	E	F	G	H	I
1	客户基本情况表								
2	客户编号	姓名	性别	工作单位	学历	身份证号	出生日期	联系电话	记录日期
3	000001	李丽	女	北京三叶韦	高中	110123196	1964/9/3	13845673456	
4	000002	陈少飞	男	北京开轻	专科	110123197	########	15178909876	
5	000003	王亚健		北京丽泽商	本科	110142197	########	13156787654	
6	000004	张琳		微软中国	博士	110123198	########	13278900954	
7	000005	刘明忠		顺义三中	本科	371002195	########		
8	000006	孙伟平		烟草公司	专科	110120198	########		
9	000007	王晶晶		天客隆超市	高中	110345196	########		
10	000008	乔小萌		百货大楼	高中	110231196	########		
11	000009	孟浩宇		北京中医院	研究生	110567198	1984/7/8		
12	000010	周建国		公交公司	本科	371003196	########		
13	000011	李子刚		中国海洋石	本科	567001198	1981/9/8		
14	000012	王刚		西门子有限	研究生	765123197	########		
15	000013	陈芸		万网北京总	研究生	765987196	########		
16	000014	秦利维		新时代健康	本科	875234198	########		

图 7－26　出生日期自动输入

另外，还有一种情况能够导致 Excel 提示“＃＃＃＃＃＃＃＃”错误，就是单元格中的日期、时间的计算结果产生了一个负值。在 Excel 中，日期和时间的计算结果必须为正值。如果出现了负值的结果，就需要修改计算公式，使结果为正值。

7.2.3　表格修饰

1. 合并单元格

选择 A1:I1 区域，单击【开始】|【对齐方式】选项卡中的【合并及居中】按钮，并设置表头的【字体】为黑体，【字号】为 18，如图 7－27 所示。

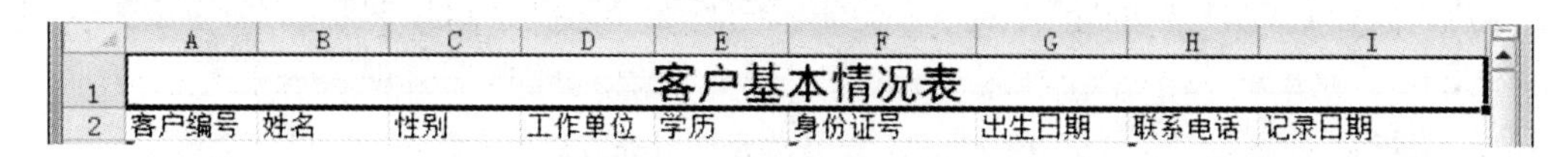

	A	B	C	D	E	F	G	H	I
1	客户基本情况表								
2	客户编号	姓名	性别	工作单位	学历	身份证号	出生日期	联系电话	记录日期

图 7－27　合并单元格

2. 设置标题格式

将 A2:I2 区域的标题的格式设置为宋体、加粗、12 磅。

3. 设置行高和列宽

(1) 选择第 1 行,选择【开始】|【单元格】选项卡,单击【格式】按钮,在打开的下拉菜单中选择【行高】,如图 7-28 所示。在【行高】对话框中输入 25,如图 7-29 所示。

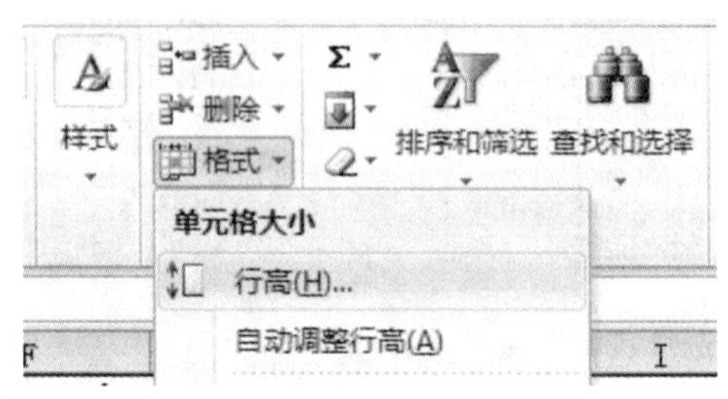

图 7-28 选择【行高】命令

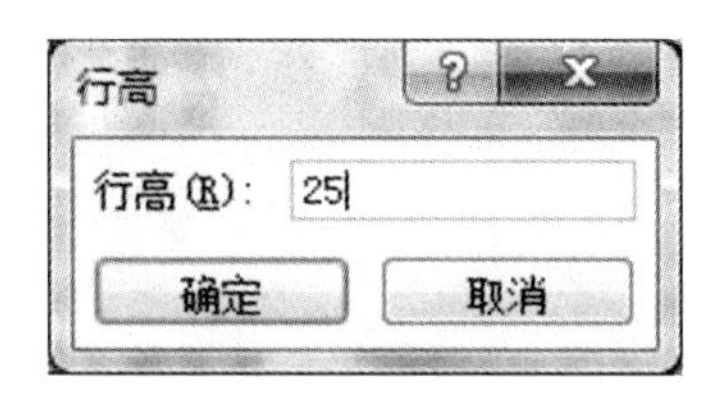

图 7-29 【行高】对话框

(2) 选择第 G 列,选择【开始】|【单元格】选项卡,单击【格式】按钮,在打开的下拉菜单中选择【自动调整列宽】。

说明:通过执行【行高】或【列宽】命令,可以设置行高或列宽的详细值。如果只是想简单的调整,只要将光标放在行或列的分割线上,当光标指针变成双向指针时,按住鼠标左键拖动即可。

4. 设置单元格对齐方式

选择 A2:I2 区域,选择【开始】|【对齐方式】选项卡,单击右下角的【对话框启动器】按钮,打开【设置单元格格式】对话框。在【对齐】选项卡中,设置【水平】为"居中",【垂直】为"居中",如图 7-30 所示。

图 7-30 设置单元格对齐方式

5. 设置单元格底纹

选择 A2:I2 区域,选择【开始】|【对齐方式】选项卡,单击右下角的【对话框启动器】按钮,

打开【设置单元格格式】对话框。在【填充】选项卡中，设置底纹为灰色，如图 7－31 所示。

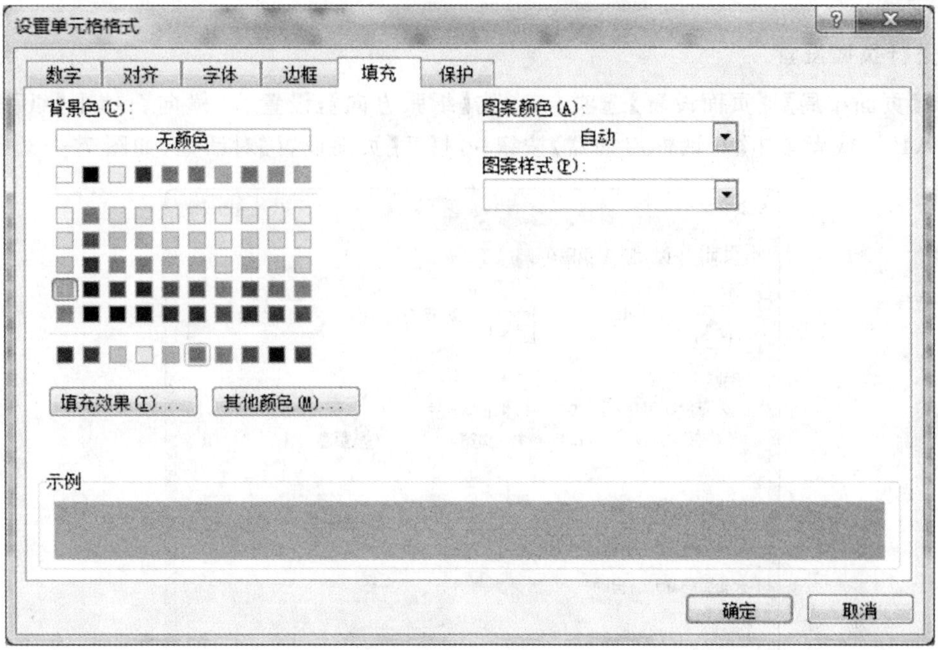

图 7－31　设置单元格填充颜色

6. 设置边框线

(1) 选择 A1:I22 区域。

(2) 选择【开始】|【单元格】选项卡，单击【格式】菜单，在下拉列表中，单击【设置单元格格式】，打开【设置单元格格式】对话框，设置边框线，如图 7－32 所示。

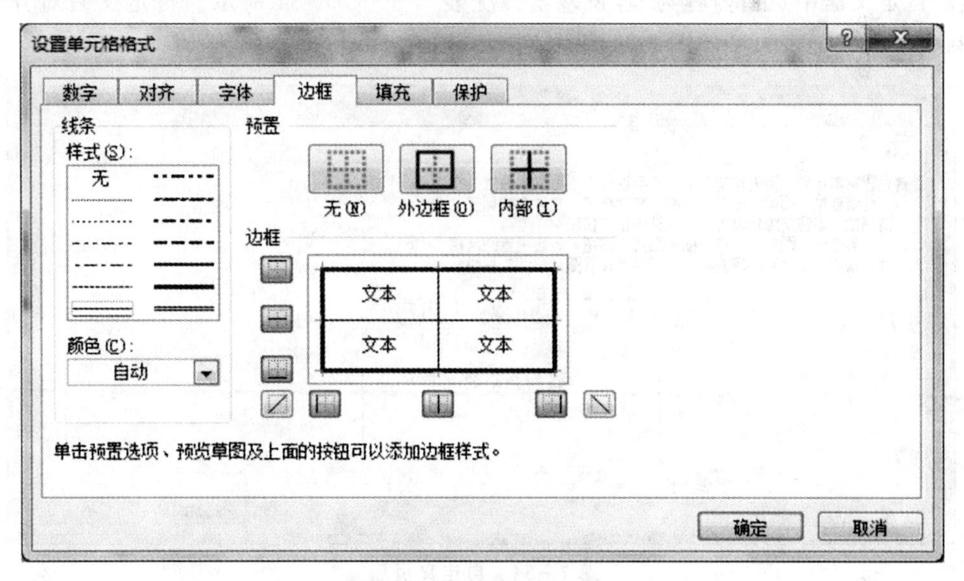

图 7－32　设置边框线

7.2.4 打印输出

1. 进行页面设置

选择【页面布局】|【页面设置】选项卡，单击【纸张方向】，设置为“横向”；单击【纸张大小】，设置为“A4”。或者单击【对话框启动器】按钮，打开【页面设置】对话框，如图7-33所示。

图7-33 页面设置

然后自定义居中页眉内容为“客户基本情况表”，如图7-34所示。自定义右对齐页脚内容为“制表时间和制表人”，如图7-35所示。

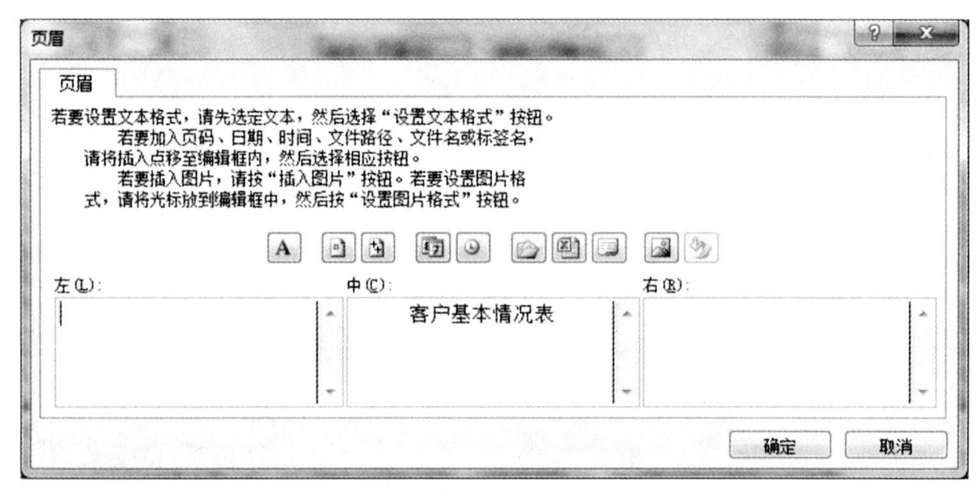

图7-34 自定义页眉

2. 打印预览客户基本情况表

(1) 选择【页面布局】|【页面设置】选项卡，单击【对话框启动器】，打开【页面设置】对话框。

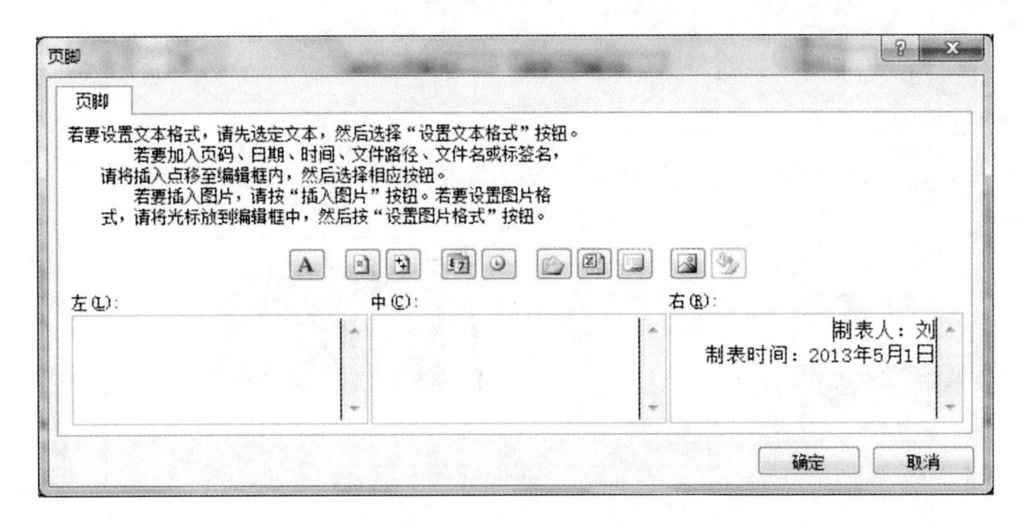

图 7 - 35　自定义页脚

在【工作表】选项卡中，单击【打印区域】文本框右侧的【展开】按钮，弹出【页面设置一打印区域】对话框，然后在工作表中选中打印区域，如图 7 - 36 所示。

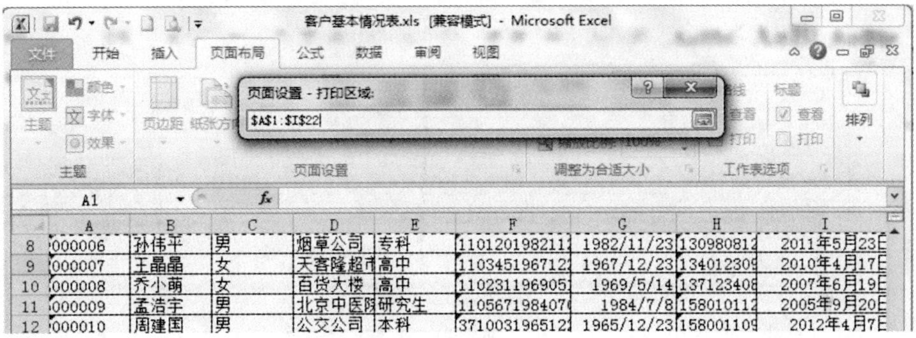

图 7 - 36　设置打印区域

(2) 再单击【展开】按钮，回到对话框，则区域自动填充到文本框中。设置完毕，单击【打印预览】按钮，打印效果如图 7 - 37 所示。

说明：许多数据表格都包含有标题行或标题列，在表格内容较多，需要打印成多页时，Excel 允许将标题行或标题列重复打印在每个页面上。具体操作如下：

选择【页面布局】选项卡，单击【打印标题】按钮，在弹出的“页面设置”对话框中单击【工作表】选项卡，将光标定位到【顶端标题行】框中，然后在工作表中选中标题行。如果有需要再设置【左端标题列】，如图 7 - 38 所示。最后单击【确定】按钮完成设置，出现图 7 - 39 的打印结果。

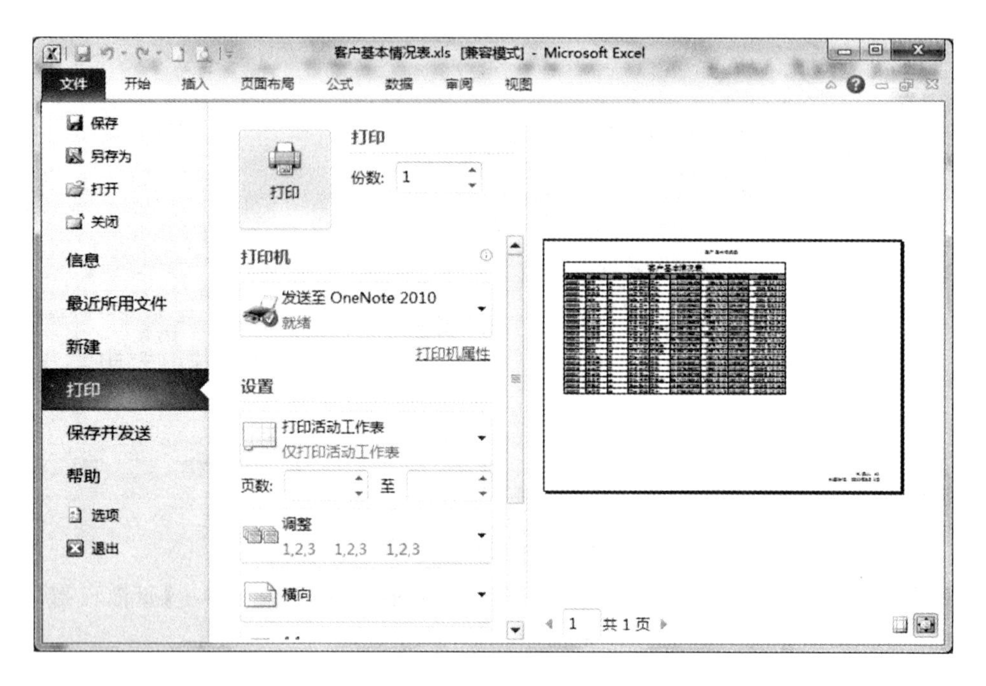

图 7－37 打印预览图

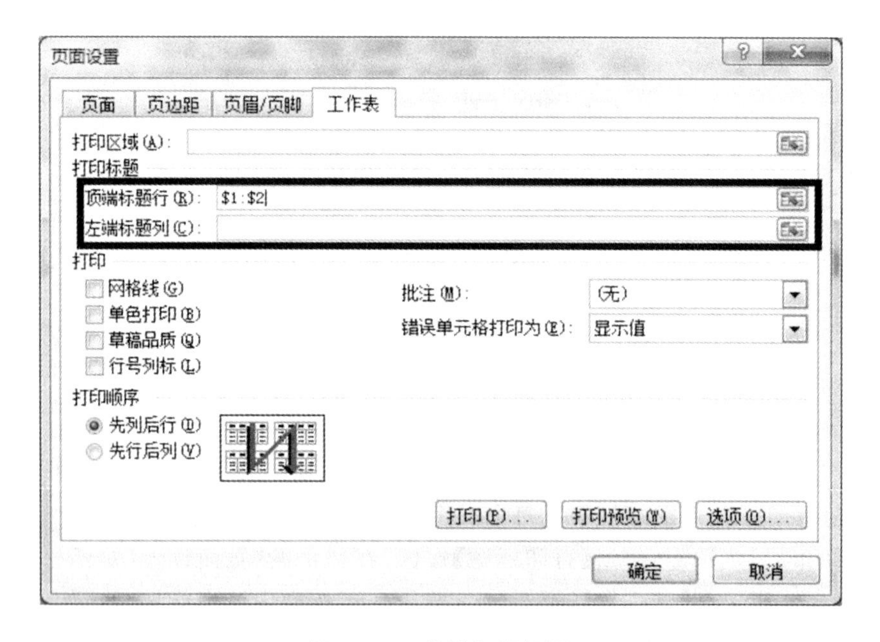

图 7－38 设置打印标题

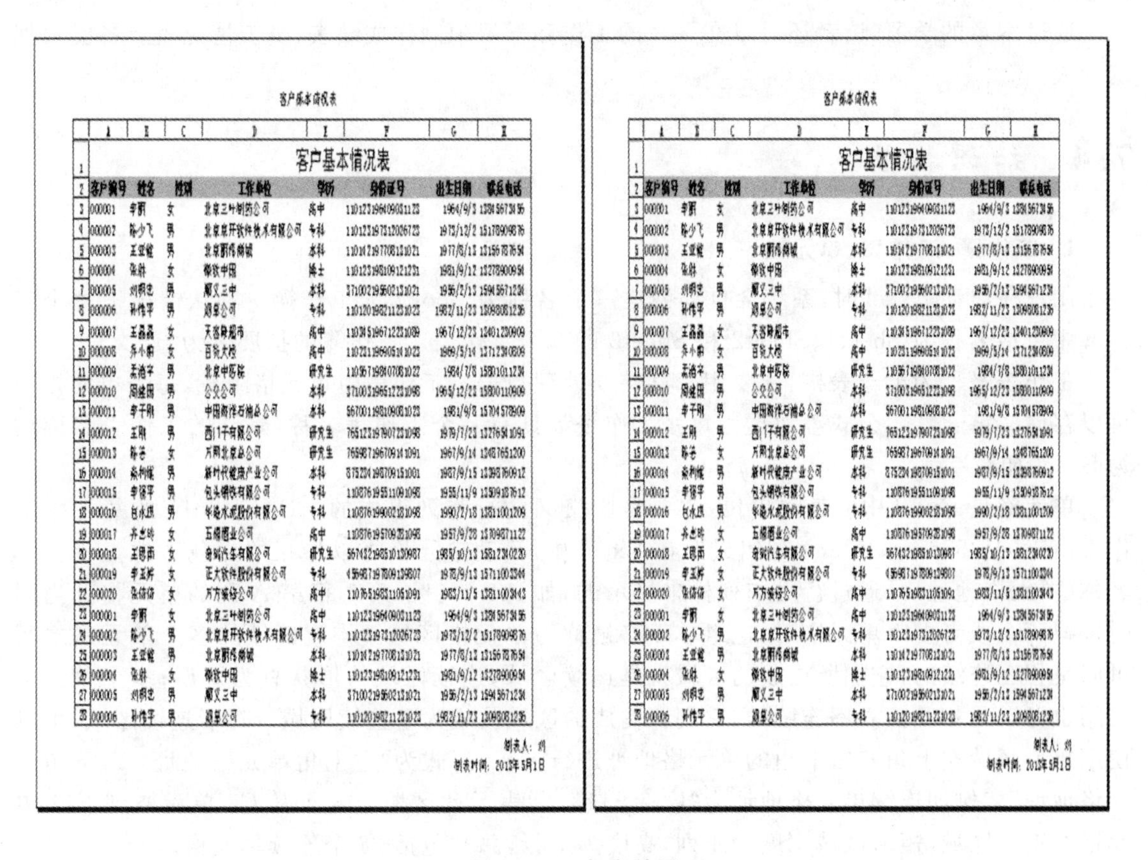

图 7－39　打印结果

7.3　案例总结

本章主要讲解了 Excel 表格的制作，包括数据的输入、数据格式的设置、行高列宽的设置、底纹边框的添加等。

(1) 数据输入时，可以直接在单元格中进行，也可以在编辑栏中进行输入。

(2) 文本数据输入之后，默认左对齐；而数值数据输入后，默认右对齐。对于类似于身份证号的不具备计算特征的数值数据，在输入时一定要将其单元格格式改为文本，或者在输入之前先输入英文的单引号。

(3) 对于数据序列的填充、数据有效性和分列，都在【数据】|【数据工具】选项卡中选择相应的命令进行设置。

(4) 表格的修饰主要是边框和底纹的添加。可以通过选择【开始】|【字体】(或【对齐方式】或【数字】)选项卡右下角的【对话框启动器】按钮；或者选择【开始】|【单元格】选项卡中的【格式】菜单中的【设置单元格格式】，打开【设置单元格格式】对话框，在【边框】和【填充】选项卡中，设置边框和底纹。

总之，Excel 表格的制作不难，但是在数据输入前一定要提前将数据所在的单元格格式设定好。输入好数据之后，再调整列宽和行高，并添加适当的边框和底纹。

通过本章的学习,读者还可以在平时的工作和学习中制作成绩表、员工情况表及各类数据统计表。

7.4 知识拓展

1. 工作簿、工作表、单元格

用户在启动Excel时,系统会自动创建一个名称为Book1的工作簿。默认情况下每个工作簿中包括名称为Sheet1、Sheet2和Sheet3的3个工作表。工作簿的扩展名为.xlsx。

工作表又称为电子表格,主要用来存储与处理数据。工作表由单元格组成,每个单元格中可以存储文字、数字、公式等数据。每张工作表都具有一个工作表名称,默认的工作表名称均为Sheet加数字。

单元格是Excel中的最小单位,主要是由交叉的行与列组成的。Excel 2010的每一张工作表由1 048 576行、16 384列组成。在Excel中,活动单元格将以加粗的黑色边框显示。其名称(单元格地址)是通过行号与列标来显示的,如A1就表示第1行第A列的单元格。当同时选择两个或者多个单元格时,这组单元格被称为单元格区域。构成区域的多个单元格之间可以是相互连续的,它们所构成的区域就是连续区域,连续区域的形状总为矩形;多个单元格之间也可以是相互独立不连续的,它们所构成的区域就成为不连续区域。对于连续区域,可以使用矩形区域左上角和右下角的单元格地址进行标识,形式为"左上角单元格地址:右下角单元格地址"。例如连续单元格地址为"C5:F11",则表示此区域包含了从C5单元格到F11单元格的矩形区域,矩形区域宽度为4列,高度为7行,总共包括28个连续单元格。

2. 工作表的操作

(1) 工作表的插入:单击工作表标签右侧的【插入工作表】按钮;或者右击活动的工作表,执行【插入】命令;或者执行【开始】|【单元格】|【插入工作表】命令即可。

(2) 工作表的删除:执行【开始】|【单元格】|【删除】|【删除工作表】命令;或者右击,执行【删除】命令即可。

(3) 更改默认数量:执行【文件】|【选项】命令,在弹出的【Excel选项】对话框中选择【常用】选项卡,更改【新建工作簿时】选项组中的【包含的工作表数】选项的值即可。

(4) 工作表的移动:单击需要移动的工作表标签,将该工作表标签拖动至需要放置的工作表标签后,松开鼠标即可;或者右击工作表标签执行【移动或复制工作表】命令,在弹出的【移动或复制工作表】对话框中的【下列选定工作表之前】下拉列表中,选择相应的选项即可。另外,在【将选定工作表移至工作簿】下拉列表中,选择另外的工作簿即可在不同的工作表之间进行移动。

(5) 工作表的复制:选择需要复制的工作表标签,按住Ctrl键,同时将工作表标签拖动至需要放置的工作表标签之后,松开鼠标即可;或者右击工作表标签,执行【移动或复制工作表】命令,在弹出的【移动或复制工作表】对话框中选择相符的选项后,选中【建立副本】复选框即可。

3. 工作簿的类型

Excel 2010的工作簿类型有很多。常用的主要有两个:一个是"Excel工作簿",即将工作簿保存为默认的文件格式；另一个是“Excel 96－2003 工作簿”，即保存一个与 Excel96－2003 完全兼容的工作簿副本。

4. 工作簿的自动保存

用户在使用 Excel 2010 时，往往会遇到计算机故障或意外断电的情况。此时，便需要设置工作簿的自动保存与自动恢复功能。执行【文件】|【选项】命令，在弹出的对话框中选择【保存】选项卡，在右侧的【保存工作簿】选项组中进行相应的设置即可。

5. 冻结窗格

对于比较复杂的大型表格，常常需要在滚动浏览表格时，固定显示表头标题行（或者标题列），使用“冻结窗格”命令可以方便地实现这种效果。

冻结窗格与拆分窗口的操作类似。例如，需要固定显示的行列为第 1 行及 A 列，因此选中 B2 单元格为当前活动单元格，在 Excel 功能区上单击【视图】选项卡上的【冻结窗格】下拉按钮，在其扩展列表中选择【冻结拆分窗格】命令，此时就会沿着当前激活单元格的左边框和上边框的方向出现水平和垂直方向的两条黑色冻结线条，结果如图 7－40 所示。

	A	B	C	D	E
1	姓名	性别	系别	专业	学制
2	杨巍	男	机电工程系	电子技术应用	三年
3	魏师	女	机电工程系	电子技术应用	三年
4	许建华	女	管理工程系	国际贸易	三年
5	侯金英	男	管理工程系	国际贸易	三年
6	孔凡丹	女	管理工程系	国际贸易	三年
7	于菲	女	机电工程系	电子技术应用	三年
8	赵越	女	管理工程系	国际贸易	三年
9	齐林	男	管理工程系	国际贸易	三年
10	李学磊	男	机电工程系	计算机系统维护技术	三年
11	于胜懿	女	机电工程系	计算机系统维护技术	三年
12	李学勇	女	管理工程系	国际贸易	三年
13	郑振奎	女	管理工程系	国际贸易	三年
14	王伟	女	管理工程系	国际贸易	三年
15	李静	女	机电工程系	电子技术应用	三年
16	邢晓凯	男	机电工程系	计算机系统维护技术	三年
17	杨燕清	男	管理工程系	国际贸易	三年
18	孙晓爽	男	管理工程系	国际贸易	三年
19	齐秋霞	女	机电工程系	计算机系统维护技术	三年
20	张海龙	女	机电工程系	计算机系统维护技术	三年

图 7－40　冻结窗口操作

此时黑色冻结线左侧的“姓名”列以及上方的标题行都被冻结，在沿着水平方向滚动浏览表格内容时，A 列冻结区域保持不变且始终可见；而当沿着垂直方向滚动浏览表格内容时，则第 1 行的标题区域保持不变且始终可见。

此外用户还可以在【冻结窗格】的下拉菜单中选择【冻结首行】或【冻结首列】命令，快速地冻结表格首行或者冻结首列。要取消工作表的冻结窗格状态，可以在 Excel 功能区上再次单击【视图】选项卡上的【冻结窗格】下拉菜单，在其扩展菜单中选择【取消冻结窗格】命令，窗口状态即可恢复到冻结前状态。

6. 填充与序列

如果数据本身包括某些顺序上的关联特性，可以使用 Excel 所提供的填充功能进行快速的批量录入数据。可以实现自动填充的“顺序”数据在 Excel 中被称为序列。

（1）允许自动填充功能：当用户需要在工作表连续输入某些“顺序”数据时，例如“星期一”、“星期二”……，“甲”、“乙”……，可以利用 Excel 的自动填充功能实现快速输入。首先需要确保“单元格拖放”功能被启用(系统默认启用),打开【文件】选项卡,选择【选项】,然后在打开的【Excel 选项】对话框中选择【高级】选项卡,在【编辑选项】区域里,勾选【启用填充柄和单元格拖放功能】,如图 7-41 所示。

图 7-41　启用【单元格拖放功能】

(2)自动填充序列:例如在 B1 中输入“甲”,选中该单元格,将光标移至填充柄处。当光标指针显示为黑色加号时,按住鼠标左键向下拖动,直到 B10 单元格时松开鼠标左键,如图 7-42 所示。

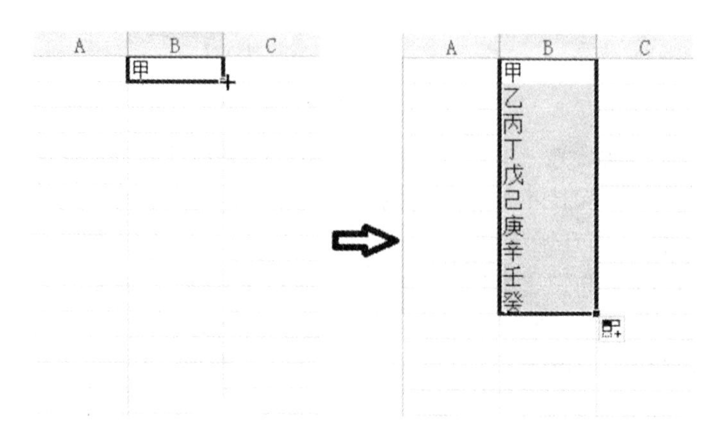

图 7-42　自动填充序列

如果想要填充的内容相同,只需单击填充后的数据区旁边的按钮,在出现的下拉菜单中选择【复制单元格】,则填充内容均为相同项,如图 7-43 所示。

当用户只在第 1 个单元格中输入序列元素时,自动填充功能默认以连续顺序的方式进行填充。而当用户在第 1、第 2 个单元格内输入具有一定间隔的序列元素时,Excel 会自动按照

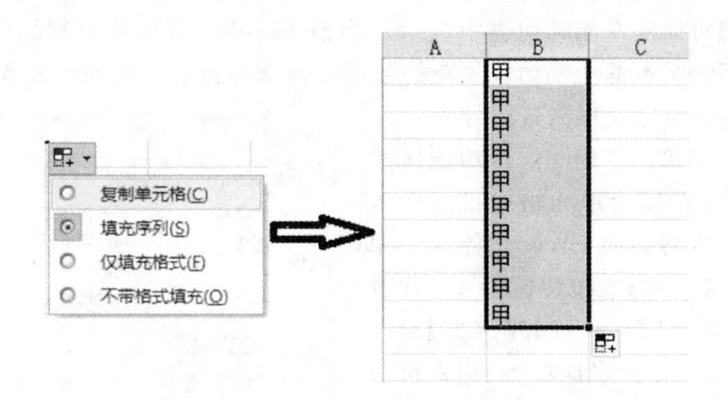

图 7-43　填充相同内容

间隔的规律来选择元素进行填充，如图 7-44 所示。

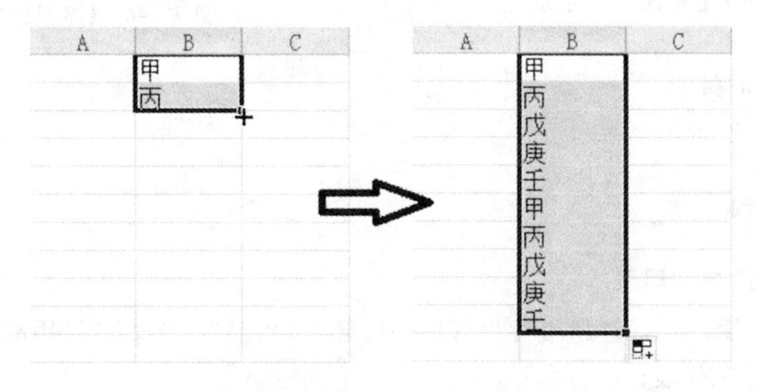

图 7-44　非连续序列元素的自动填充

(3) 自定义序列：用户可以在 Excel 的选项设置中查看可以被自动填充的包括哪些序列。在功能区选择【文件】|【选项】，在弹出的【Excel 选项】对话框中选择【高级】选项卡，单击【高级】选项卡【常规】区域中的【编辑自定义列表】按钮，如图 7-45 所示。

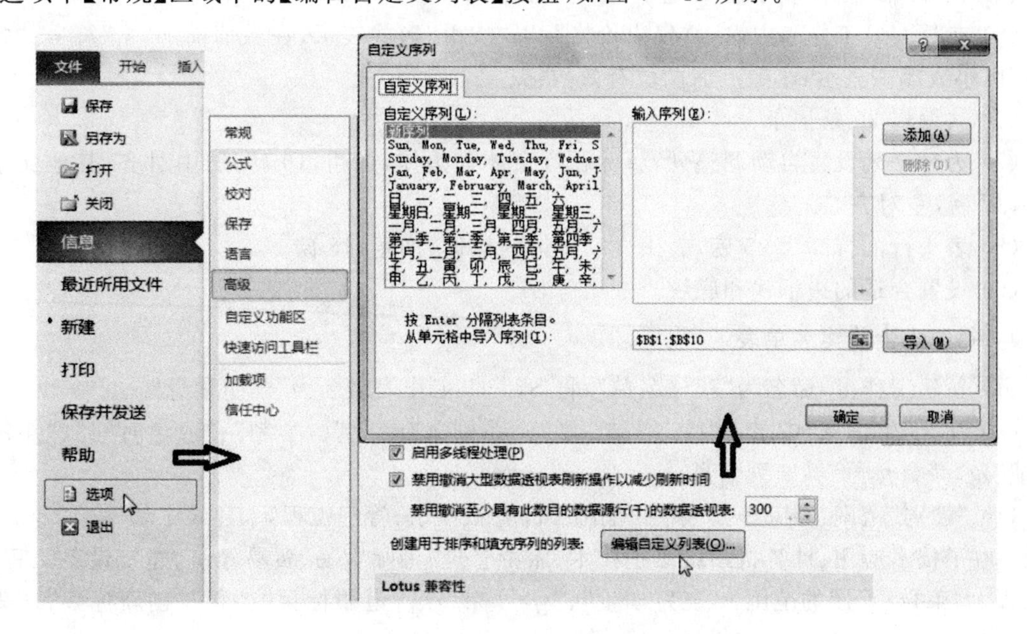

图 7-45　Excel 内置序列及自定义序列

【自定义序列】对话框左侧的列表中显示了当前Excel中可以被识别的序列,用户也可以在右侧的【输入序列】文本框中手动添加新的数据序列作为自定义系列。或者引用表格中已经存在的数据列表作为自定义序列进行导入。

(4) 使用填充菜单:使用Excel功能区中的填充命令,也可以在连续单元格中批量输入定义为序列的数据内容。在Excel功能区上单击【开始】选项卡中【填充】下拉按钮,并在其扩展菜单中选择【系列】命令,打开【序列】对话框,如图7-46所示。在此对话框中,用户可以选择序列填充的方向为【行】或【列】,也可以根据需要填充的序列数据类型,选择不同的填充方式,如【等差序列】、【等比序列】等。

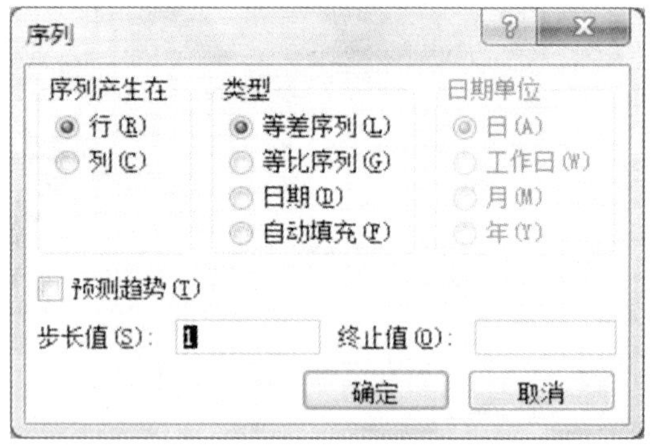

图7-46 【序列】对话框

7.5 实践训练

7.5.1 基本训练

1. 制作超市货物管理表

(1) 建立工作簿,命名为“超市货物管理表”,建立“食品”工作表、“日用品”工作表、“服装”工作表和“化妆品”工作表。

“食品”工作表的表头为“大兴发超市货物管理表”,设置“居中”格式。

(2) 在“食品”工作表中输入“货物编号”、“货物名称”产品相关的信息。

(3) 在“食品”工作表中输入“进货数量”,其数值以千分位分隔符隔开。

(4) 在“食品”工作表中输入“生产日期”,如2013年5月20日。

(5) 在“食品”工作表中输入“售出价格”,以“货币”形式表示,在数值前加“¥”符号;“售出价格”以小数形式表示,小数点后两位有效数字。

(6) 共编辑20条记录。

(7) 为每一列设置自动调整列宽;标题行字体为黑体,加粗,16磅,居中对齐;其他文字为宋体,12磅,左对齐。

(8) 表头行的行高为25磅,表头文字字体为黑体,加粗,18磅。

(9) 设置合适的边框线和底纹。

2. 制作学生获奖名单表

(1) 新建工作簿,命名为“获奖名单”,将Sheet1工作表命名为“学生信息”。

(2) 在“学生信息”中录入“姓名”、“性别”、“系别”、“专业”、“学制”、“入学时间”、“年级”、“成绩”及“荣誉称号”共9列信息。

(3) “性别”范围:男,女。“系别”范围:机电工程系、管理工程系、建筑工程系。“专业”的范围:电子技术应用、计算机系统维护技术、旅游管理、国际贸易、贸易经济、建筑设备工程、建筑工程。“荣誉称号”的范围:“三好学生”、“学习标兵”、“道德标兵”、“科技创新标兵”、“先进个人”、“优秀班干部”、“优秀团员”、“优秀党员”。以上 4 列使用序列完成输入。

(4) “学制”为 3 年。

(5) “入学时间”格式为“2011 年 9 月 1 日”。

(6) “年级”为“入学时间”的“年份”部分。

(7) “成绩”的有效范围在 300～450 之间，在数据录入时有提示“数据的有效范围在 300～450 之间”，如果数据录入不正确，那么给出警告信息“数据范围不符合条件，请重新输入”。

(8) 标题字体为黑体，加粗，12 磅，行高为 25 磅，居中对齐。

(9) 其余文字字体为宋体，10 磅，列宽为自动调整，左对齐。

(10) 设置外边线为粗实线，内边线为细实线，标题行加灰色底纹。

(11) 制作 20 条数据。

7.5.2 能力训练

综合学到的 Excel 表格制作知识，结合本班的学生情况，建立“学生基本情况表”，要求如下：

(1) 包括“学号”、“姓名”、“性别”、“身份证号”、“出生日期”、“籍贯”、“联系方式”、“电子邮件”等信息。

(2) 根据数据的性质设置正确的数据格式，如将“学号”、“身份证号”、“联系方式”设置为“文本”格式，将“出生日期”设置为合适的“日期”格式。

(3) 使用序列输入“性别”、“籍贯”；设置“身份证号”、“联系方式”的数据有效性；使用分列来输入学生的“出生日期”。

(4) 调整行高、列宽，设置边框和底纹。

(5) 表格制作合理、美观。

案例8　管理企业工资

8.1　案例分析

Microsoft Excel 2010 不仅具有一般电子表格软件处理数据、制作图表的功能，而且还具有智能化计算和管理数据的能力。日常生活和工作中，经常需要 Microsoft Excel 2010 处理大量的数据和表格。下面以“企业职工工资表”为例，体验 Microsoft Excel 2010 的强大数据计算、管理功能。

本案例通过“企业工资管理”处理，让读者掌握相应 Microsoft Excel 2010 数据处理使用方法及步骤；也可以触类旁通、举一反三应用到其他实际 Excel 数据处理当中去。本案例完成后，掌握函数和公式的应用，自动填充功能，利用“辅助序列”和“定位”制作工资条。

8.1.1　任务提出

小孙即将毕业，将到招聘单位进行实习。为了提高工作效率，使工资管理更加规范化，实习单位要求小孙协助财务管理公司的职工工资表。小孙如何才能协助管理好职工工资表并制作职工工资条呢?

8.1.2　解决方案

制作“企业职工工资表”Excel 表格，利用其 IF 函数功能可以完成岗位工资、个人所得税数据计算。利用函数 SUM、AVG、MAX、MIN 分别进行合计、平均、最大、最小计算，求得基本工资、岗位工资和实发工资的合计与平均值，应发工资的最高值和最低值。利用自动填充功能来计算所有企业员工的相应数据。巧用“辅助序列”和“定位”制作工资条，即可打印发放给员工。

本案例“企业职工工资表”最终效果如图 8-1 所示，最终工资条如图 8-2 所示。

职工工资表

编号	姓名	性别	职称	基本工资	岗位工资	应发工资	公积金	养老保险	医疗保险	失业保险	应税金额	个人所得税	实发工资
A01	洪国武	男	生产工人	2034.70	2000.00	4034.70	403.47	322.78	80.69	40.35	3187.41	353.11	2834.30
B02	张军宏	男	部门主管	4478.70	3000.00	7478.70	747.87	598.30	149.57	74.79	5908.17	806.63	5101.54
A03	刘德名	男	部门主管	4310.20	3000.00	7310.20	731.02	584.82	146.20	73.10	5775.06	780.01	4995.05
C04	刘乐红	女	生产工人	2179.10	2000.00	4179.10	417.91	334.33	83.58	41.79	3301.49	370.22	2931.27

图 8-1　最终“企业职工工资表”

职工工资表

编号	姓名	基本工资	岗位工资	应发工资	公积金	应税金额	个人所得税	实发工资
A01	洪国武	2034.70	2000.00	4034.70	403.47	1227.76	97.78	3129.98
编号	姓名	基本工资	岗位工资	应发工资	公积金	应税金额	个人所得税	实发工资
B02	张军宏	4478.70	3000.00	7478.70	747.87	3982.96	472.44	5510.52
编号	姓名	基本工资	岗位工资	应发工资	公积金	应税金额	个人所得税	实发工资
A03	刘德名	4310.20	3000.00	7310.20	731.02	3848.16	452.22	5395.94

图 8-2　最终工资条

8.2 案例实现

对“企业职工工资表”数据处理操作的主要步骤为：

（1）用 IF 函数计算每个职工的岗位工资，计算方法：总经理为 5000 元，副经理为 4000 元，部门主管为 3000 元，技术员为 2500 元，生产工人为 2000 元。

（2）利用公式计算每个职工的应发工资、四金、应税金额。

（3）利用函数计算个人所得税。

（4）利用公式计算实发工资。

（5）条件格式：将实发工资大于 4000 的标记为红色加粗，设置偶数行底纹蓝色。

（6）利用函数计算各相应数据项的合计与平均值。

（7）利用函数计算各相应数据项的最高值和最低值。

（8）利用“辅助序列”和“定位”制作工资条。

8.2.1 利用 IF 函数计算职工的“岗位工资”

打开素材“企业职工工资表. xlsx”，如图 8－3 所示。

职工工资表

编号	姓名	性别	职称	基本工资	岗位工资	应发工资	公积金	养老保险	医疗保险	失业保险	应税金额	个人所得税	实发工资
A01	洪国武	男	生产工人	2034.70									
B02	张军宏	男	部门主管	4478.70									
A03	刘德名	男	部门主管	4310.20									

图 8－3 职工工资表

1. 利用 IF 函数计算每个职工的岗位工资

计算方法：总经理的岗位工资为 5000 元，副经理为 4000 元，部门主管为 3000 元，技术员为 2500 元，生产工人为 2000 元。

利用 IF 函数计算每个职工的岗位工资。因为职工的职务不同，所享受的岗位工资也不相同。根据职务计算岗位工资，需要选择 IF 函数。

IF 函数的功能是判断条件表达式的值，根据表达式值的真假，返回不同的结果。该函数是使用频率较高的逻辑函数之一。其基本调用格式如下：

IF(logical_test，value_if_true，value_if_false)

其中“logical_test”为判断条件，是一个逻辑值或是具有逻辑值的表达式；“value_if_true”为数值，表示如果“logical_test”判断条件为真(TRUE)，则函数值为“value_if_true”数值；“value_if_false”也为数值，如果“logical_test”判断条件为假(FALSE)，则函数值为“value_if_false”数值。函数 IF 可以嵌套七层。

由上可以分析本题的公式为“＝IF(D3＝"总经理"，5000，IF(D3＝"副经理"，4000，IF(D3＝"部门主管"，3000，IF(D3＝"技术员"，2500，2000))))”，如图 8－4 所示。在 F3 单元格中输入此公式。

输入公式后单击编辑栏中的“√”，或者按“回车”键即可得到第一位职工的岗位工资。下面每个职工的岗位工资可以利用“自动填充”来完成。

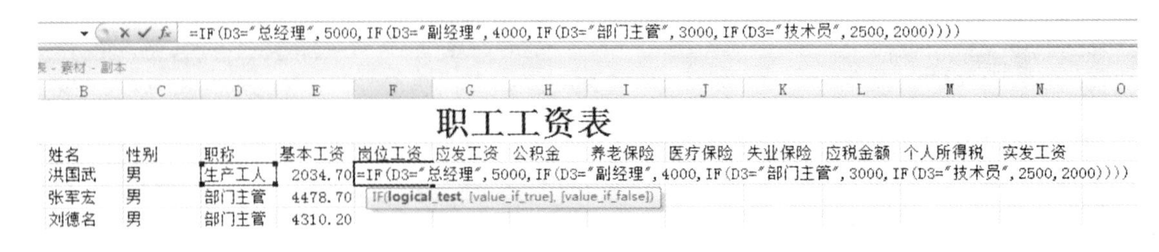

图8-4 输入IF函数

2. 利用"自动填充"功能计算每个职工的岗位工资

将F3作为当前单元格区域,把光标指向单元格右下角的填充柄(实心小十字),按住鼠标左键不放,在"岗位工资"列方向拖动填充手柄,到达目的位置后松开鼠标,其他职工的"岗位工资"也就出来了。此功能被称为"自动填充"功能,如图8-5所示。

职工工资表

编号	姓名	性别	职称	基本工资	岗位工资	应发工资	公积金	养老保险	医疗保险	失业保险	应税金额	个人所得税	实发工资
A01	洪国武	男	生产工人	2034.70	2000.00								
B02	张军宏	男	部门主管	4478.70	3000.00								
A03	刘德名	男	部门主管	4310.20	3000.00								
C04	刘乐红	女	生产工人	2179.10									

图8-5 结合"自动填充"使用IF函数

说明:使用IF函数时,参数个数为3个,而且逗号与括号都为英文下输入;参数中存在中文字符,需要双引号。

8.2.2 利用公式计算职工"应发工资"、"四金"、"应税金额"

1. 利用公式来计算每个职工的应发工资

计算方法:应发工资=基本工资+岗位工资

Excel中利用公式计算,即包含加、减、乘和除运算的,没有一定规律,应该采用公式计算。比如:应发工资=基本工资+岗位工资,即公式为"=E3+ F3",这样就计算出了第一位职工的应发工资,其他的可以利用自动填充功能完成,过程如图8-6所示。

编号	姓名	性别	职称	基本工资	岗位工资	应发工资
A01	洪国武	男	生产工人	2034.70	2000.00	=E3+F3
B02	张军宏	男	部门主管	4478.70	3000.00	7478.70
A03	刘德名	男	部门主管	4310.20	3000.00	7310.20
C04	刘乐红	女	生产工人	2179.10	2000.00	4179.10

图8-6 实发工资计算公式

2. 利用公式来计算每个职工的四金

"四金",即"公积金"、"养老保险"、"医疗保险"和"失业保险",每种保险的缴纳都与员工的应发工资相关。缴纳方案是以员工工资为基数,乘以不同的比例,具体比例如表8-1所列。

表8-1 四金缴纳比例

保险类型	企业	个人
养老保险	20%	8%
医疗保险	8%	2%
失业保险	2%	1%
公积金	10%	10%

注:以员工各项工资总额为基数。

(1) 计算职工的公积金。

要求：公积金＝应发工资×10％，即公式为"＝G3＊10％"。

将光标定位于 H3 单元格中，并在编辑栏中输入公式，如图 8－7 所示，然后按下回车键。这样就计算出了第一位职工的公积金，其他职工公积金可以利用自动填充功能完成。

姓名	性别	职称	基本工资	岗位工资	应发工资	公积金
洪国武	男	生产工人	2034.70	2000.00	4034.70	=G3*10%
张军宏	男	部门主管	4478.70	3000.00	7478.70	747.87
刘德名	男	部门主管	4310.20	3000.00	7310.20	731.02
刘乐红	女	生产工人	2179.10	2000.00	4179.10	417.91

图 8－7　公积金计算

(2) 计算职工的养老保险。

要求：养老保险＝应发工资×8％，即公式为"＝G3＊8％"。

将光标定位于 I3 单元格中，并在编辑栏中输入公式，如图 8－8 所示，然后按下回车键。其他职工养老保险可以利用自动填充功能完成。

职称	基本工资	岗位工资	应发工资	公积金	养老保险
生产工人	2034.70	2000.00	4034.70	403.47	=G3*8%
部门主管	4478.70	3000.00	7478.70	747.87	598.30
部门主管	4310.20	3000.00	7310.20	731.02	584.82
生产工人	2179.10	2000.00	4179.10	417.91	334.33

图 8－8　养老保险计算

(3) 用相同的方法计算职工的医疗保险和失业保险。

要求：医疗保险＝应发工资×2％，即公式为"＝G3＊2％"。

要求：失业保险＝应发工资×1％，即公式为"＝G3＊1％"。

计算每个职工的四金最终效果如图 8－9 所示。

职称	基本工资	岗位工资	应发工资	公积金	养老保险	医疗保险	失业保险
生产工人	2034.70	2000.00	4034.70	403.47	322.78	80.69	40.35
部门主管	4478.70	3000.00	7478.70	747.87	598.30	149.57	74.79
部门主管	4310.20	3000.00	7310.20	731.02	584.82	146.20	73.10
生产工人	2179.10	2000.00	4179.10	417.91	334.33	83.58	41.79
总经理	6621.30	5000.00	11621.30	1162.13	929.70	232.43	116.21
技术员	3125.70	2500.00	5625.70	562.57	450.06	112.51	56.26

图 8－9　最终职工的四金

3. 利用公式来计算每个职工的应税金额

要求：应税金额＝基本工资＋岗位工资－公积金－养老保险－医疗保险－失业保险－2000。

将光标定位于 L3 单元格，并输入如图 8－10 所示公式，然后按下回车键。其他职工应税金额利用自动填充功能完成。

应发工资	公积金	养老保险	医疗保险	失业保险	应税金额	个人所得税
4034.70	403.47	322.78	80.69	40.35	=G3-H3-I3-J3-2000	
7478.70	747.87	598.30	149.57	74.79	3982.96	
7310.20	731.02	584.82	146.20	73.10	3848.16	
4179.10	417.91	334.33	83.58	41.79	1343.28	
11621.30	1162.13	929.70	232.43	116.21	7297.04	
5625.70	562.57	450.06	112.51	56.26	2500.56	

图 8-10　应税金额计算

8.2.3　利用 IF()函数计算“个人所得税”

个人所得税的征收办法如表 8-2 所列。

表 8-2　个人所得税征收办法

个人所得税征收办法

工资(薪金)所得，按月征收，对每月收入超过2000元以上的部分征税，适用5%至45%的9级超额累进税率。即：
纳税所得额(计税工资)=每月工资(薪金)所得 - 2000元(不计税部分)
应纳所得税(月)=应纳税所得额(月)×适用"税率"一速算扣除数。

税率表(工资、薪金所得适用) 起扣金额: ￥2,000.00

级数	应纳税所得额(月)	级别	税率	速算扣除数
1	不超过500元部分	0	5%	0
2	超过500元至2000元部分	500	10%	25
3	超过2000至5000元部分	2000	15%	125
4	超过5000至20000元部分	5000	20%	375
5	超过20000至40000元部分	20000	25%	1375
6	超过40000至60000元部分	40000	30%	3375
7	超过60000至80000元部分	60000	35%	6375
8	超过80000至100000元部分	80000	40%	10375
9	超过100000元部分	100000	45%	15375

根据表 8-2 所列的个人所得税征收办法，使用 IF 函数的嵌套编写函数=IF(L3>100000,L3＊45%－15375,IF(L3>80000,L3＊40%－10375,IF(L3>60000,L3＊35%－6375,IF(L3>40000,L3＊30%－3375,IF(L3>20000,L3＊25%－1375,IF(L3>5000,L3＊20%－375,IF(L3>2000,L3＊15%－125,IF(L3>500,L3＊10%－25,L3＊5%)))))))),实现计算所有级别的个人所得税功能。

将光标定位于 M3 单元格，并输入如图 8-11 所示函数，然后按回车键。使用自动填充功能完成所有职工个人所得税的计算。

```
=IF(L3>100000,L3*45%-15375,IF(L3>80000,L3*40%-10375,IF(L3>60000,L3*35%-6375,IF(L3>
40000,L3*30%-3375,IF(L3>20000,L3*25%-1375,IF(L3>5000,L3*20%-375,IF(L3>2000,L3*15%-
125,IF(L3>500,L3*10%-25,L3*5%))))))))
```

图 8-11　IF 函数求个人所得税

8.2.4　利用公式计算“实发工资”

要求：实发工资＝应发工资－四金－个人所得税。公式：G3－H3－I3－J3－M3。

将光标定位于 N3 单元格，并在编辑栏中输入公式，如图 8－12 所示，然后按回车键。使用自动填充功能完成所有职工实发工资的计算。

基本工资	岗位工资	应发工资	公积金	应税金额	个人所得税	实发工资
2034.70	2000.00	4034.70	403.47	1227.76	97.78	=G3-H3-I3-J3-M3
4478.70	3000.00	7478.70	747.87	3982.96	472.44	5510.52
4310.20	3000.00	7310.20	731.02	3848.16	452.22	5395.94
2179.10	2000.00	4179.10	417.91	1343.28	109.33	3233.95
6621.30	5000.00	11621.30	1162.13	7297.04	1084.41	8212.63

图 8－12　实发工资计算

说明：为了直观地对比某几列值，可以将某些列值隐藏。例如，可以将性别、四金等列进行隐藏。

8.2.5　利用条件格式设置格式

1. 将实发工资大于 4000 的标记为红色加粗

将实发工资大于 4000 元的职工标为红色加粗，可以用条件格式来实现。具体步骤为：

（1）选择要设置条件格式的单元格区域，本题为 N3：N15，如图 8－13 所示。

职工工资表

编号	姓名	基本工资	岗位工资	应发工资	公积金	个人所得税	实发工资
A01	洪国武	2034.70	2000.00	4034.70	403.47	97.78	3936.92
B02	张军宏	4478.70	3000.00	7478.70	747.87	472.44	7006.26
A03	刘德名	4310.20	3000.00	7310.20	731.02	452.22	6857.98
C04	刘乐红	2179.10	2000.00	4179.10	417.91	109.33	4069.77
B05	洪国林	6621.30	5000.00	11621.30	1162.13	1084.41	10536.89
C06	王小乐	3125.70	2500.00	5625.70	562.57	250.08	5375.62
C07	张红艳	5529.30	4000.00	9529.30	952.93	749.69	8779.61
A08	张武学	2034.70	2000.00	4034.70	403.47	97.78	3936.92
A09	刘冷静	4310.20	3000.00	7310.20	731.02	452.22	6857.98
B10	陈红	3179.10	2500.00	5679.10	567.91	256.49	5422.61
C11	吴大林	2621.30	2000.00	4621.30	462.13	144.70	4476.60
C12	张乐意	3125.70	2500.00	5625.70	562.57	250.08	5375.62
A13	邱红霞	5529.30	4000.00	9529.30	952.93	749.69	8779.61

图 8－13　选定设置区域

（2）选择【开始】|【条件格式】|【新建规则】，如图 8－14 所示。打开【新建格式规则】对话框，如图 8－15 所示。

在【新建格式规则】对话框中，【选择规则类型】选择【只为包含以下内容的单元格设置格式】；【编辑规则说明】选择【单元格值】、【大于】、【4000】。单击【格式】按钮，字形加粗，颜色红色，如图 8－16 所示。

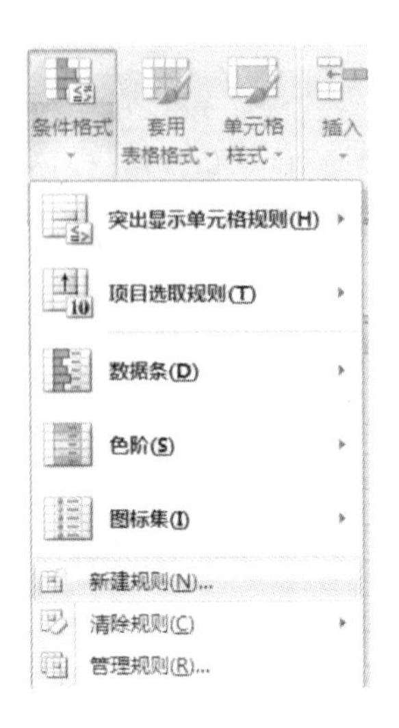

图 8-14 【条件格式】图

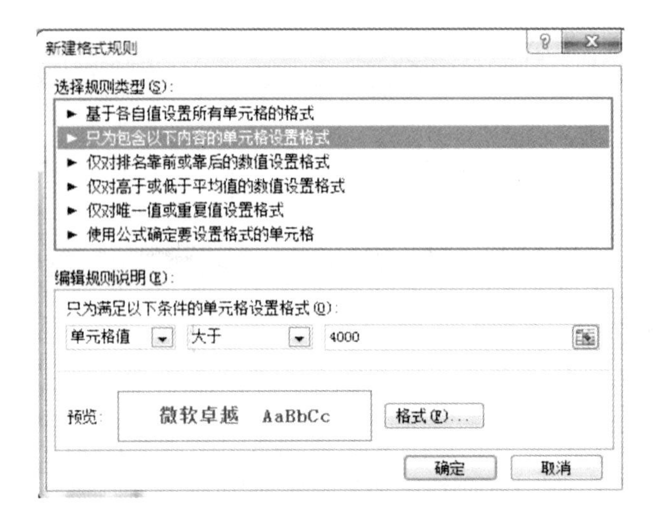

图 8-15 【新建格式规则】对话框

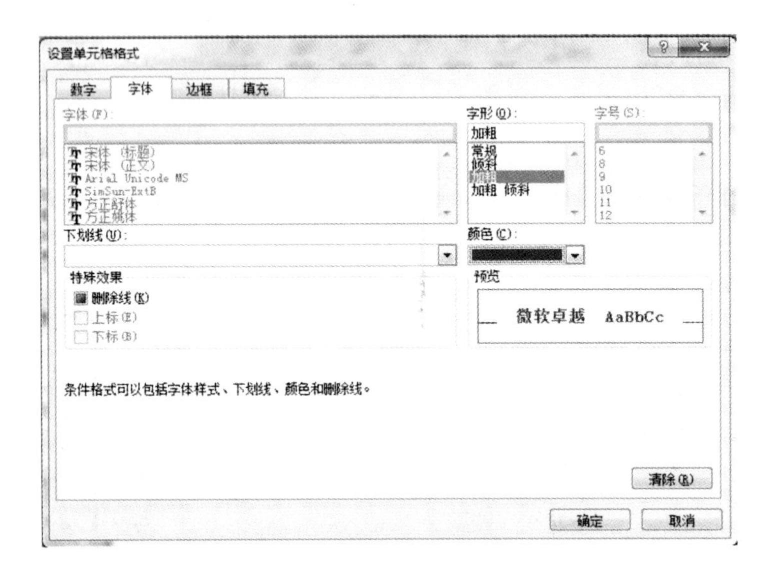

图 8-16 设置单元格格式

结果如图 8-17 所示。

职工工资表

编号	姓名	基本工资	岗位工资	应发工资	公积金	应税金额	个人所得税	实发工资
A01	洪国武	2034.70	2000.00	4034.70	403.47	1227.76	97.78	3129.98
B02	张军宏	4478.70	3000.00	7478.70	747.87	3982.96	472.44	**5510.52**
A03	刘德名	4310.20	3000.00	7310.20	731.02	3848.16	452.22	**5395.94**
C04	刘乐红	2179.10	2000.00	4179.10	417.91	1343.28	109.33	3233.95
B05	洪国林	6621.30	5000.00	11621.30	1162.13	7297.04	1084.41	**8212.63**
C06	王小乐	3125.70	2500.00	5625.70	562.57	2500.56	250.08	**4250.48**
C07	张红艳	5529.30	4000.00	9529.30	952.93	5623.44	749.69	**6873.75**
A08	张武学	2034.70	2000.00	4034.70	403.47	1227.76	97.78	3129.98
A09	刘冷静	4310.20	3000.00	7310.20	731.02	3848.16	452.22	**5395.94**
B10	陈红	3179.10	2500.00	5679.10	567.91	2543.28	256.49	**4286.79**
C11	吴大林	2621.30	2000.00	4621.30	462.13	1697.04	144.70	3552.34
C12	张乐意	3125.70	2500.00	5625.70	562.57	2500.56	250.08	**4250.48**
A13	邱红霞	5529.30	4000.00	9529.30	952.93	5623.44	749.69	**6873.75**

图 8-17 条件格式设置字体格式

2. 设置偶数行底纹为蓝色

在 Excel 工作表中有大量数据的时候，通过设置不同奇偶数行底纹，可方便查看数据。下面使用条件格式方法设置“A2:N15”单元格区域中偶数行的图案为蓝色。

(1) 选择“A2:N15”单元格区域，选择【开始】|【条件格式】|【新建规则】，打开【新建格式规则】对话框。在【新建格式规则】对话框中，【选择规则类型】为：使用公式确定要设置格式的单元格，【编辑规则说明】中输入“=MOD(ROW(),2)=0”，如图 8-18 所示。

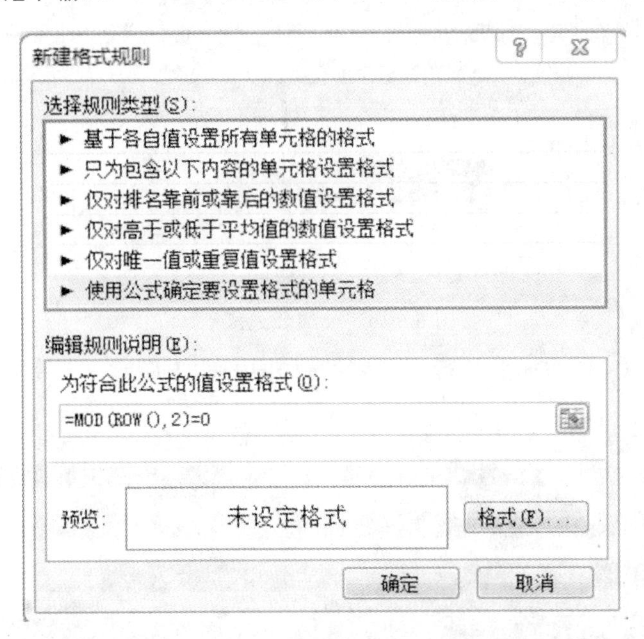

图 8-18　新建格式规则

(2) 单击【格式】按钮，打开【单元格格式】对话框，设置背景色如图 8-19 所示，然后单击【确定】按钮，如图 8-20 所示。

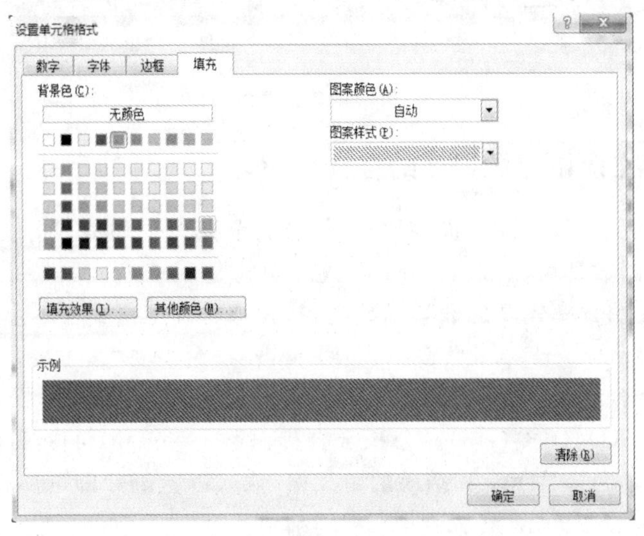

图 8-19　设置单元格格式

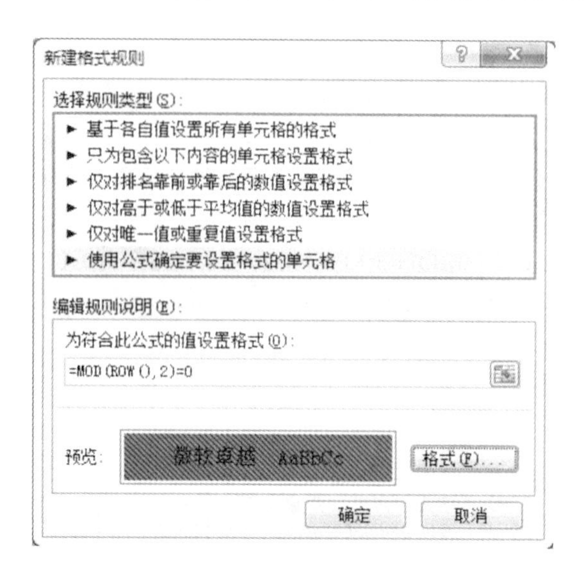

图 8-20 最终公式规则

(3) 单击【确定】按钮,添加偶数行蓝色底纹,如图 8-21 所示。

职工工资表

编号	姓名	基本工资	岗位工资	应发工资	公积金	应税金额	个人所得税	实发工资
A01	洪国武	2034.70	2000.00	4034.70	403.47	1227.76	97.78	3129.98
B02	张军宏	4478.70	3000.00	7478.70	747.87	3982.96	472.44	5510.52
A03	刘德名	4310.20	3000.00	7310.20	731.02	3848.16	452.22	5395.94
C04	刘乐红	2179.10	2000.00	4179.10	417.91	1343.28	109.33	3233.95
B05	洪国林	6621.30	5000.00	11621.30	1162.13	7297.04	1084.41	8212.63
C06	王小乐	3125.70	2500.00	5625.70	562.57	2500.56	250.08	4250.48
C07	张红艳	5529.30	4000.00	9529.30	952.93	5623.44	749.69	6873.75
A08	张武学	2034.70	2000.00	4034.70	403.47	1227.76	97.78	3129.98
A09	刘冷静	4310.20	3000.00	7310.20	731.02	3848.16	452.22	5395.94
B10	陈红	3179.10	2500.00	5679.10	567.91	2543.28	256.49	4286.79
C11	吴大林	2621.30	2000.00	4621.30	462.13	1697.04	144.70	3552.34
C12	张乐意	3125.70	2500.00	5625.70	562.57	2500.56	250.08	4250.48
A13	邱红霞	5529.30	4000.00	9529.30	952.93	5623.44	749.69	6873.75

图 8-21 偶数行蓝色底纹

8.2.6 利用函数统计相应数据项的合计与平均值

求基本工资、岗位工资、应发工资、四金等各项的合计与平均值,利用最常用的函数 SUM 函数和 AVERAGE 函数即可完成。SUM 函数的功能是用于返回某一单元格区域中所有数字之和。该函数是使用频率较高的数学函数之一,其基本调用格式如下:

SUM(number1,number2,...)

本案例基本工资合计为:=SUM(E3:E15)。岗位工资总计函数:=SUM(F3:F15)。应发工资合计函数:=SUM(G3:G15)。公积金合计函数:=SUM(H3:H15)。以后各项依次类推,改变列标即可。选择显示求和结果的单元格,输入以上函数即可。

现在,利用"菜单"方式对函数求和并求平均结果。

(1) 将光标定位于 E16 单元格,执行【公式】|【插入函数】命令,如图 8-22 所示。在对话

框中选择“SUM()”函数，打开【函数参数】对话框，如图 8－23 所示。

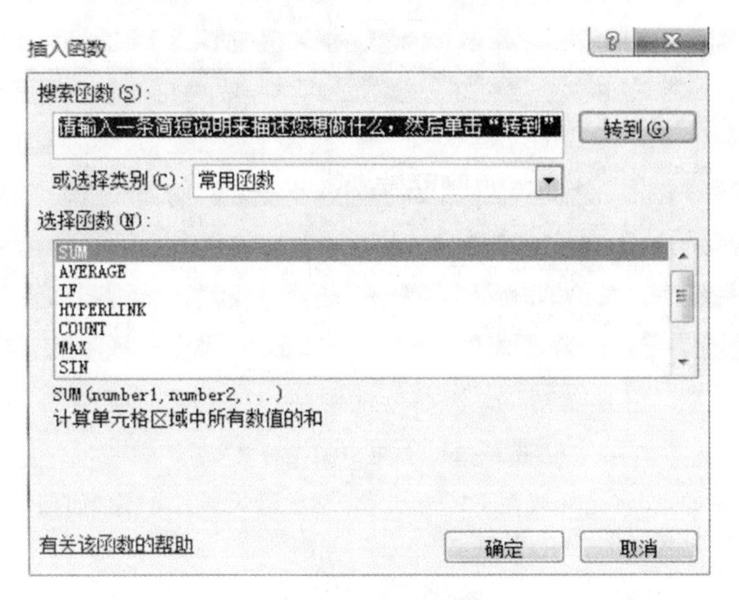

图 8－22　插入函数

图 8－23　函数参数

说明：如果【插入函数】对话框中没有需要的函数，可以在“选择类别”中选择全部，查找需要的函数。

(2) 在【函数参数】对话框中，将光标定位到 Number1 文本框中，选择 E3:E15 区域，单击【确定】按扭，如图 8－24 所示。利用自动填充功能完成其他各项求和。

AVERAGE 函数的功能是用于返回参数的算术平均值。该函数是使用频率较高的统计函数之一，其基本调用格式如下：

AVERAGE(number1,number2,...)

例如公式“＝AVERAGE(A3:B6,D12,100)”，表示将对 A3:B6 单元格区域中的数值、D12 单元格数值与数值 100 相加求平均值。

基本工资、岗位工资、应发工资、四金等各项平均值，可以利用 AVERAGE 函数来完成，也

职工工资表

编号	姓名	基本工资	岗位工资	应发工资	公积金	应税金额	个人所得税	实发工资
A01	洪国武	2034.70	2000.00	4034.70	403.47	1227.76	97.78	3129.98
B02	张军宏	4478.70	3000.00	7478.70	747.87	3982.96	472.44	5510.52
A03	刘德名	4310.20	3000.00	7310.20	731.02	3848.16	452.22	5395.94
C04	刘乐红	2179.10	2000.00	4179.10	417.91	1343.28	109.33	3233.95
B05	洪国林	6621.30	5000.00	11621.30	1162.13	7297.04	1084.41	8212.63
C06	王小乐	3125.70	2500.00	5625.70	562.57	2500.56	250.08	4250.48
C07	张红艳	5529.30	4000.00	9529.30	952.93	5623.44	749.69	6873.75
A08	张武学	2034.70	2000.00	4034.70	403.47	1227.76	97.78	3129.98
A09	刘冷静	4310.20	3000.00	7310.20	731.02	3848.16	452.22	5395.94
B10	陈红	3179.10	2500.00	5679.10	567.91	2543.28	256.49	4286.79
C11	吴大林	2621.30	2000.00	4621.30	462.13	1697.04	144.70	3552.34
C12	张乐意	3125.70	2500.00	5625.70	562.57	2500.56	250.08	4250.48
A13	邱红霞	5529.30	4000.00	9529.30	952.93	5623.44	749.69	6873.75
合计		49079.30	37500.00	86579.30	8657.93	43263.44	5166.92	64096.52

图 8-24　使用 SUM 函数求和

可以利用公式来完成,即将光标放在 E17 单元格,格中输入=E16/13,如图 8-25 所示。求平均值的过程与求和过程类同,不再赘述。

职工工资表

编号	姓名	基本工资	岗位工资	应发工资	公积金	应税金额	个人所得税	实发工资
A01	洪国武	2034.70	2000.00	4034.70	403.47	1227.76	97.78	3129.98
B02	张军宏	4478.70	3000.00	7478.70	747.87	3982.96	472.44	5510.52
A03	刘德名	4310.20	3000.00	7310.20	731.02	3848.16	452.22	5395.94
C04	刘乐红	2179.10	2000.00	4179.10	417.91	1343.28	109.33	3233.95
B05	洪国林	6621.30	5000.00	11621.30	1162.13	7297.04	1084.41	8212.63
C06	王小乐	3125.70	2500.00	5625.70	562.57	2500.56	250.08	4250.48
C07	张红艳	5529.30	4000.00	9529.30	952.93	5623.44	749.69	6873.75
A08	张武学	2034.70	2000.00	4034.70	403.47	1227.76	97.78	3129.98
A09	刘冷静	4310.20	3000.00	7310.20	731.02	3848.16	452.22	5395.94
B10	陈红	3179.10	2500.00	5679.10	567.91	2543.28	256.49	4286.79
C11	吴大林	2621.30	2000.00	4621.30	462.13	1697.04	144.70	3552.34
C12	张乐意	3125.70	2500.00	5625.70	562.57	2500.56	250.08	4250.48
A13	邱红霞	5529.30	4000.00	9529.30	952.93	5623.44	749.69	6873.75
合计		49079.30	37500.00	86579.30	8657.93	43263.44	5166.92	64096.52
平均		3775.33	2884.62	6659.95	665.99	3327.96	397.46	4930.50

图 8-25　使用 AVG 函数求平均

8.2.7　利用函数求各项最高值和最低值

对于各数据项的最高值和最低值,可以利用 MAX 函数和 MIN 函数来完成。MAX 函数的功能是返回一组值中的最大值,其基本调用格式为:

MAX(number1,number2,...)

MIN 函数的功能是返回一组值中的最小值,其基本调用格式为:

MAX(number1,number2,..)

例如公式"=MAX(A3:B6,D12,100)",表示求出 A3:B6 单元格区域、D12 单元格和数值 100 中的最大值。

本案例中岗位工资的最高值和最低值的公式为"=MAX(F3:F15)"和"=MIN(F3:

F15)”，计算过程如图 8－26 所示，利用自动填充功能完成各数据项求最大值。求最小值过程与求最大值过程类同，不再赘述。

职工工资表

编号	姓名	基本工资	岗位工资	应发工资	公积金	应税金额	个人所得税	实发工资
A01	洪国武	2034.70	2000.00	4034.70	403.47	1227.76	97.78	3129.98
B02	张军宏	4478.70	3000.00	7478.70	747.87	3982.96	472.44	5510.52
A03	刘德名	4310.20	3000.00	7310.20	731.02	3848.16	452.22	5395.94
C04	刘乐红	2179.10	2000.00	4179.10	417.91	1343.28	109.33	3233.95
B05	洪国林	6621.30	5000.00	11621.30	1162.13	7297.04	1084.41	8212.63
C06	王小乐	3125.70	2500.00	5625.70	562.57	2500.56	250.08	4250.48
C07	张红艳	5529.30	4000.00	9529.30	952.93	5623.44	749.69	6873.75
A08	张武学	2034.70	2000.00	4034.70	403.47	1227.76	97.78	3129.98
A09	刘冷静	4310.20	3000.00	7310.20	731.02	3848.16	452.22	5395.94
B10	陈红	3179.10	2500.00	5679.10	567.91	2543.28	256.49	4286.79
C11	吴大林	2621.30	2000.00	4621.30	462.13	1697.04	144.70	3552.34
C12	张乐意	3125.70	2500.00	5625.70	562.57	2500.56	250.08	4250.48
A13	邱红霞	5529.30	4000.00	9529.30	952.93	5623.44	749.69	6873.75
合计		49079.30	37500.00	86579.30	8657.93	43263.44	5166.92	64096.52
平均		3775.33	2884.62	6659.95	665.99	3327.96	397.46	4930.50
最大值		6621.30	=MAX(F3:F15)		1162.13	7297.04	1084.41	8212.63
最小值		2034.70	MAX(number1, [number2], ...)		47	1227.76	97.78	3129.98

图 8－26　使用 MAX 函数

8.2.8　利用“辅助序列”和“定位”制作工资条

在打印工资条时，要求每位员工的工资条上都带有“表头”。当然可以用复制、粘贴操作来完成类似操作，但采用这种方法最大的缺点是，企业职工过多时，工作量很大且容易出错。本例应用“辅助序列”和“定位”功能，巧妙、快速地制作出工资条，并确保快速、简便地打印出工资条。

1. 在 P 列和 Q 列中添加辅助数据

在 P4 和 Q5 单元格中分别输入 1，然后选择“P4：Q5”单元格，并用自动填充法，将其复制到工资表结尾处，如图 8－27 所示。

公积金	应税金额	个人所得税	实发工资		
403.47	1227.76	97.78	3129.98		
747.87	3982.96	472.44	5510.52	1	
731.02	3848.16	452.22	5395.94		1
417.91	1343.28	109.33	3233.95	2	
1162.13	7297.04	1084.41	8212.63		2
562.57	2500.56	250.08	4250.48	3	
952.93	5623.44	749.69	6873.75		3
403.47	1227.76	97.78	3129.98	4	
731.02	3848.16	452.22	5395.94		4
567.91	2543.28	256.49	4286.79	5	
462.13	1697.04	144.70	3552.34		5
562.57	2500.56	250.08	4250.48	6	

图 8－27　自动填充序列

2. 在“P4:Q15”单元格区域中空格所在行添加空行

(1) 选择“P4:Q15”单元格,单击【快速工具栏】|【定位】,打开【定位】对话框,如图8-28所示。打开【定位条件】对话框,如图8-29所示,并选择“空值”单选按钮。

图8-28 快速访问工具栏

图8-29 定位条件

说明:添加“定位条件”到快速访问工具栏图的方法:单击【文件】|【选项】,如图8-30所示。选择“自定义”,在“从下列位置选择命令”中选择“所有命令”,在列表中选择“定位条件”,单击【添加】按钮,即可添加到“自定义快速访问工具栏”中。单击【确定】即可。

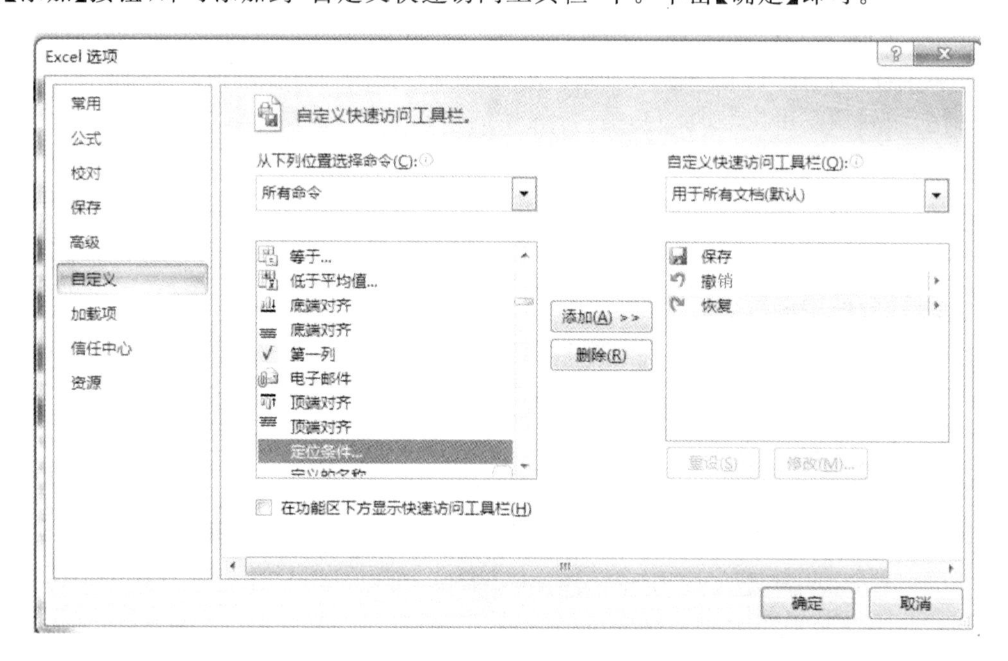

图8-30 Excel选项

(2) 单击【确定】按钮,即可选择单元格区域中的所有空值单元格,如图8-31所示。

(3) 选择【开始】|【插入】|【插入工作表行】,系统自动在每次所找到的空值单元格上插入空行,即自动在每行职工工资数据上面插入空行,如图8-32所示。

公积金	应税金额	个人所得税	实发工资		
403.47	1227.76	97.78	3129.98		
747.87	3982.96	472.44	5510.52	1	
731.02	3848.16	452.22	5395.94		1
417.91	1343.28	109.33	3233.95	2	
1162.13	7297.04	1084.41	8212.63		2
562.57	2500.56	250.08	4250.48	3	
952.93	5623.44	749.69	6873.75		3
403.47	1227.76	97.78	3129.98	4	
731.02	3848.16	452.22	5395.94		4
567.91	2543.28	256.49	4286.79	5	
462.13	1697.04	144.70	3552.34		5
562.57	2500.56	250.08	4250.48	6	

图 8－31 选定空值行

职工工资表

编号	姓名	基本工资	岗位工资	应发工资	公积金	应税金额	个人所得税	实发工资
A01	洪国武	2034.70	2000.00	4034.70	403.47	1227.76	97.78	3129.98
B02	张军宏	4478.70	3000.00	7478.70	747.87	3982.96	472.44	5510.52
A03	刘德名	4310.20	3000.00	7310.20	731.02	3848.16	452.22	5395.94
C04	刘乐红	2179.10	2000.00	4179.10	417.91	1343.28	109.33	3233.95
B05	洪国林	6621.30	5000.00	11621.30	1162.13	7297.04	1084.41	8212.63
C06	王小乐	3125.70	2500.00	5625.70	562.57	2500.56	250.08	4250.48

图 8－32 自动插入空行

3. 在空行中粘贴工资表表头

(1) 选择工资表表头各标题所在单元格，并单击工具栏中【复制】按钮。

(2) 选择“A2:A27”单元格区域，使用上述方法选择此单元格区域中的空单元格。

(3) 单击工具栏中【贴粘】按钮，即可完成工资表头的粘贴。

删除 P 列和 Q 列中的辅助数据，完成后效果图如图 8－33 所示。

职工工资表

编号	姓名	基本工资	岗位工资	应发工资	公积金	应税金额	个人所得税	实发工资
A01	洪国武	2034.70	2000.00	4034.70	403.47	1227.76	97.78	3129.98
编号	姓名	基本工资	岗位工资	应发工资	公积金	应税金额	个人所得税	实发工资
B02	张军宏	4478.70	3000.00	7478.70	747.87	3982.96	472.44	5510.52
编号	姓名	基本工资	岗位工资	应发工资	公积金	应税金额	个人所得税	实发工资
A03	刘德名	4310.20	3000.00	7310.20	731.02	3848.16	452.22	5395.94
编号	姓名	基本工资	岗位工资	应发工资	公积金	应税金额	个人所得税	实发工资
C04	刘乐红	2179.10	2000.00	4179.10	417.91	1343.28	109.33	3233.95
编号	姓名	基本工资	岗位工资	应发工资	公积金	应税金额	个人所得税	实发工资
B05	洪国林	6621.30	5000.00	11621.30	1162.13	7297.04	1084.41	8212.63

图 8－33 最终工资条

8.3 案例总结

本案例主要介绍了利用函数和公式、自动填充功能进行工资数据计算,并利用"辅助序列"和"定位"制作工资条。完成对"企业职工工资表"的数据处理操作的主要步骤为:

(1) 利用IF函数计算每个职工的岗位工资、个人所得税;

利用SUM、AVG函数计算各相应数据项的合计与平均值;

利用MAX、MIN函数计算各相应数据项的最高值和最低值。

(2) 利用公式计算每个职工的应发工资、四金、应税金额、实发工资。

(3) 利用条件格式设置单元格格式。

(4) 利用"辅助序列"和"定位"制作工资条。

(5) 利用Excel函数、公式计算数据,注意事项如下:

① IF函数:广泛用于需要进行逻辑判断的场合。其中Value_if_true可以是具体值,也可以是表达式。IF函数嵌套中,Value_if_true、Value_if_False参数值就是IF函数表达式。

② AVERAGE函数:如果引用区域中包含"0"值单元格,则计算在内;如果引用区域中包含空白或字符单元格,则不计算在内。

③ SUM函数:如果参数为数组或引用,只有其中的数字将被计算。数组或引用中的空白单元格、逻辑值、文本或错误值将被忽略。

④ 所有函数与公式中的符号,例如","、"( )"等均为英文输入状态下输入。

本案例通过企业员工工资管理表的制作,让读者掌握相应Excel函数与公式使用方法及步骤的同时,也可以触类旁通、举一反三应用到实际Excel数据计算当中去。

8.4 知识拓展

1. SUMIF函数

使用条件:计算符合指定条件的单元格区域内的数值的和。

使用格式:SUMIF(Range,Criteria,Sum_Range)

参数说明:Range代表条件判断的单元格区域,Criteria为指定条件(表达式),Sum_Range代表需要计算的数值所在的单元格区域。

应用举例:在D12单元格中输入公式:=SUMIF(C2:C11,"男",D2:D11),确认后即可求出"男"生的成绩和。

注意事项:如果把上述公式修改为:=SUMIF(C2:C11,"女",D2:D11),即可求出"女"生的成绩和;其中"男"和"女"由于是文本型的,需要放在英文状态下的双引号("男"、"女")中。

2. VLOOKUP函数

主要功能:在数据表的首列查找指定的数值,并由此返回数据表中,相对当前行中指定列处的数值。

使用格式:VLOOKUP(lookup_value,table_array,col_index_num,range_lookup)

参数说明:Lookup_value代表需要查找的数值。Table_array代表需要在其中查找数据的单元格区域。Col_index_num 为在 table_array 区域中待返回的匹配值的列序号（当 Col_index_num 为 2 时，返回 table_array 第 2 列中的数值，为 3 时，返回第 3 列的值……）。Range_lookup 为一逻辑值，如果为 TRUE 或省略，则返回近似匹配值，也就是说，如果找不到精确匹配值，则返回小于 lookup_value 的最大数值；如果为 FALSE，则返回精确匹配值，如果找不到，则返回错误值 # N/A。

如图 8 - 34 所示，在 H4 单元格中输入公式：

＝VLOOKUP(G4，＄A＄4：＄E＄20，2，FALSE)

确认后，只要在 G4 单元格中输入一个客户的姓名（如：陈五香），H4 单元格中即刻显示出该客户 1 月份的销量；如果要显示该客户 2 月份的销量，只需在 i4 单元格中输入公式：＝VLOOKUP(G4，＄A＄4：＄E＄20，3，FALSE)；同理，J4、K5 单元格中把公式中的 3，改为 4、5，就能够得到 3 月、4 月份的销量。

分客户分月销量

客户名称	1月	2月	3月	4月
	销售数量	销售数量	销售数量	销售数量
尹诗祥	2500	1100	750	650
赵全俊	530	300	290	253
许竟中	530	300	290	200
苏果二店	500	300	290	200
许英宏	520	300	290	220
陈五香	520	300	290	200
钱浩	380	300	290	200
胡爱红	410	245	235	200
王建	500	300	290	200
付雪梅	520	300	290	200
汪凤琴	520	300	290	200
汪益军	520	300	290	200
汪新平	520	300	290	200
徐柏志	520	300	290	200
曹丽华	570	300	290	200
王丽萍	520	300	290	200
董光友	700	350	300	250

填充表格

客户名称	1月	2月	3月	4月
	销售数量	销售数量	销售数量	销售数量
陈五香				

图 8 - 34　VLOOKUP 用法

注意事项：Lookup_value 必须在 Table_array 区域的首列中；如果忽略 Range_lookup 参数，则 Table_array 的首列必须进行排序。

3. COUNT 与 COUNTA 函数

(1) COUNT：利用函数 COUNT 可以计算单元格区域中数字项的个数。

使用格式：COUNT(value1，value2，...)

Value1，value2，……是包含或引用各种类型数据的参数（1～30 个）。注意只有数字类型的数据才被计数。

(2) COUNTA：利用函数 COUNTA 可以计算单元格区域中数据项的个数。

使用格式：COUNTA(value1，value2，...)Value1，value2，……所要计数的值，参数个数为 1～30 个。

COUNT 与 COUNTA 的区别：函数 COUNT 在计数时，只统计数字，但是错误值或其他无法转化成数字的文字则被忽略;而 COUNTA 的参数值可以是任何类型,它们可以包括空字符(" "),但不包括空白单元格,如图 8 - 35 所示。

	A	B	C
1		35	
2		37	
3		33	
4		王武	
5		32	
6		41	
7		42	
8		40	
9			

图 8 - 35　COUNT 函数

如在 B9 单元格中输入公式:=COUNT(B1:B8) 等于 7,输入公式:=COUNTA(B1:B8) 等于 8。

4. 地址引用

(1) 相对引用。相对引用是指向相对于公式所在单元格相应位置的单元格。在引用单元格时,写成【列号行号】的形式,当把它复制到其他单元格时,系统会自动按行列的相对增加量来修正引用的单元格位置。

如将 B3 单元格中的公式【=A1+A2】复制到 C3 单元格,C3 单元格的公式变为【=B1+B2】。在输入公式的过程中,除非特别声明,Excel 2010 一般是使用【相对地址】来引用单元格。

(2) 绝对引用。绝对引用是指向工作表中固定位置的单元格,在引用单元格时,写成【$列$行】称为绝对应用。如 SUM($A$1:$B$2),将其复制到任意单元格处,公式中引用区域将不改变。

(3) 混合引用。如果把单元格公式中的引用写成如 $B3 或 B$3 的形式,则称之为混合引用。相对引用部分随位置而改变,绝对引用部分不随位置有任何变化。如 SUM($A2:$B2)公式中行为相对地址,列为绝对地址。公式复制到下一行时变为 SUM($A3:$B3);复制到同一行中不同列时公式中的地址不变。

(4) 名称引用。为了引用方便,可以给单元格起一个有意义的名称。如【总分】名称,以后可以用该名称表示这部分单元格,在公式和函数中使用,就和上面的其他引用一样。例如将【平均成绩】乘以 5,可以使用【=平均成绩*5】。

(5) 三维引用。三维引用是指引用同一工作簿其他工作表单元格,其格式为【工作表名称! 单元格地址】。例如:【Sheet1! B4】表示引用工作表的第 B 列第 4 行的单元格。

如果要分析某一工作簿内多张工作表的相同位置处的单元格或单元格区域中的数据,可使用三维引用。如在 6 张工作表中求出第 1 张~第 5 张工作表的单元格区域 A4:A6 的和,可以输入公式:=SUM(Sheet1:Sheet5! A4:A6)。

8.5　实践训练

8.5.1　基本训练

1. 对"学生成绩表.xlsx"进行操作

(1) 打开"学生成绩表.xlsx"文件,算出每个人的总分和平均分,平均分保留 2 位小数。

(2) 用函数计算每个学生的录取批次。计算方法:分数大于等于 270 为本科第一批,分数小于 270 但大于等于 250 为本科第二批,分数小于 250 但大于等于 230 为本科第三批,分数小于 230 但大于等于 180 为大专,分数小于 180 为不录取。

（3）总分大于 270 分的记录标为红色加粗。

（4）在数据行后空一行，用函数求出总分的最高值和最低值。

2. 对“学生成绩单统计分析表.xlsx”进行操作

1）利用公式和函数进行计算

（1）平时总评：Word 实训、Excel 实训、PPT 实训 3 项平时成绩的平均分。

（2）期末总评：期末总评成绩按照平时总评占 30%，期末成绩占 70%进行计算。特殊的，当期末成绩为“免修”时，期末总评成绩 90 分；当期末成绩为“缺考”时，期末总评成绩为 0 分。

（3）排名：计算每个学生期末总评成绩的排名。

2）对“学生成绩单统计分析表.xlsx”进行格式设置

（1）修饰表格的标题。

（2）修饰每列标题。

（3）将期末总评列中大于等于 90 分的数据区域设置为玫瑰红色底纹白色字体，小于 60 分的数据区域设置为蓝色底纹白色字体。

（4）预览整个表格，设置表格的页面方向为横向，居中方式为水平，添加页眉和页脚，设置每页在打印时都出现表格标题行、人数说明行、表格列标题行。

8.5.2　能力训练

1. 对“学生成绩表.xlsx”进行操作

（1）将 sheet2 和 sheet3 工作表删除，且将 sheet1 重命名为“学生期末成绩表”。

（2）在“学生期末成绩表”工作表中使用函数（或公式）计算工作表中总分、平均分、最高分、最低分和各门课程参加考试人数。

（3）将表格标题“学生成绩表”设置单元格格式为宋体、12 号、加粗及居中。

（4）将工作表以 C3 单元格进行冻结窗格。

2. 对“工资单”进行操作

（1）对下列各项进行计算：

① “通信补贴”的标准是：高工 190 元，工程师 170 元，工人 150 元。

② “应发工资”是“十二月工资表 1”的数据之和。

③ “失业保险”为应发工资的 1%。

④ “大病统筹”为应发工资的 0.5%。

⑤ “住房基金”为应发工资的 10%。

⑥ “个人所得税”等于“应发工资”减去 1000 再乘以 3%。

⑦ “实发工资”等于“应发工资”减去“十二月份工资表 2”中各项。

（2）对“十二月份工资表 1”和“十二月份工资表 2”进行格式设置。

① 格式修饰可根据个人喜好添加。

② 设置条件格式：“应发工资”小于 2800 的数据采用蓝色、加粗。

案例9　统计分析员工工资表

9.1　案例分析

当用户面对海量的数据时，如何从中获取最有价值的信息，不仅要选择数据分析的方法，还必须掌握数据分析工具的使用方法。Microsoft Excel 2010 提供了大量帮助用户进行数据分析的功能。

本案例通过员工工资表的计算和分析，讲述如何在Excel中运用各种分析工具进行数据分析，重点介绍排序、筛选、分类汇总的使用和数据透视表/图、图表的建立，使读者能够迅速掌握运用Excel进行数据分析的各种功能和方法。

9.1.1　任务提出

小孙需要对制作好的员工工资表进行统计分析，以此帮助单位领导查看公司员工的工资情况。对于一张制作并计算好的表格，要想从大量的数据中获取信息，仅仅依靠计算是不够的，如需要按照某一字段降序或升序查看数据，只查看符合某些条件的某些数据，按照每种类别来查看数据等，这时就需要利用某种思路和方法进行科学的分析。排序、筛选和分类汇总是最简单的数据分析方法，它们能够合理地对表格中的数据作进一步的归类与组织。而一份精美切题的图表可以让原本复杂枯燥的数据表格和总结文字立即变得生动起来。

9.1.2　解决方案

数据分析是Excel所擅长的一项工作。排序是将工作表中的数据按照一定的规律进行显示，而筛选则只在工作表中显示符合一个或多个条件的数据，通过排序和筛选可以直观地显示工作表中的有效数据。分类汇总可以根据数据自动创建公式，并利用自带的求和、平均值等函数实现分类汇总计算，并将计算结果显示出来。数据透视表是一种具有创造性与交互性的报表。使用数据透视表，可以汇总、分析、浏览与提供汇总数据。创建图表是将单元格区域中的数据以图表的形式进行显示，从而可以更直观地分析表格数据。

9.2　案例实现

员工工资表数据的分析和处理，步骤如下：

(1) 使用筛选功能显示所需数据；

(2) 使用排序功能查看数据；

(3) 使用分类汇总统计数据；

(4) 使用图表查看数据；

(5) 使用数据透视图/表查看数据。

9.2.1　使用筛选功能显示所需数据

1. 使用自动筛选功能筛选数据

要求：筛选出水电费超过 70 元的男职工。

（1）将光标定位于表格中的任意一个单元格内；

（2）执行【数据】|【排序和筛选】选项卡中的【筛选】命令，则每个标题处都会出现下三角按钮；

（3）单击“性别”右侧的下三角按钮，在打开的下拉列表中选择“男”，如图 9－1 所示，即可将所有男职工的数据显示出来，如图 9－2 所示。

（4）单击“水电费”右侧的下拉列表，在打开的下拉列表中，选择【数字筛选】。在弹出的快捷菜单中，执行【大于】命令，如图 9－3 所示。在弹出的【自定义筛选条件】对话框中的文本框中输入 70，如图 9－4 所示，单击【确定】，则筛选结果如图 9－5 所示。

说明：要恢复表格原始状态，再次执行【筛选】命令即可。

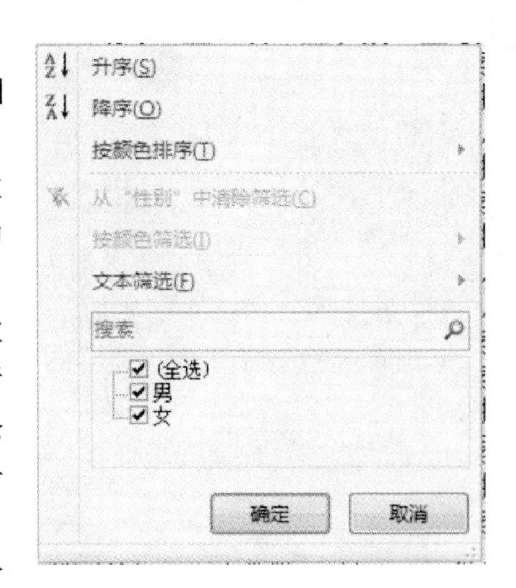

图 9－1　自动筛选菜单

2. 使用高级筛选功能筛选数据

要求：筛选出应发工资高于 6500 的女职工。

2	姓名	性别	职称	基本工资	水电费	补贴	应发工资	实发工资
4	于胜懿	男	教授	3450.80	62.30	4200.00	7650.80	7588.5
6	张海龙	男	教授	3450.80	36.70	4200.00	7650.80	7614.1
7	赵越	男	副教授	3252.70	93.20	3500.00	6752.70	6659.5
8	李学勇	男	教授	3450.80	67.00	4200.00	7650.80	7583.8
11	李丹	男	副教授	3252.70	22.60	3500.00	6752.70	6730.1
12	窦亚南	男	副教授	3252.70	19.80	3500.00	6752.70	6732.9
13	王峥	男	教授	3450.80	36.70	4200.00	7650.80	7614.1
16	熊盼	男	助教	2932.90	49.00	1800.00	4732.90	4683.9
18	马鹏冲	男	副教授	3252.70	36.70	3500.00	6752.70	6716.0
19	冯远超	男	副教授	3252.70	56.60	3500.00	6752.70	6696.1
20	赵沫然	男	教授	3450.80	21.90	4200.00	7650.80	7628.9
22	董长杰	男	讲师	3175.50	93.20	2300.00	5475.50	5382.3
24	孙晓爽	男	助教	2932.90	56.70	1800.00	4732.90	4676.2
26	冯琦	男	副教授	3252.70	34.90	3500.00	6752.70	6717.8
28	李秋月	男	讲师	3175.50	68.10	2300.00	5475.50	5407.4
32	吴长亮	男	副教授	3252.70	74.30	3500.00	6752.70	6678.4
33								

Sheet1　Sheet2　Sheet3

图 9－2　男职工数据

（1）在表格的空白位置编辑筛选条件，如图 9－6 所示。

说明：筛选条件区是一个表格，第一行输入字段名称，该字段名称与需要筛选区域中数据的字段名称一致；在第二行中，根据字段名称设置不同的筛选条件。

在筛选条件数据区设置筛选条件时，必须遵守固定的逻辑关系。原则如下：

① 表格数据区同列中，如设置多个条件，则各条件间为逻辑“或”的关系；

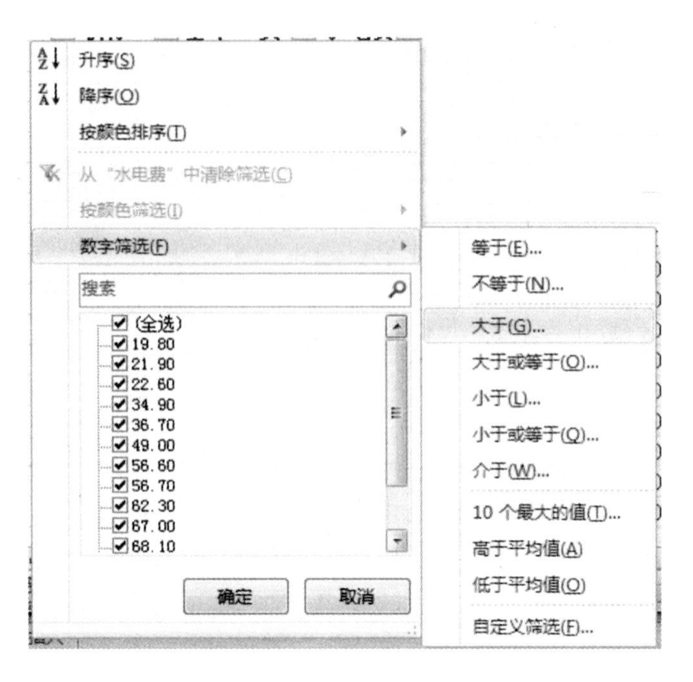

图 9-3　选择数字筛选自定义条件

图 9-4　输入自定义条件

2	姓名	性别	职称	基本工资	水电费	补贴	应发工资	实发工资
7	赵越	男	副教授	3252.70	93.20	3500.00	6752.70	6659.5
22	董长杰	男	讲师	3175.50	93.20	2300.00	5475.50	5382.3
32	吴长亮	男	副教授	3252.70	74.30	3500.00	6752.70	6678.4

图 9-5　筛选结果

② 表格数据区同行中,如设置多个条件,则各条件间为逻辑"与"的关系。

应发工资	性别
>6500	女

图 9-6　高级筛选条件的编辑

(2) 选择【数据】|【排序和筛选】选项卡,执行【筛选】命令右侧的【高级】命令,打开【高级筛选】对话框,分别通过【展开】按钮,选择【列表区域】和【条件区域】,如图 9-7 所示。单击【确定】,则显示出筛选结果,如图 9-8 所示。

图 9－7　高级筛选条件设置

2	编号	姓名	性别	职称	基本工资	水电费	补贴	应发工资	实发工资
14	C13	王彩荣	女	副教授	3252.70	22.60	3500.00	6752.70	6730.1
17	A54	孟芮宇	女	副教授	3252.70	48.30	3500.00	6752.70	6704.4
25	B20	梁宇	女	副教授	3252.70	49.20	3500.00	6752.70	6703.5

图 9－8　筛选结果

9.2.2　使用排序功能查看数据

1. 简单排序

要求：按照“实发工资”降序进行排序。

将光标定位于“实发工资”列，单击【数据】|【排序和筛选】选项卡，单击【降序】命令 Z↓A，则完成排序。

2. 复杂排序

要求：按照“实发工资”降序进行排序，如果“实发工资”相同，再按照“水电费”降序排序。

选择数据区域，单击【数据】|【排序和筛选】选项卡，单击【排序】命令，弹出【排序选项】对话框。设置【主关键字】为“实发工资”，其【次序】为“降序”。单击【添加条件】按钮，则出现次关键字，设置【次关键字】为“水电费”，其【次序】为“降序”，如图 9－9 所示。单击【确定】，显示排序结果。

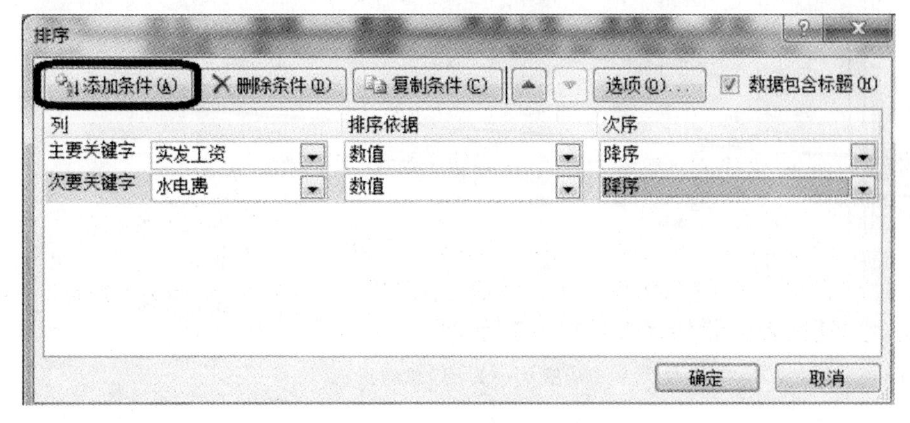

图 9－9　排序条件设置

9.2.3 使用分类汇总统计数据

要求：用分类汇总统计各类职称的平均水电费、平均应发工资及平均实发工资。

在创建分类汇总之前，需要对分类字段进行排序，以便将数据中关键字相同的数据集中在一起。

(1) 将光标定位到任意一个单元格，根据“职称”进行排序，降序或升序都可以。

(2) 选择【数据】|【分级显示】选项卡，单击【分类汇总】，打开“分类汇总”对话框。设置【分类字段】为“职称”，【汇总方式】为“平均值”，【选定汇总项】为“水电费”、“应发工资”和“实发工资”，如图9-10所示，单击【确定】。

(3) 汇总结果如图9-11所示。单击工作区左上角的 1 2 3 按钮或者 - 按钮，可展开或隐藏数据，如图9-12所示。

说明：要想恢复到表格原始状态，选择【数据】|【分级显示】选项卡，单击【分类汇总】命令，打开【分类汇总】对话框，单击左下角的【全部删除】即可。

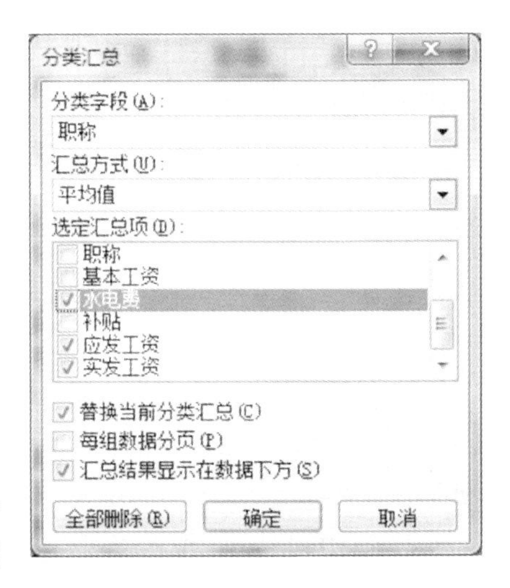

图9-10 分类汇总选项设置

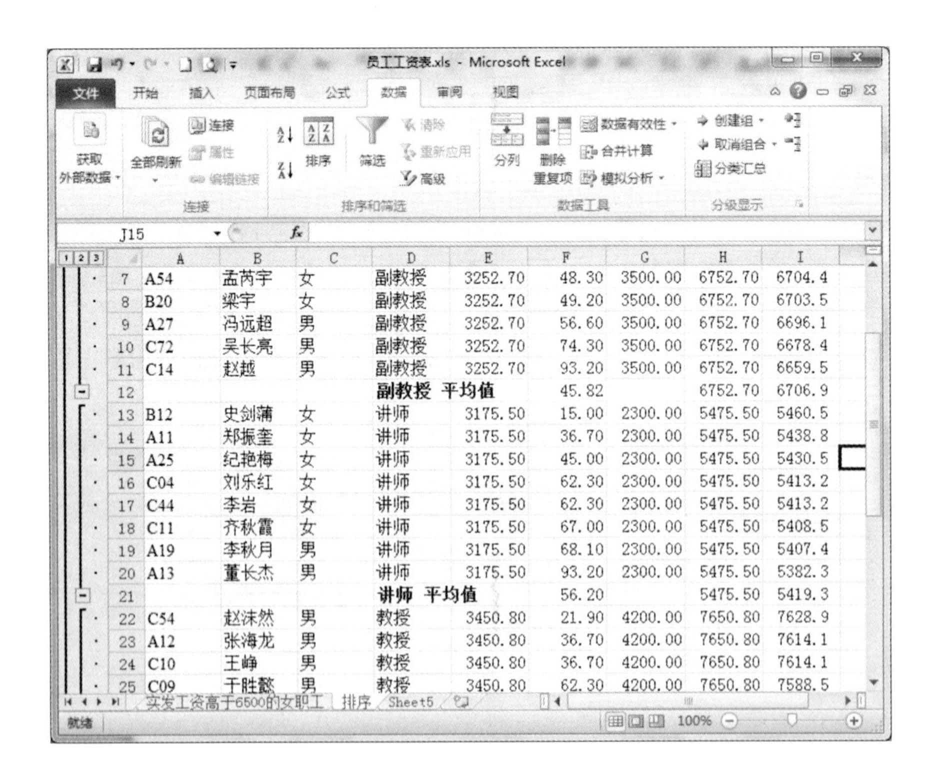

	A	B	C	D	E	F	G	H	I
7	A54	孟芮宇	女	副教授	3252.70	48.30	3500.00	6752.70	6704.4
8	B20	梁宇	女	副教授	3252.70	49.20	3500.00	6752.70	6703.5
9	A27	冯远超	男	副教授	3252.70	56.60	3500.00	6752.70	6696.1
10	C72	吴长亮	男	副教授	3252.70	74.30	3500.00	6752.70	6678.4
11	C14	赵越	男	副教授	3252.70	93.20	3500.00	6752.70	6659.5
12				**副教授 平均值**		45.82		6752.70	6706.9
13	B12	史剑蒲	女	讲师	3175.50	15.00	2300.00	5475.50	5460.5
14	A11	郑振奎	女	讲师	3175.50	36.70	2300.00	5475.50	5438.8
15	A25	纪艳梅	女	讲师	3175.50	45.00	2300.00	5475.50	5430.5
16	C04	刘乐红	女	讲师	3175.50	62.30	2300.00	5475.50	5413.2
17	C44	李岩	女	讲师	3175.50	62.30	2300.00	5475.50	5413.2
18	C11	齐秋霞	女	讲师	3175.50	67.00	2300.00	5475.50	5408.5
19	A19	李秋月	男	讲师	3175.50	68.10	2300.00	5475.50	5407.4
20	A13	董长杰	男	讲师	3175.50	93.20	2300.00	5475.50	5382.3
21				**讲师 平均值**		56.20		5475.50	5419.3
22	C54	赵沫然	男	教授	3450.80	21.90	4200.00	7650.80	7628.9
23	A12	张海龙	男	教授	3450.80	36.70	4200.00	7650.80	7614.1
24	C10	王峥	男	教授	3450.80	36.70	4200.00	7650.80	7614.1
25	C09	于胜懿	男	教授	3450.80	62.30	4200.00	7650.80	7588.5

图9-11 汇总结果

	A	B	C	D	E	F	G	H	I
1	编号	姓名	性别	职称	基本工资	水电费	补贴	应发工资	实发工资
12				副教授 平均值		45.82		6752.70	6706.9
21				讲师 平均值		56.20		5475.50	5419.3
27				教授 平均值		44.92		7650.80	7605.9
35				助教 平均值		62.49		4732.90	4670.4
36				总计平均值		52.33		6090.51	6038.2

图 9-12　汇总结果折叠效果

9.2.4　使用图表查看数据

要求：用函数统计员工工资表中助教、讲师、副教授与教授每类职称的总人数，并以此为数据源，生成簇状柱形图图表，显示教职工各种职称所占比例。

(1) 在表格数据以外的区域 A37：B41，编辑如图 9-13 的表格，统计每类职称的总人数；

(2) 在单元格 B38 中输入函数"= COUNTIF(D3：D32，A38)"，计算"教授"的人数。余下职称计算方法相同，如图 9-14 所示。

37	职称	人数
38	教授	
39	副教授	
40	讲师	
41	助教	

图 9-13　统计职称人数的表格

37	职称	人数
38	教授	5
39	副教授	10
40	讲师	8
41	助教	7

图 9-14　统计结果

说明：COUNTIF 函数的功能是计算给定区域内满足特定条件的单元格的数目。其格式为：COUNTIF(range，criteria)。其中 range 为需要计算其中满足条件的单元格数目的单元格区域，criteria 为确定哪些单元格将被计算在内的条件，其形式可以为数字、表达式或文本。

(3) 选择生成图表的区域 A37：A41 和 B37：B41，选择【插入】|【图表】选项卡，单击【柱状图】，在展开的柱状图类型图中，选择【簇状柱形图】，如图 9-15 所示，则生成图表插入到表格中，如图 9-16 所示。

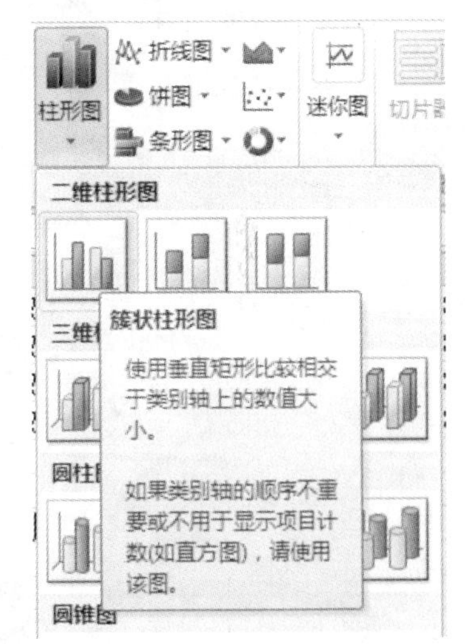

图 9-15　选择图表类型

说明：图表是与生成图表的源数据相关联的，只要源数据发生改变，图表会随之改变。

(4) 如果对创建的图表不满意，还可以更改图表类型。选中柱形图，然后单击鼠标右键，在弹出的快捷菜单中选择【更改系列图表类型】，在弹出的【更改图表类型】对话框中，选择需要的图表类型即可，如图 9-17 所示，结果如图 9-18 所示。

(5) 为了使创建的图表看起来更加美观，用户可以对图表标题和图例、图标区域、数据系列、绘图区、坐标轴、网格线等项目进行格式设置。修改时，选中图表，在【图表工具】栏中，可通过【布局】、【设计】和【格式】选项卡进行修改，如图 9-19 所示。

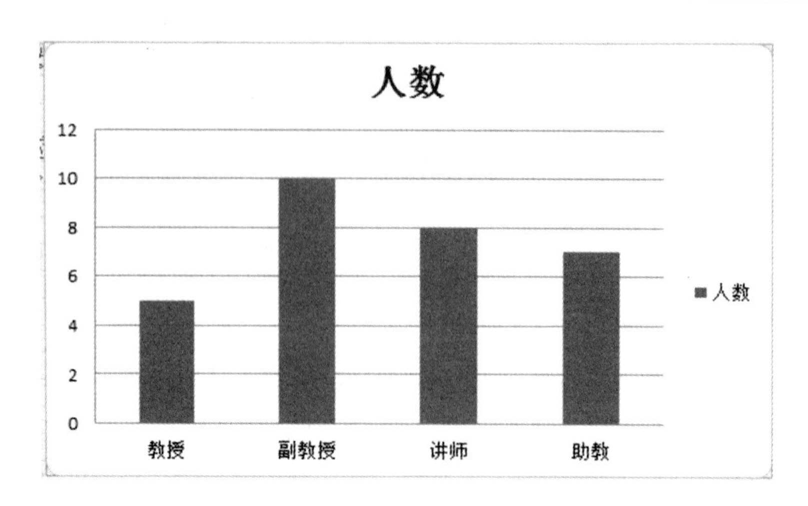

图 9-16　职称人数统计柱状图

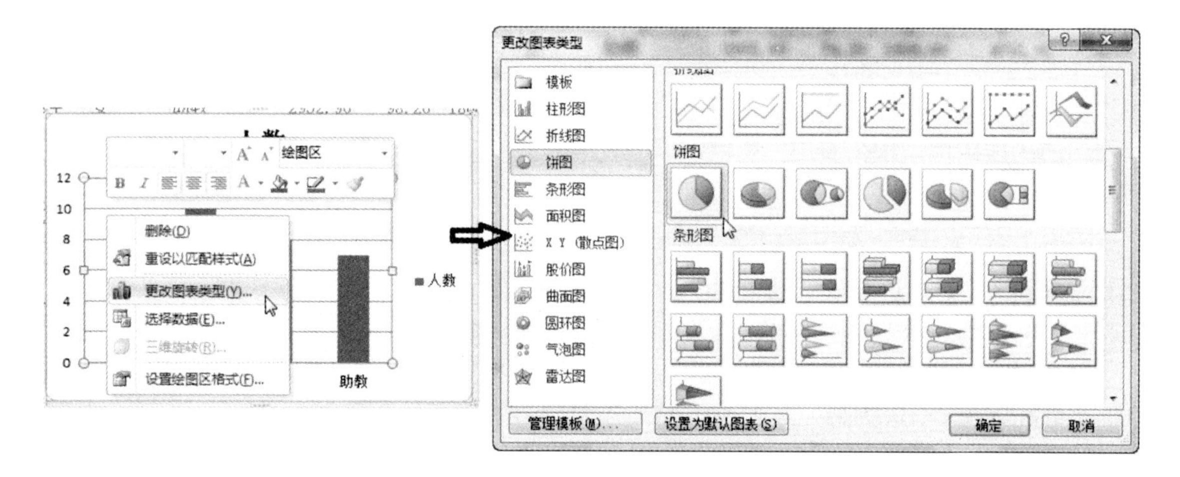

图 9-17　更改图表类型

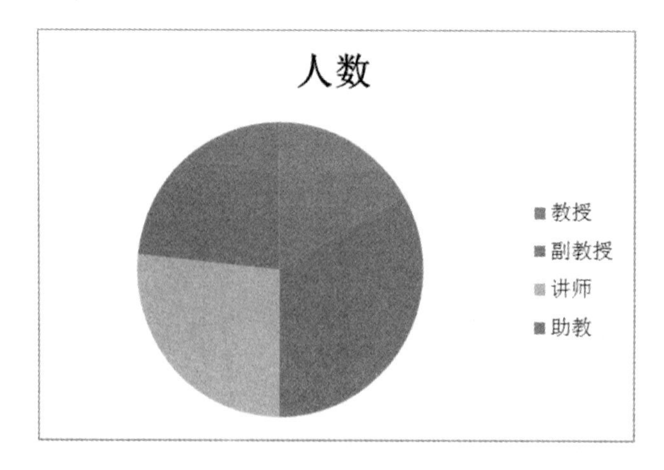

图 9-18　更改后的饼图

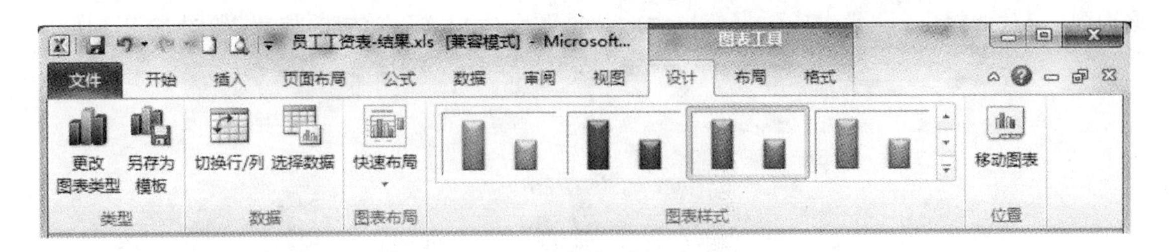

图 9－19　【图表工具】选项卡

或者直接双击想要修改的图表元素，在弹出的快捷菜单中进行修改即可，如图 9－20 所示。最后美化修饰的结果如图 9－21 所示。

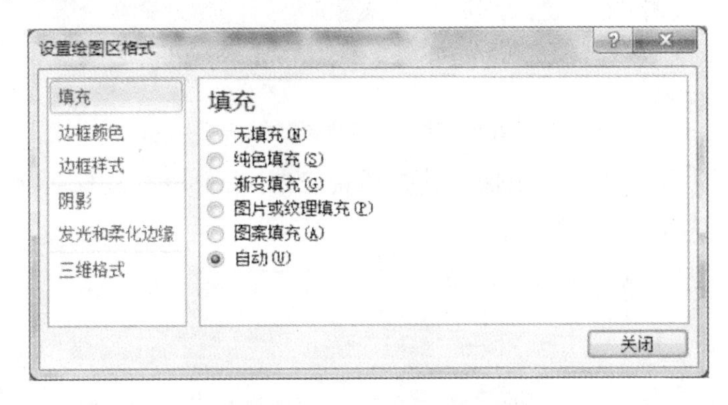

图 9－20　【设置绘图区格式】选项卡

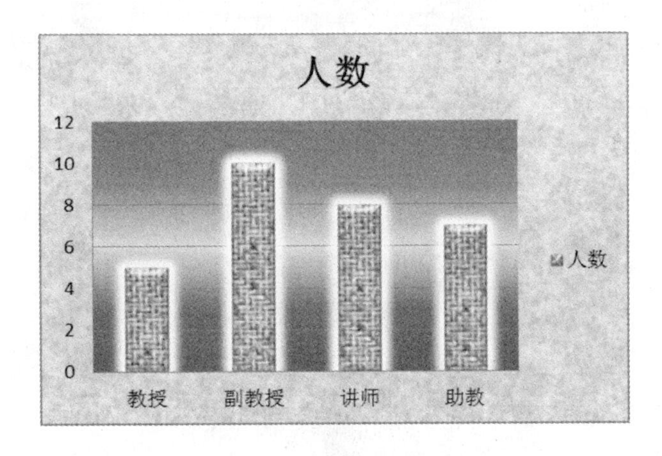

图 9－21　最终效果图

9.2.5　使用数据透视图/表查看数据

图 9－22　插入数据透视表/图

要求：用数据透视表统计各种职称的男女人数。

（1）选择需要创建数据透视表的数据区域 A2：I32；

（2）选择【插入】|【表格】选项卡，单击【数据透视表】命令（或者单击【数据透视表】右侧的下三角，在弹出的菜单中，单击【数据透视表】），如图 9－22 所示。（3）在弹出的【创建数

据透视表】对话框中,设置生成数据透视表的数据源和生成之后放置的位置,如图 9-23 所示。

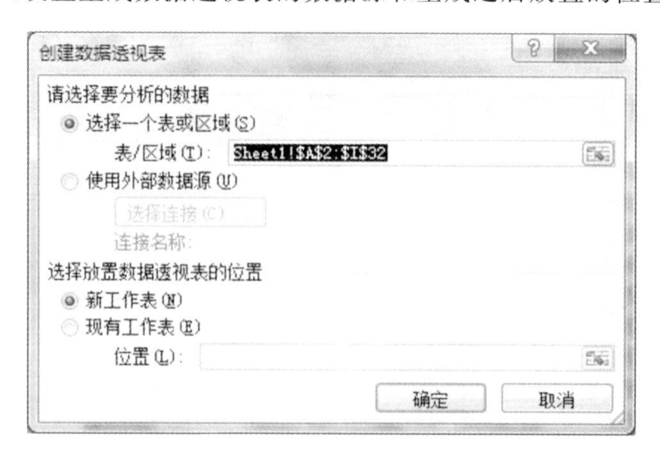

图 9-23 创建数据透视表

(4) 单击【确定】,则在工作表中插入数据透视表,并在窗口右侧自动弹出【数据透视表字段列表】任务窗格,如图9-24 所示。

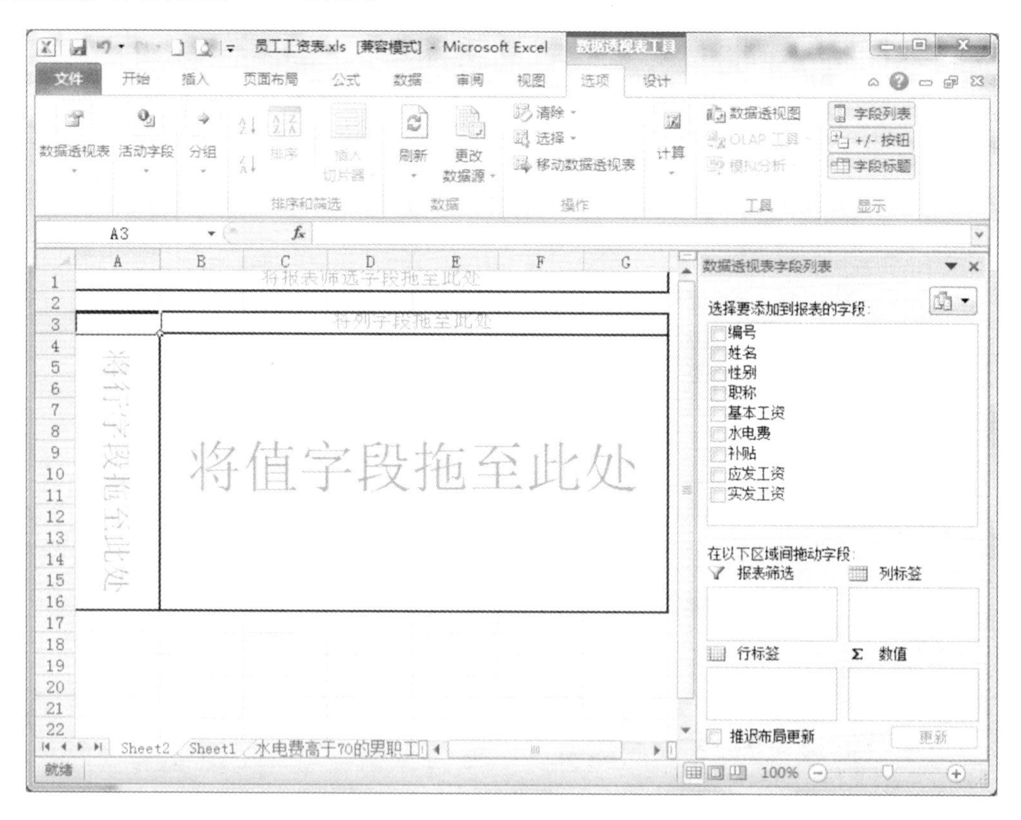

图 9-24 生成数据透视表

(5) 在右侧的任务窗格中,将字段列表中的【职称】字段拖动到左侧数据透视表中【行字段】位置,如图 9-25 所示。再将【性别】字段拖动到【列字段】位置,如图 9-26 所示。再将【姓名】字段拖动到【值字段】位置,如图 9-27 所示,完成数据透视表的制作。

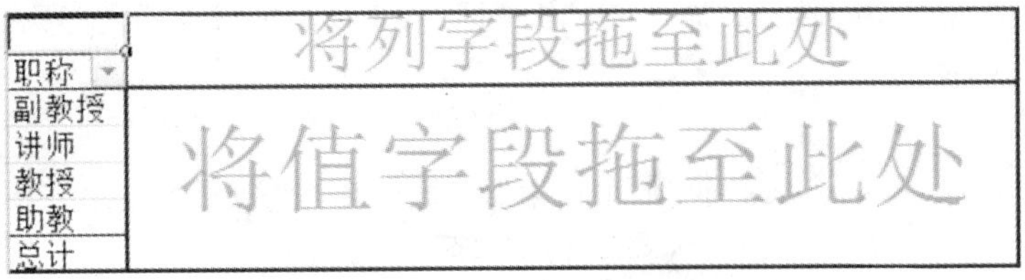

	将列字段拖至此处
职称	
副教授	将值字段拖至此处
讲师	
教授	
助教	
总计	

图 9－25　设置行字段

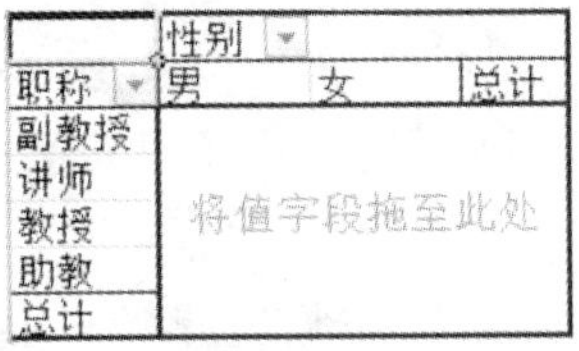

	性别		
职称	男	女	总计
副教授	将值字段拖至此处		
讲师			
教授			
助教			
总计			

图 9－26　设置列字段

计数项:姓名	性别		
职称	男	女	总计
副教授	7	3	10
讲师	2	6	8
教授	5		5
助教	2	5	7
总计	16	14	30

图 9－27　设置值字段

说明：值字段默认的统计方式是“计数项”，若要修改，则双击生成的数据透视表的左上角值字段 计数项:姓名 ，打开【值字段设置】对话框，进行设置即可。

(6) 查看某项数据时，只需单击字段的下拉列表，进行选择即可。如只筛选查看讲师的男女人数，只需单击【职称】字段右侧的下三角，在弹出的下拉菜单中，选择职称【讲师】，则可查看相应数据，如图 9－28 所示。若要恢复，只需单击下三角，在下拉菜单中，单击【全部显示】即可，如图 9－29 所示。

计数项:姓名	性别		
职称	男	女	总计
讲师	2	6	8
总计	2	6	8

图 9－28　筛选结果

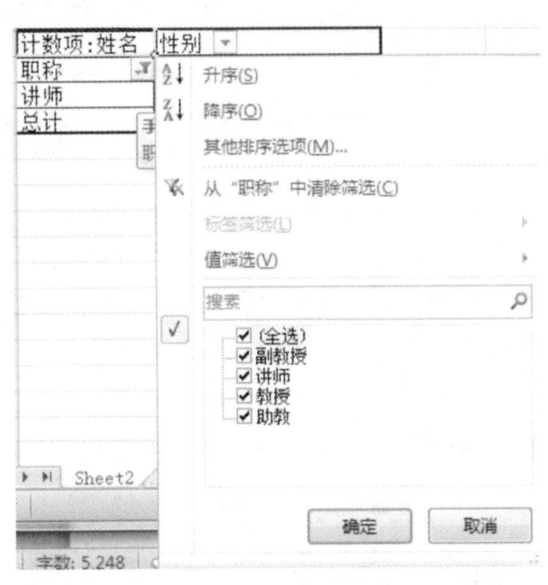

图 9－29　恢复全部数据

9.3 案例总结

本案例主要介绍了Excel的数据统计基本技能,包括排序、筛选、分类汇总、数据透视表/图,图表等。

(1) 使用分类汇总功能前,必须要对数据列表中需要分类汇总的字段进行排序,只有这样才能将关键字相同的数据排列在一起。

(2) 排序时,因为数据的整体性,要选中整张表格。

(3) 筛选分为自动筛选和高级筛选,自动筛选每次只能根据一个条件进行筛选;而高级筛选可同时根据多个条件进行筛选。

(4) 生成数据透视表/图时,一定要按照题意或实际需求,布局行字段、列字段、值字段和页字段,这样生成的透视表/图才有汇总和筛选的意义。

(5) 建立图表时,一定要选择必要的数据列,并且将其字段名一并选中。

数据的基本统计功能,实际应用范围很广。通过本案例的学习,读者还可以对成绩表、销售表等进行分析处理。

9.4 知识拓展

1. 数据透视表/图

数据透视表是一种对大量数据快速汇总和建立交叉列表的交互式表格。它不仅可以转换行和列来查看源数据的不同汇总结果、显示不同页面来筛选数据,还可以根据需要显示感兴趣区域的明细数据。数据透视表提供了一种以不同角度观看数据清单的简便方法。在进行布局时,各字段区域的用途如下:

(1) 行区域:此标志区域中按钮将作为数据透视表的行字段。

(2) 列区域:此标志区域中按钮将作为数据透视表的列字段。

(3) 数值区域:此标志区域中按钮将作为数据透视表的显示汇总的数据。

(4) 报表筛选区域:此标志区域中按钮将作为数据透视表的分页符。

2. 排序次序

Excel2010中具有默认的排序顺序,在按照升序排序数据时将使用下列排序次序。

(1) 文本:按汉字拼音的首字母进行排列。当第一个汉字相同时,则按第二个汉字拼音的首字母排列。

(2) 数据:从最小的负数到最大的正数进行排序。

(3) 日期:从最早的日期到最晚的日期进行排序。

(4) 逻辑:在逻辑值中,FLASE排在TRUE之前。

(5) 错误:所有错误值的优先级相同。

(6) 空白单元格:无论是按升序还是按降序排序,空白单元格总是放在最后。

9.5　实践训练

9.5.1　基本训练

1. 对饲料销售表进行数据统计

(1) 使用自动筛选功能筛选工作表中的“2009－5－6”，且将“订单金额”大于1500的记录显示出来。

(2) 使用排序功能按照工作表中的“饲料名称”列数据进行分组降序显示。

(3) 使用分类汇总功能在工作表中分别统计每位销售员的“订单金额”的总和，并将明细数据隐藏起来。

(4) 利用图表(三维簇状柱形图)查看每位销售员的销售业绩，以及各个销售员的业绩所占的比例。

(5) 按照发货日期和订货日期(筛选字段)生成数据透视表，查看各种饲料(行字段)的各位销售员(列字段)的订单金额(值字段)总和。

2. 对学生成绩表进行数据统计

(1) 使用IF函数计算学生的录取批次。计算方法：分数大于等于270为本科第一批；分数小于270但大于等于250为本科第二批；分数小于250但大于等于230为本科第三批；分数小于230但大于等于180为大专；分数小于180为不录取。

(2) 按总分由高到低进行排序。

(3) 筛选出英语成绩高于85分的人。

(4) 显示总分大于270分的女学生的记录。

(5) 统计英语在70分以上并且总分在270分以下的学生人数。

(6) 按籍贯分类统计出各个地方的学生的英语平均成绩。

(7) 用数据透视表统计各种地区的男女生人数。

(8) 用柱形图的形式画出总分前五名学生的成绩分布图。

9.5.2　能力训练

1. 对计算机等级考试报名情况登记表进行数据统计

(1) 启动Excel 2010软件，并在Sheet1工作表中输入如图9-30所示的内容。

(2) 在Sheet1工作表中用自动求和的方法计算“报名费合计”，并将结果放在F13单元格中。

(3) 复制Sheet1工作表3份，分别重命名为“数据透视表”、“分类汇总”和“筛选”，重命名后的工作表将合计行删除。

(4) 在Sheet1工作表中将“报名费”一列数据格式设置为货币型“￥”，且小数点后保留两位小数。

(5) 在Sheet1工作表中删除“学号”列。

(6) 在Sheet1工作表中隐藏“身份证号”列。

A	B	C	D	E	F
学号	姓名	身份证号	班级	报考科目	报名费
610101	王海	360123199209131092	10计算机应用	办公软件应用	250
610102	于国文	360877199212071234	10计算机应用	网页高级设计员	280
610103	余莉琳	360123199207110910	10电子技术	办公软件应用	250
610104	林国刚	360112199210121092	10电子技术	图像高级设计员	350
610105	王江荣	360992199204191021	10电子商务	办公软件应用	250
610106	吴键达	360117199209111933	10电子商务	网页高级设计员	280
610107	刘志新	360964199301231101	10电子商务	办公软件人员	250
610108	黄若翠	360263199305159808	10电子商务	办公软件人员	250
610109	周林伟	360876199111081022	10会展	网页高级设计员	280
610110	朱淑华	360879199110271017	10会展	图像高级设计员	350
610111	李胜展	360521199111251093	10电视制片	网页高级设计员	280
	合计				

图 9-30　报名情况登记表

(7) 在“数据透视表”工作表中选择 A1: E12 单元格,制作数据透视表。“班级”和“报考科目”为列字段,“姓名”为行字段,“报名费”为求和项,并设置只显示“10 计算机网络班”学生的报考数据。

(8) 在“分类汇总”工作表中制作以“班级”为分类字段,汇总方式为求和,以“报名费”为汇总项的分类汇总表,并将 3 级明细数据隐藏。

(9) 在“分类汇总”工作表中,选择“班级”、“报考科目”和“报名费”3 列数据创建“柱形棱锥图”图表。图表标题为“资格证书报考情况汇总表”,分类“X”轴为“类别”,分类“Z”轴为“金额”,并作为其中对象嵌入在 A21: I40 单元格中,然后将图表的值显示,并进行适当修改。

(10) 在“筛选”工作表中,筛选出“办公软件应用”的所有数据。

(11) 在 Sheet1 工作表中将 D2: D12 单元格名称定义为“报考科目信息”。

案例 10　制作新员工岗前培训演示文稿

10.1　案例分析

Microsoft PowerPoint 2010 是用于设计制作会议简报、专家报告、教师授课、产品演示、广告宣传等电子版幻灯片的软件，制作的演示文稿可以通过计算机屏幕或投影机播放。利用中文 PowerPoint 2010，能够制作出集文字、图形、图像、声音及视频剪辑等多媒体对象于一体的演示文稿，把所要表达的信息组织在一组图文并茂的画面中。

本案例通过新员工岗前培训演示文稿的制作，让同学们掌握相应的 Microsoft PowerPoint 2010 的使用方法及操作步骤，也可以触类旁通、举一反三应地用到实际 PPT 制作当中去。本案例学习后，学生可以掌握创建保存空演示文稿，利用主题、母版设置幻灯片统一风格，插入与编辑表格、插图、链接、文本、媒体剪辑等，设置动画效果，设置幻灯片放映效果。

10.1.1　任务提出

小孙即将毕业，受入职单位委托帮助培训老师整理制作岗前培训演示文稿。精心制作一份岗前培训演示文稿，为入职人员增加对公司信息掌握尤为重要。岗前培训内容包括：培训安排、公司历史、公司组织结构、公司政策福利等。

10.1.2　解决方案

本案例制作新员工岗前培训演示文稿，需要完成任务如下：

创建保存“新员工岗前培训”演示文稿；利用母版设置统一背景和填充色；插入与编辑“培训内容表”表格、插图（图片/剪贴画等）、链接、文本、媒体剪辑；设置动画效果；设置幻灯片放映效果。

本案例效果图如图 10－1 所示。

(a)

(b)

图 10－1　“新员工岗前培训”演示文稿

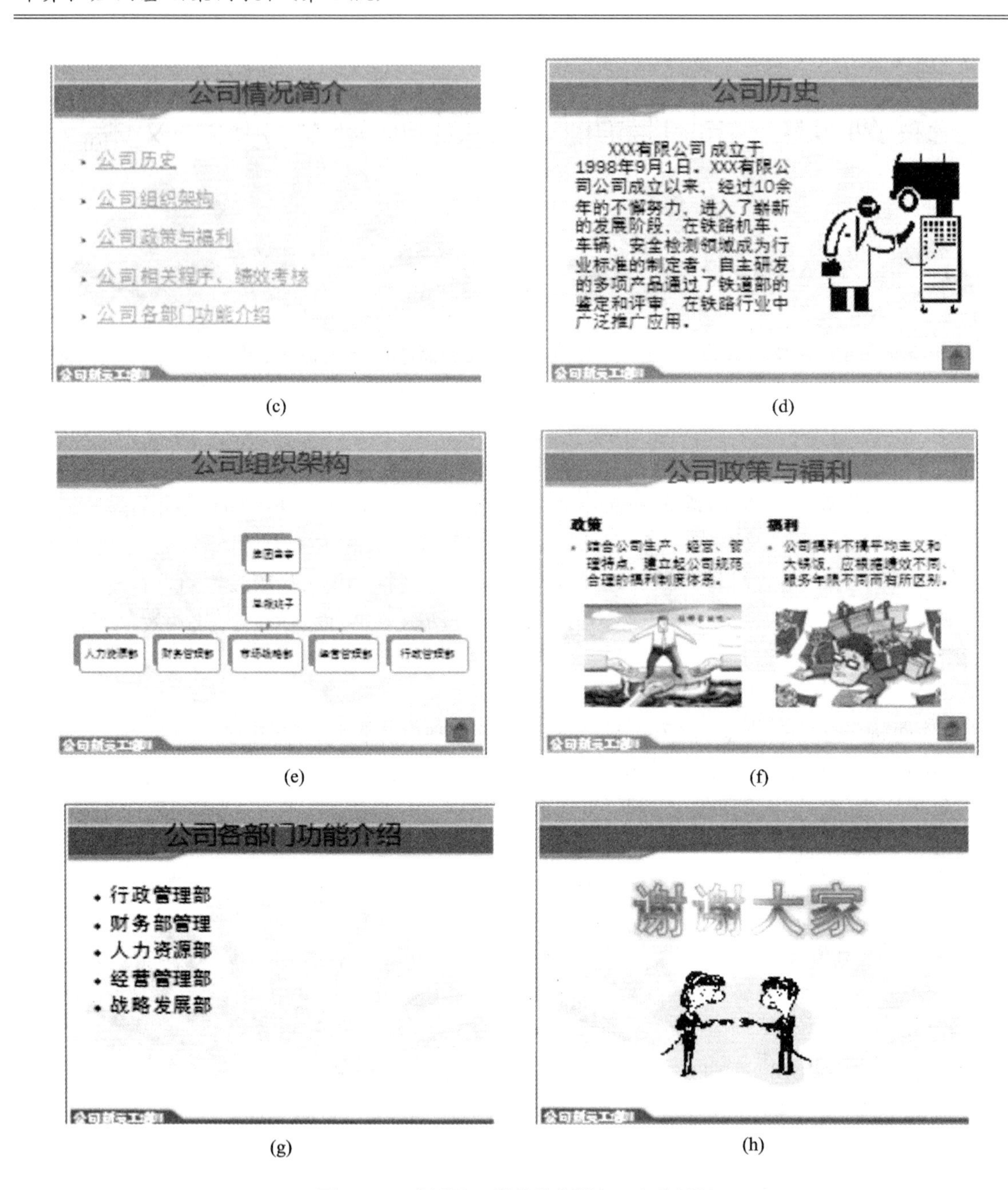

(c) (d)

(e) (f)

(g) (h)

图 10 - 1 “新员工岗前培训”演示文稿(续)

10.2 案例实现

制作新员工岗前培训演示文稿的主要步骤为：

(1)“封面”幻灯片制作。创建保存演示文稿，使用主题，使用母版等。

(2)“培训内容表”幻灯片制作。选择幻灯片版式、插入表格等。

(3) "培训内容"幻灯片制作。插入项目符号、超级链接、动作按钮、插图、文本、设置段落格式等。

(4) "感谢信息"幻灯片制作。插入艺术字感谢信息、剪贴画。

(5) 设置幻灯片动画效果。幻灯片自定义动画,幻灯片切换效果等。

(6) 设置幻灯片放映效果。

10.2.1 "封面"幻灯片制作

1. 创建保存空演示文稿

选择【开始】|【所有程序】|【Microsoft Office】,然后单击【Microsoft Office PowerPoint 2010】即可启动 PowerPoint 2010,并创建一个空白演示文稿,如图 10-2 所示。

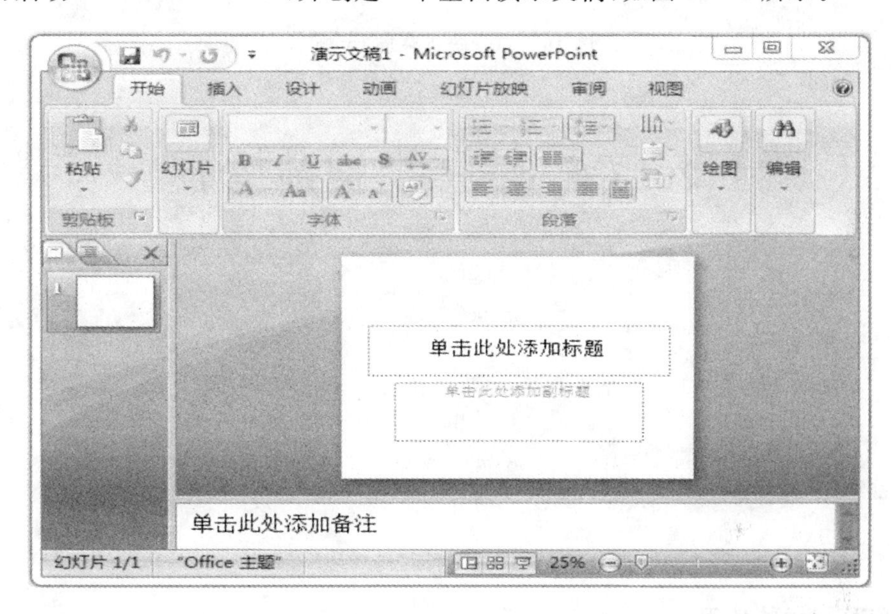

图 10-2　PowerPoint 工作界面

选择【文件】|【保存】,选择存储路径,单击【保存】即可。

2. "封面"的制作

(1) 设计幻灯片主题。在建立的空白演示文档中,选择【设计】,单击"暗香扑面"主题,即可将所有幻灯片设为"暗香扑面"主题模式,如图 10-3 所示。

说明:如果仅将主题应用于所选幻灯片,则右击相应主题,在弹出的下拉菜单中选择"应用于选定幻灯片"即可。

(2) "封面"内容的制作。一般空白演示文档第 1 张幻灯片是整个演示文档的标题,应选择"标题幻灯片"版式,如图 10-2 所示。

在【单击此处添加标题】占位符中输入"2013 第 2 期新员工岗前培训",在【单击此处添加副标题】占位符中输入"XXX 有限公司 2013-6-30 ",如图 10-4 所示。

说明:本案例所有输入文字可以从教材提供的素材中拷贝。

单击此处添加标题
单击此处添加副标题

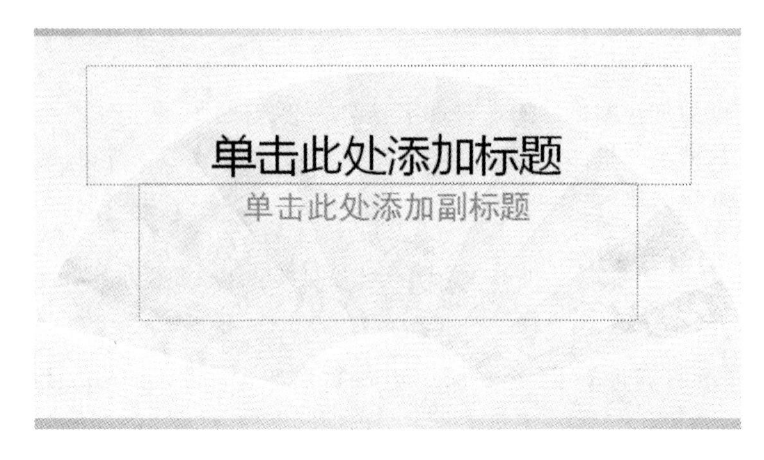

图 10－3 “暗香扑面”主题

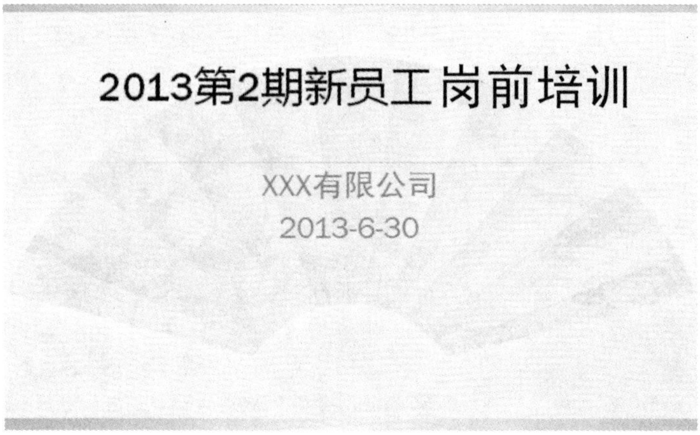

2013第2期新员工岗前培训
XXX有限公司
2013-6-30

图 10－4 “封面”幻灯片

3. 幻灯片母版的使用

在设计主题基础上可以使用幻灯片母版设计,使得幻灯片更美观,更友好。下面为“新员工岗前培训”演示文稿进行母版设计。最终母版效果如图 10－5 所示。

(1) 单击【视图】|【幻灯片母版】,如图 10－6 所示。出现【幻灯片母版】编辑页面,如图 10－7 所示。

(2) 插入两张图片。在【幻灯片母版】编辑页面中,选择第 1 张幻灯片母版,单击【插入】,选择【图片】,选择“母版顶图. png”,即可在模板中插入图片。以同样的方式插入“母版底图. png”,如图 10－8 所示。调整图片大小并移动图片位置到如图 10－9 所示。

(3) 插入左下部“公司新员工培训”。在【幻灯片母版】编辑页面中,单击【插入】,选择【文本框】|【横排文本框】,在左下角单击绘制文本框并输入文本:公司新员工培训,字体格式为:颜色,白色;字体,黑体;字号,20;加粗。

完成母版的设计,最终效果如图 10－5 所示。关闭母版视图,返回到幻灯片编辑页面。即完成了“封面”幻灯片的制作,如图 10－10 所示。

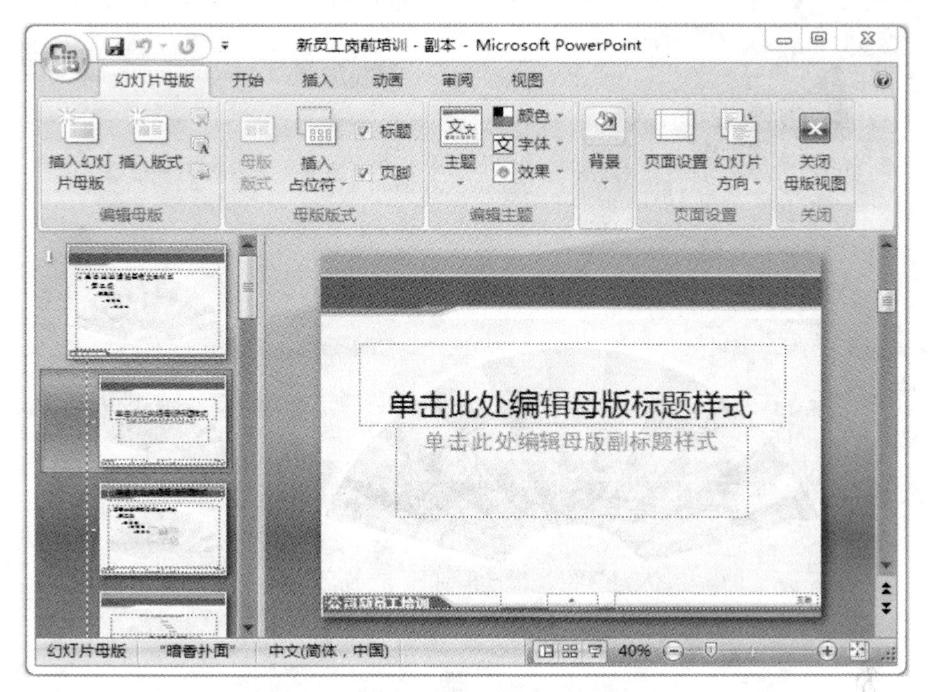

图 10－5　母版最终效果

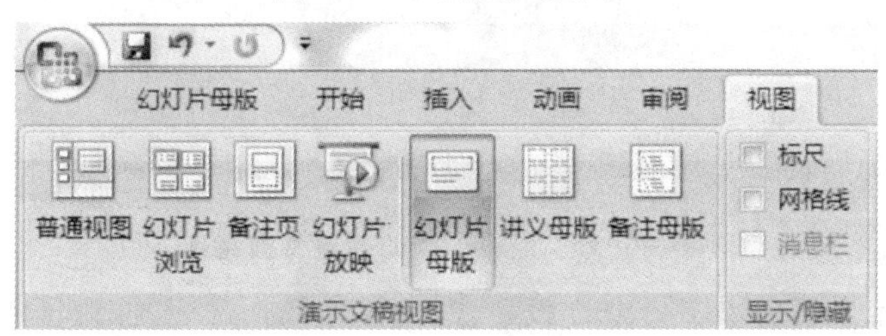

图 10－6　幻灯片母版

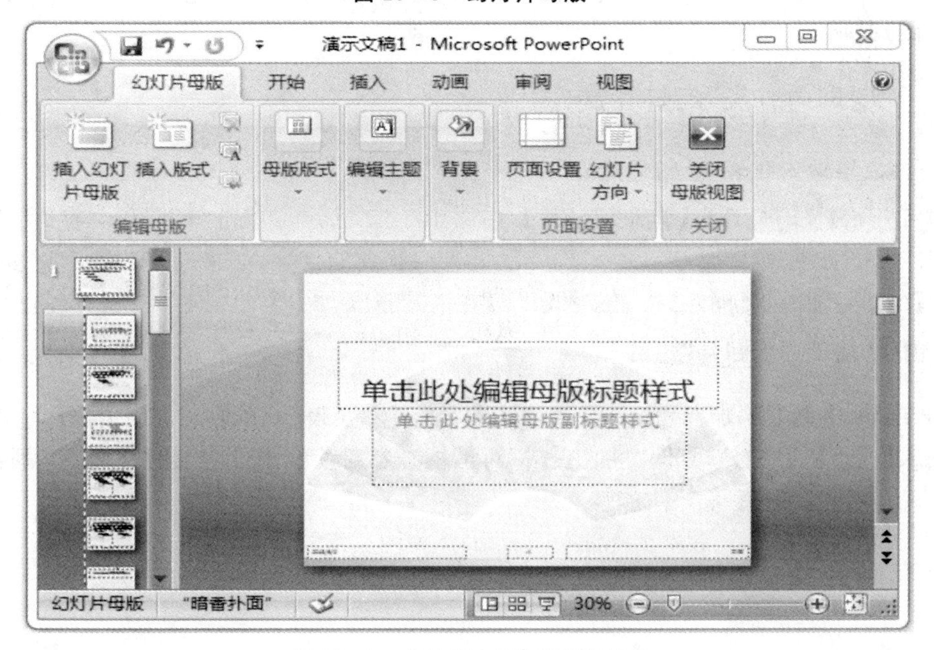

图 10－7　【幻灯片母版】编辑页面

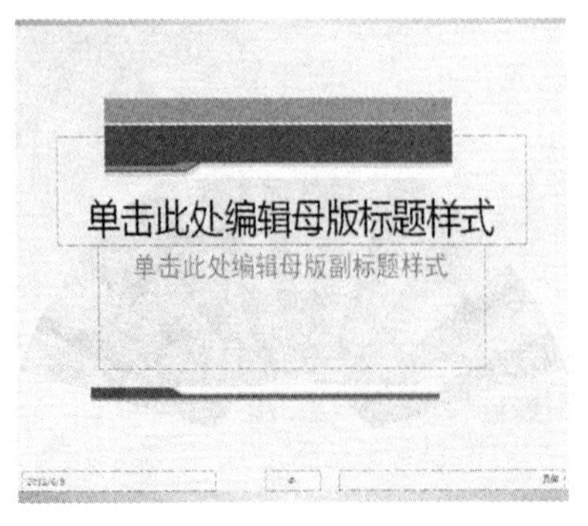

图10-8 插入图片

图10-9 调整图片

图10-10 “封面”幻灯片最终效果图

说明：每个演示文稿提供了一个母版集合，包括幻灯片母版、标题母版、讲义母版、备注母版。幻灯片母版中，可以为标题版式、标题和内容版式等单独设计母版。母版设计修改好后，即在【设计】主题中显示。

10.2.2 “培训内容表”幻灯片制作

1. 插入“培训内容表”新幻灯片

选择【开始】|【幻灯片】|【新建幻灯片】，如图10-11所示。单击“标题和内容”项即可添加新幻灯片板式，如图10-12所示。操作一次插入一张新幻灯片，如果幻灯片插入过多，可选择【开始】|【幻灯片】中的【删除】按钮或按【Del】键将其删除。

2. 制作“培训内容目录”幻灯片

(1) 在“单击此处添加标题”占位符中输入“培训内容表”。单击幻灯片中的 图标(或选择【插入】|【表格】按钮)，打开“插入表格”对话框。在对话框中设置“行数”为7，“列数”为5，如图10-13所示，单击【确定】按钮。

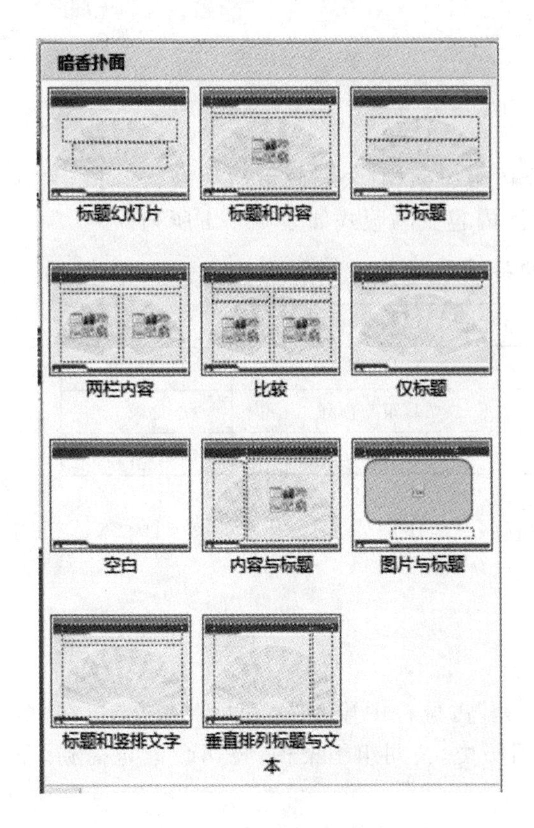

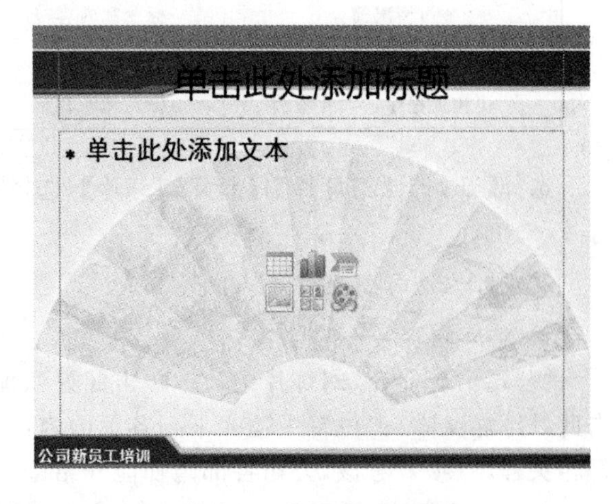

图 10 - 11　幻灯片版式　　　　图 10 - 12　标题和内容版式

(2) 按照样例输入文本内容，将表头文字设置为宋体、24 号、加粗、居中、绿色，表格中其他的文字设置为宋体、20 号、加粗、居中、绿色，表格编辑与 Word 中相同，完成“培训内容表”幻灯片的制作，如图 10 - 14 所示。

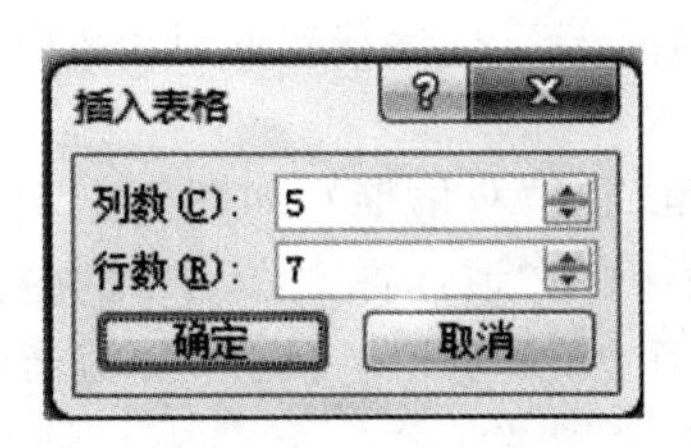

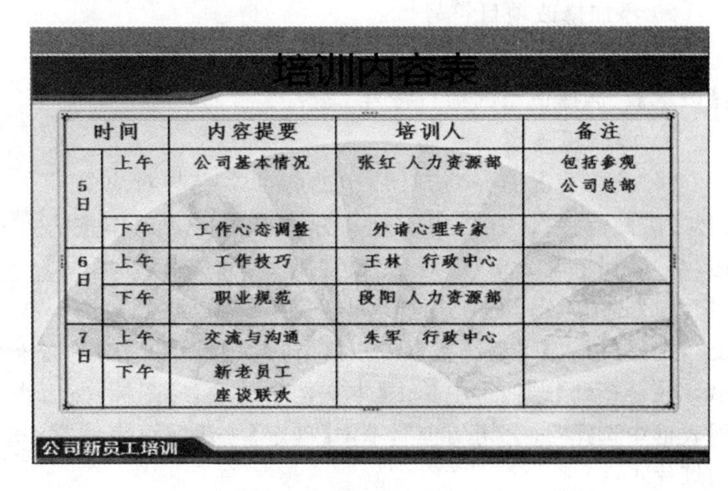

培训内容表

时间		内容提要	培训人	备注
5日	上午	公司基本情况	张红　人力资源部	包括参观公司总部
	下午	工作心态调整	外请心理专家	
6日	上午	工作技巧	王林　行政中心	
	下午	职业规范	段阳　人力资源部	
7日	上午	交流与沟通	朱军　行政中心	
	下午	新老员工座谈联欢		

图 10 - 13　幻灯片插入表格　　　　图 10 - 14　“培训内容表”幻灯片

说明：幻灯片版式是由软件设计好的不同的“占位符”组成，包括：标题、标题和内容、节标题、两栏内容等 11 种版式组成，可以根据实际需要选择相应的幻灯片版式来插入幻灯片。

10.2.3 “培训内容”幻灯片制作

1. 插入“培训内容”新幻灯片

培训内容页包括：公司情况简介、公司历史、公司组织架构、公司政策与福利、公司相关程序与绩效考核、公司各部门功能介绍等 6 张幻灯片。内容页的版式如表 10－1 所列。

表 10－1　内容页与版式

内容页	幻灯片版式	内容页	版　式
公司情况简介	标题和内容	公司历史	两栏内容
公司组织架构	标题和内容	公司政策与福利	比较
公司相关程序与绩效考核	标题和内容	公司各部门功能介绍	标题和内容

选择【开始】|【幻灯片】|【新建幻灯片】，选择相应版式，分别建立以上 6 张培训内容页新幻灯片。

2. 制作“公司情况简介”幻灯片

1）输入内容

“公司情况简介”幻灯片中，在“单击此处添加标题”占位符中输入“公司情况简介”。在“单击此处添加文本”占位符中输入下列各项内容：公司历史，公司组织架构，公司政策与福利，公司相关程序、绩效考核，公司各部门功能介绍 。

选中所有“公司情况简介”内容并右击选择【段落】，选择 1.5 倍行距，使得内容间距合理美观，如图 10－15 所示。

说明：可以通过字体、段前段后、行间距调节相应内容的间距，使得幻灯片达到最优视觉效果。

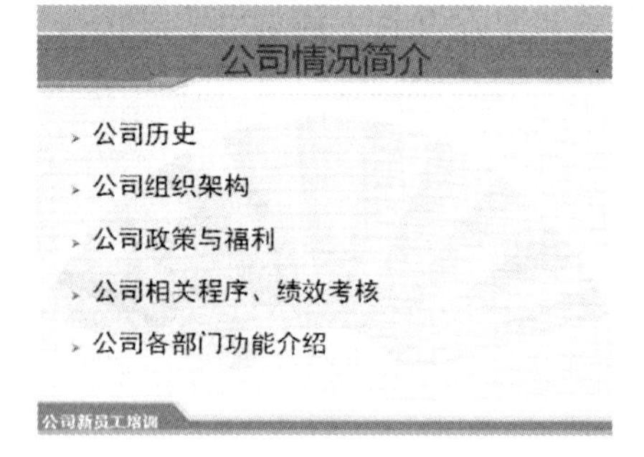

图 10－15　“公司情况简介”幻灯片

2）添加修改项目符号

选中“公司情况简介”幻灯片项目内容，选择【开始】|【段落】|，选择适当的项目符号。

3）添加超链接

将“公司情况简介”幻灯片中的各项文字与对应的幻灯片“超链接”。在各项幻灯片标题右侧插入动作按钮，与“公司情况介绍”幻灯片“超链接”。

（1）选中“公司情况简介”幻灯片中的项目“公司历史”，选择【插入】|【超链接】(或按【Ctrl＋K】组合键打开“插入超链接”对话框)，如图 10－16 所示，在【链接到】选项组中单击【本文档中的位置】图标，然后在右侧的“请选择文本当中的位置”列表框中选择“4. 公司历史”，单击【确定】按钮即可完成“公司历史”文字超链接到“公司历史”幻灯片。

用同样的方法完成“公司组织架构”、“公司政策与福利”、“公司相关程序、绩效考核”、“公司各部门功能介绍”的超链接设置，最终效果如图 10－17 所示。

说明：添加超链接后，文字下方会出现下画线，在放映时当鼠标指针移动到对象上后，它会变成手的形状并出现提示文字。单击后会放映链接的幻灯片。对文本框、图片等对象也能

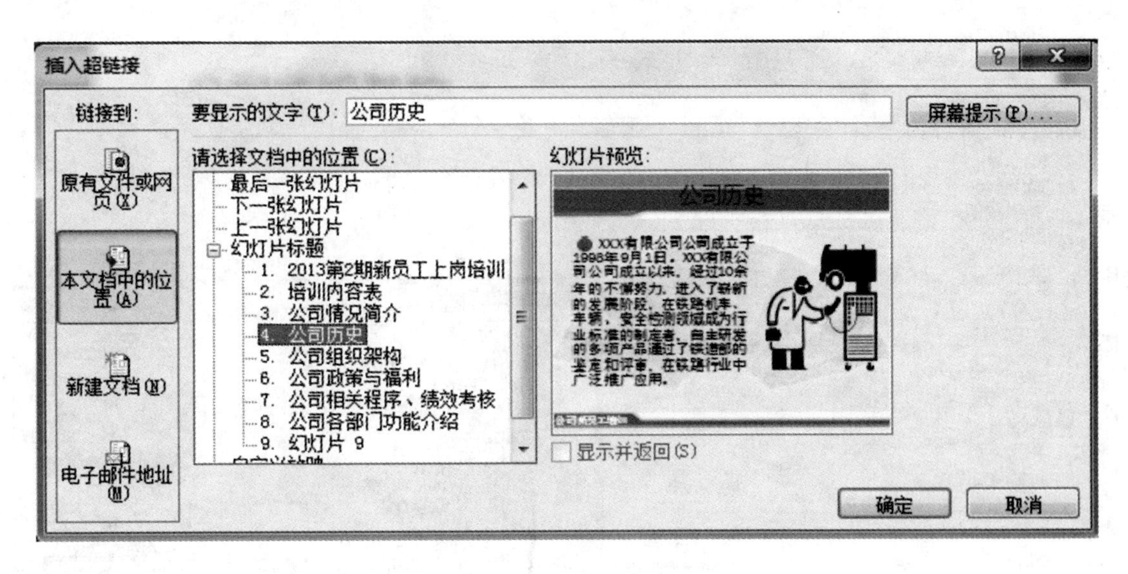

图 10-16　插入超链接

设置超链接,只是外观不会有变化。

(2) 选择"公司历史"幻灯片,选择【插入】|【形状】|【动作按钮】,如图 10-18 所示。选择动作按钮：第一张。此时鼠标指针变成十字叉形,然后在幻灯片中的适当位置拖出动作按钮,并打开【动作设置】对话框,选择"超链接到"列表框中的"幻灯片",如图 10-19 所示。在弹出的【超链接到幻灯片】的对话框中选择"公司情况简介",如图 10-20 所示。单击【确定】按钮,完成"公司历史"幻灯片到"公司情况简介"幻灯片的链接。

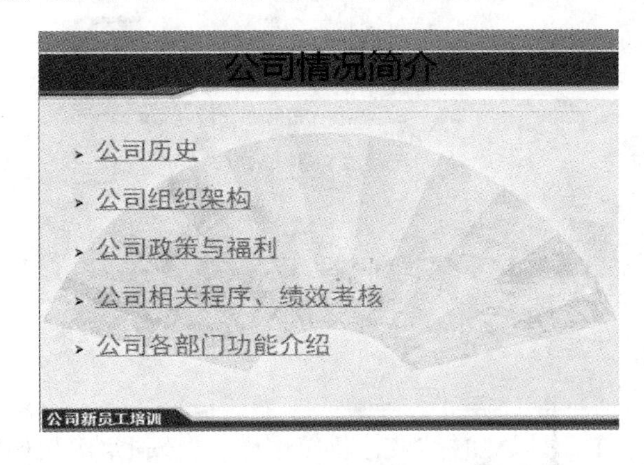

图 10-17　"公司情况简介"幻灯片效果

图 10-18　动作按钮

用同样的方法完成"公司组织架构"、"公司政策与福利"、"公司相关程序、绩效考核"、"公司各部门功能介绍"幻灯片动作按钮超链接到"公司情况简介"幻灯片。

3. 制作"公司历史"幻灯片

(1) 选择"公司历史"幻灯片,如图 10-21 所示。在"单击此处添加标题"占位符中输入"公司历史",在左侧"单击此处添加文本"占位符中输入"XXX 有限公司……"等内容。

(2) 在右侧"单击此处添加文本"占位符中单击"插入来自文件的图片"按钮,选择"公司历史.png"图片,适当调整图片位置。完成"公司历史"幻灯片制作,如图 10-22 所示。

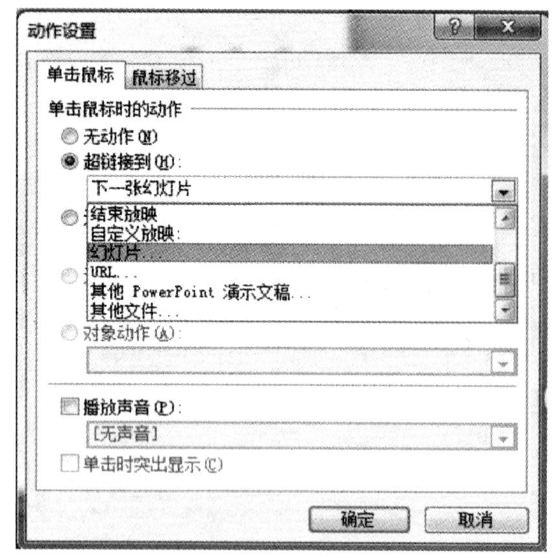

图 10-19　动作设置

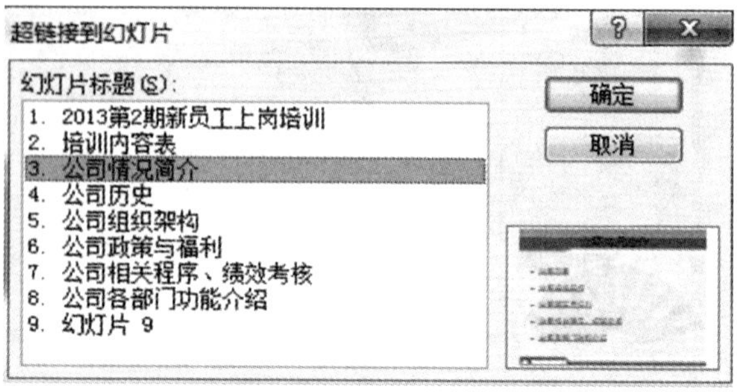

图 10-20　超链接到幻灯片

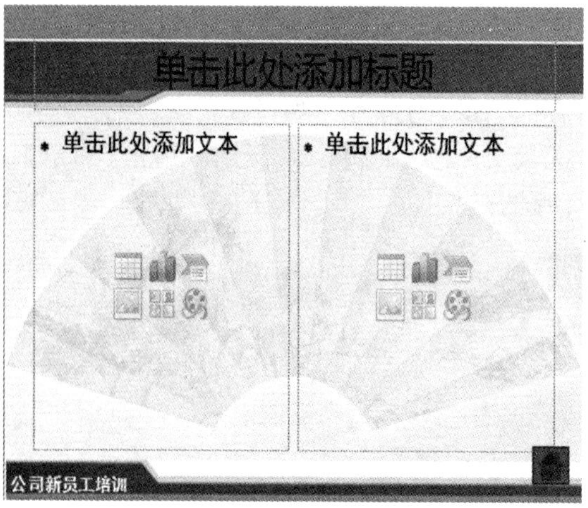

图 10-21　"公司历史"幻灯片版式

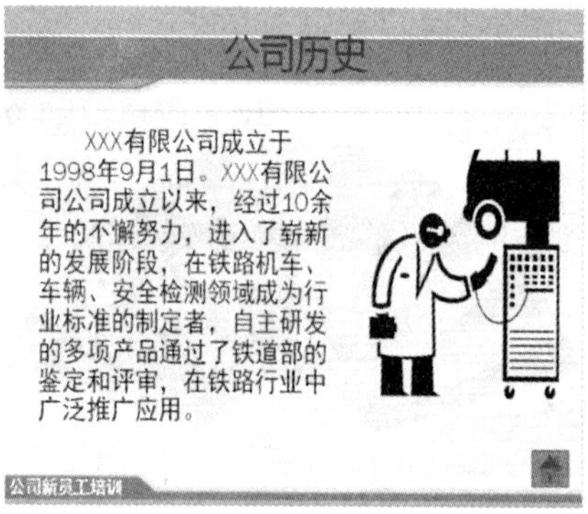

图 10-22　"公司历史"幻灯片最终效果

4. 制作"公司组织架构"幻灯片

(1) 选择"公司组织架构"幻灯片,在"单击此处添加标题"占位符中输入"公司组织架构"。

(2) 在"单击此处添加文本"占位符中,单击"插入 SmartArt 图形"按钮。选择"层次结构"中的组织结构图或者层次结构图,如图 10-23 所示。

在"文本窗格"中选择第 1 节点输入"集团董事",选择第 2 个节点输入"总裁班子",选择第 3 个节点输入"人力资源部",第 4 个节点"财务管理部",第 5 个节点输入"市场战略部",并右键选择【降级】,如图 10-24 所示。第 6 个节点输入"经营管理部",第 7 个节点输入"行政管理部"。最终如图 10-25 所示。

说明:通过以下 4 种添加形状——在前面添加形状、在后面添加形状、在上方添加形状、在下方添加形状,可以为当前节点添加同级的前面后面添加节点,上级和下级添加节点。

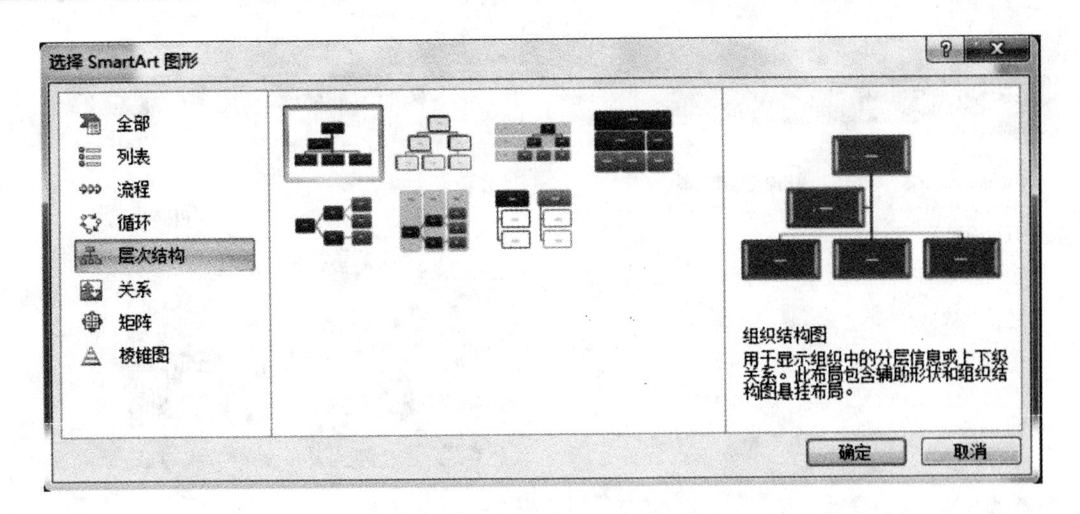

图 10－23　选择 SmartArt 图形

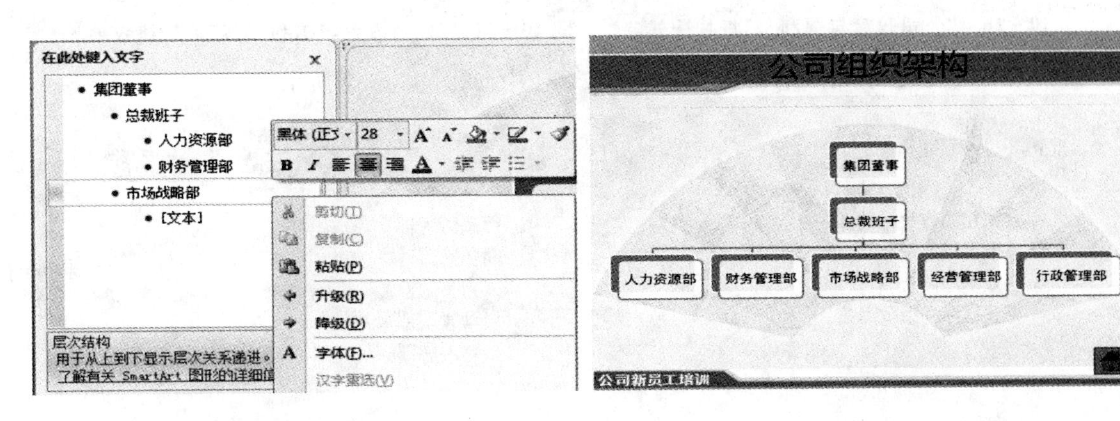

图 10－24　文本窗格

图 10－25　“公司组织架构”最终效果

5. 制作“公司政策与福利”幻灯片

(1) 选择“公司政策与福利”幻灯片，如图 10－26 所示。在“单击此处添加标题”占位符中输入“公司政策与福利”，在左上“单击此处添加文本”占位符中输入“政策”，左下“单击此处添加文本”占位符中输入“结合公司生产……”等文本。在右上“单击此处添加文本”占位符中输入“福利”，右下“单击此处添加文本”占位符中输入“公司福利不搞……”等文本。

(2) 光标定位在左下框内，单击【插入】|【图片】，选择“政策.jpg”。光标定位在右下框内，单击【插入】|【图片】，选择“福利.jpg”。调节图片大小，完成“公司政策与福利”幻灯片制作，如图 10－27 所示。

6. 制作“公司相关程序、绩效考核”幻灯片

“公司相关程序、绩效考核”幻灯片中，在“单击此处添加标题”占位符中输入“公司相关程序、绩效考核”，在“单击此处添加文本”占位符中输入下列各项内容：公司绩效考评的形式、绩效考核原则、绩效考核方法、相关程序、绩效考核。

选中所有“公司相关程序、绩效考核”内容并右击选择【段落】，选择 1.5 倍行距，使得内容间距合理美观。完成“公司相关程序、绩效考核”幻灯片，如图 10－28 所示。

单击此处添加标题
单击此处添加文本
• 单击此处添加文本
单击此处添加文本
• 单击此处添加文本
公司新员工培训

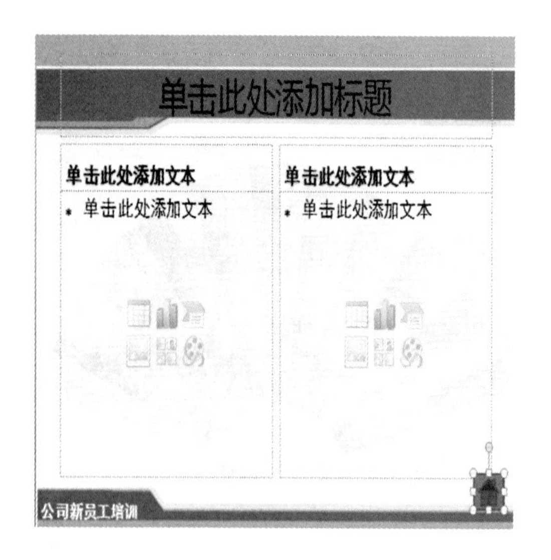

图 10－26 “公司政策与福利”幻灯片版式

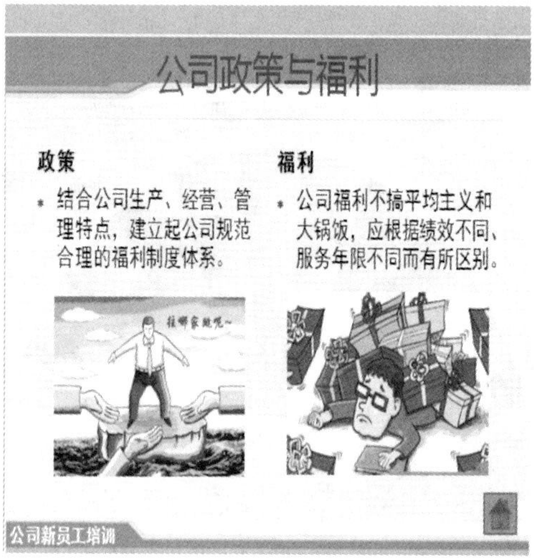

公司政策与福利
政策
• 结合公司生产、经营、管理特点，建立起公司规范合理的福利制度体系。
福利
• 公司福利不搞平均主义和大锅饭，应根据绩效不同、服务年限不同而有所区别。
公司新员工培训

图 10－27 “公司政策与福利”幻灯片最终效果

用相同的方法完成“公司各部门功能介绍”幻灯片，如图 10－29 所示。

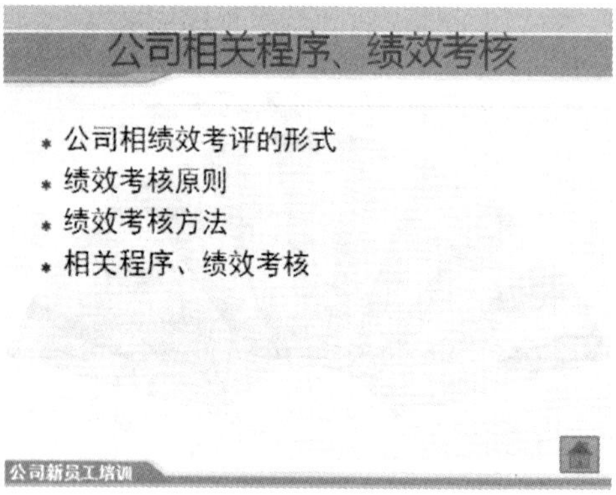

公司相关程序、绩效考核
• 公司相绩效考评的形式
• 绩效考核原则
• 绩效考核方法
• 相关程序、绩效考核
公司新员工培训

图 10－28 “公司相关程序、绩效考核”幻灯片

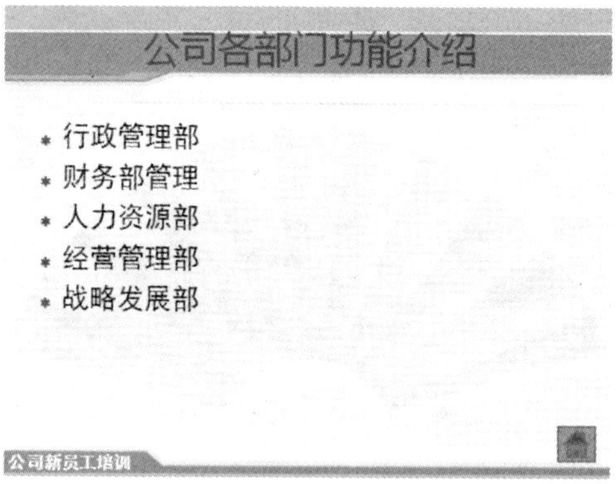

公司各部门功能介绍
• 行政管理部
• 财务部管理
• 人力资源部
• 经营管理部
• 战略发展部
公司新员工培训

图 10－29 “公司各部门功能介绍”幻灯片

10.2.4 “感谢信息”幻灯片制作

(1) 单击【开始】|【幻灯片】|【新建幻灯片】，单击“标题和内容”项即可添加“培训感谢信息页”新幻灯片。

(2) 插入艺术字。在“单击此处添加文本”占位符中插入艺术字“谢谢大家”。单击【插入】|【艺术字】，如图 10－30 所示，弹出输入框如图 10－31 所示，输入文字“谢谢大家!”。

文本框
页眉和页脚
艺术字
日期和时间
幻灯片编号
符号
对象
文本

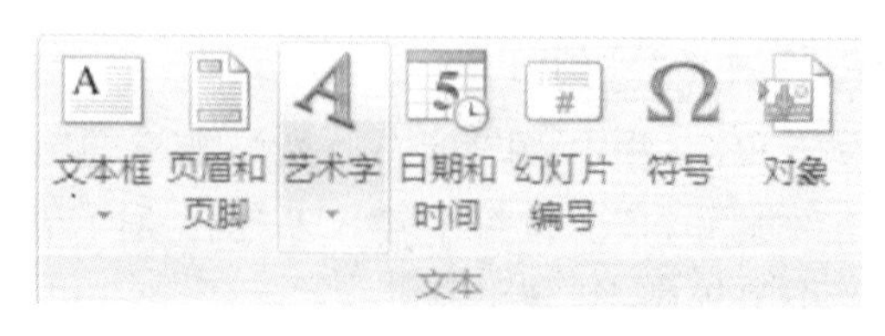

图 10－30 艺术字

请在此键入您自己的内容

图 10－31　插入艺术字内容

(3) 插入剪贴画。单击【插入】|【剪贴画】,在剪贴画搜索文字中输入文字“联系”,单击【搜索】按钮,如图 10－32 所示。单击相应图片即可插入剪贴画。

说明：艺术字和剪贴画的编辑与 Word 中相同,在 PowerPoint 中完成艺术字的样式、形状样式等操作及其剪贴画图片样式操作,使得效果符合演示文稿需要。

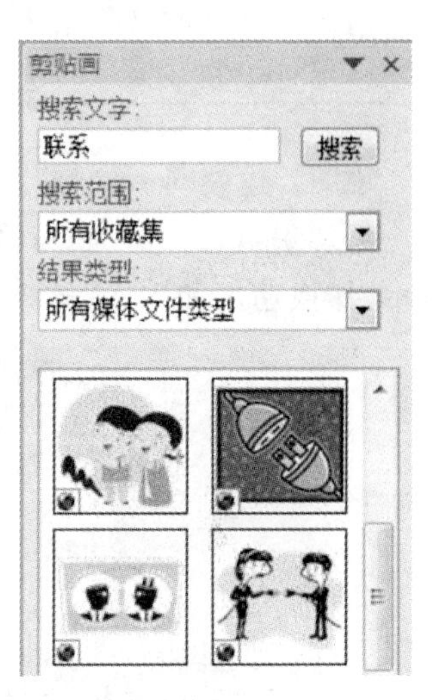

图 10－32　插入剪贴画

10.2.5　设置幻灯片动画效果

幻灯片动画效果主要包括幻灯片切换效果和自定义动画效果。“幻灯片切换”是对幻灯片预设的动画设置。为了使演示文稿更生动,我们将用“自定义动画”对幻灯片内容进行动画设置,使演示文稿在播放时形式丰富多彩。

1. 幻灯片切换效果

选择需要添加幻灯片切换的幻灯片,单击【动画】|【切换到此幻灯片】,单击相应切换效果,或者单击下拉菜单,如图 10－33 所示,单击【切换效果】即可为幻灯片添加切换效果。幻灯片切换包括淡出和溶解、擦除、推进和覆盖、条纹和横纹、随机等切换效果。

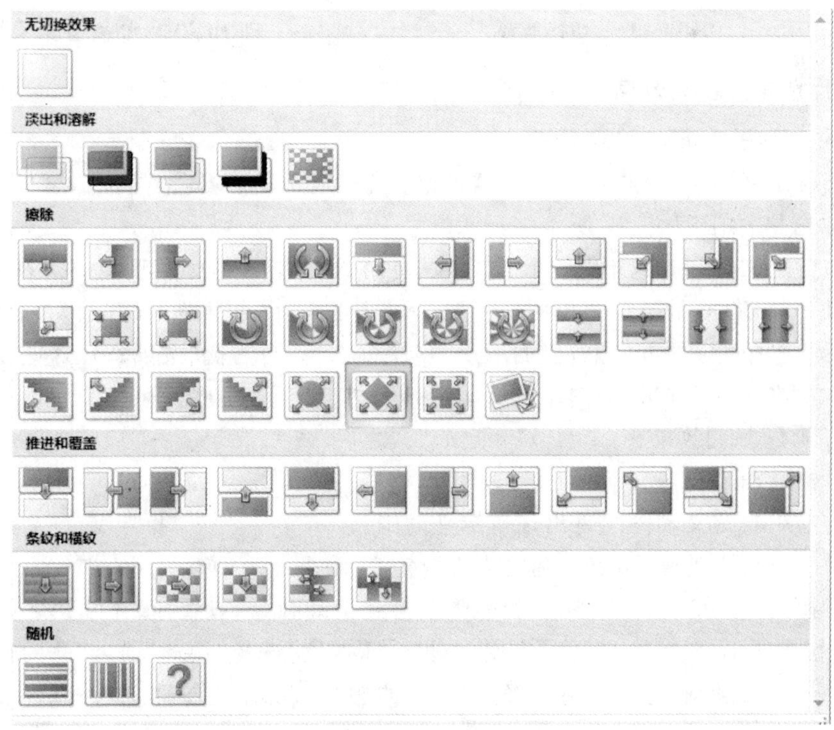

图 10－33　切换效果

按以上方法为“新员工岗前培训”演示文稿各幻灯片添加切换效果,切换效果如表10-2所列。

表10-2 切换效果

内容页	切换效果	内容页	切换效果
封面页	溶解	培训感谢信息页	向下揭开
公司情况简介	溶解	公司历史	向左擦除
公司组织架构	向左擦除	公司政策与福利	菱形
公司相关程序与绩效考核	菱形	公司各部门功能介绍	向下揭开

说明:建议同一幻灯片中,切换效果不宜过多,避免本末倒置。

添加幻灯片效果时,可选择切换声音、切换速度、全部应用等效果。切换声音如图10-34所示,切换速度如图10-35所示。

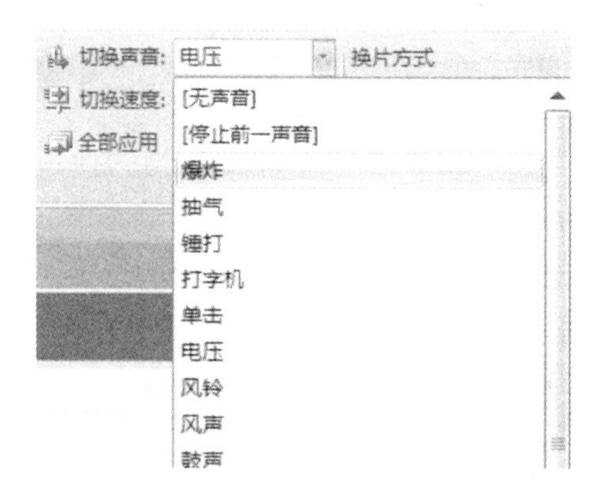

图10-34 切换声音

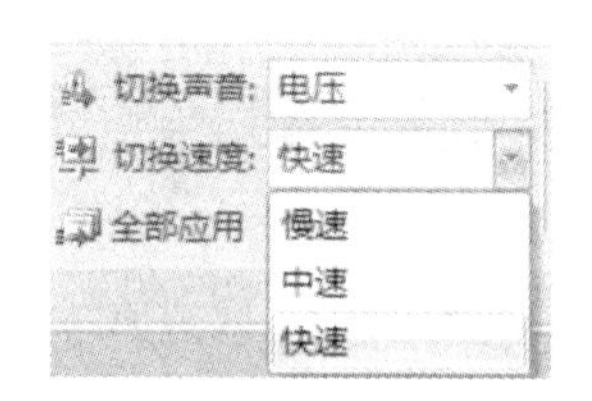

图10-35 切换速度

2. 幻灯片自定义动画效果

1)“封面”幻灯片自定义动画设置

(1)打开自定义动画任务窗格。单击【动画】|【自定义动画】,如图10-36所示。打开自定义动画任务窗格,如图10-37所示。

(2)添加自定义动画。选中“封面”幻灯片中的标题“2013第2期新员工上岗培训”,单击【添加效果】按钮,在打开的下拉菜单中执行【进入】|【飞入】命令。单击【开始】右侧的下三角按钮,选择“之后”选项;单击【方向】右侧的下三角按钮,选择“自右侧”选项;单击【速度】右侧的下三角按钮,选择“非常快”选项,如图10-38所示,完成自定义动画的设置。

自定义动画【开始】效果有:“单击”、“之前”、“之后”。

单击:单击后出现自定义动画。

之前:与前一自定义动画同时出现自定义动画。

之后:前一自定义动画出现后,随之出现自定义动画。

说明:切换到本幻灯片之后,添加的第1个自定义动画,一般选择【开始】“之后”或“之前”项,即幻灯片切换之后,随后或者同时出现本对象。【速度】选择“快速”或者“非常快”。

(3)添加自定义动画。选中“封面”幻灯片中的题“XXX有限公司2013—6—30”,添加【进

入】|【飞入】效果。【开始】为"之前",【方向】为"自右侧",【速度】为"快速",完成"封面"幻灯片的自定义动画效果。

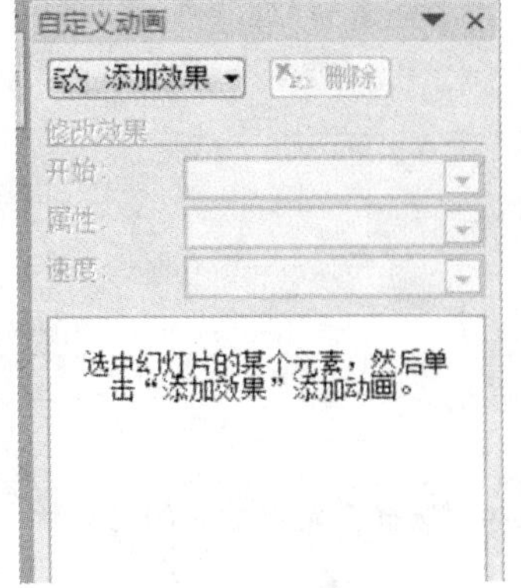
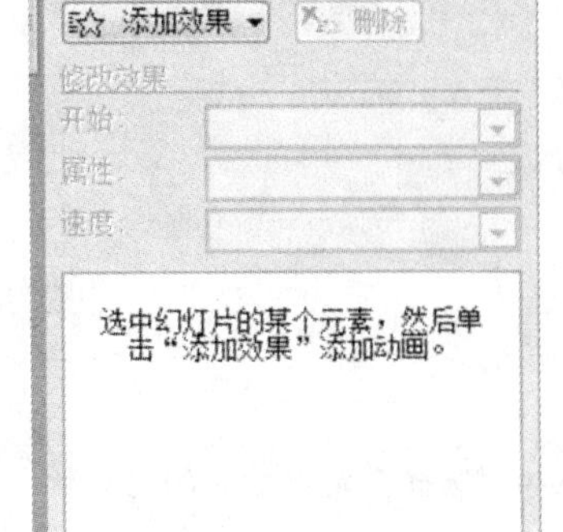

图 10-36 自定义动画　　图 10-37 自定义动画任务窗格　　图 10-38 自定义动画效果

(4) 删除自定义动画。在自定义任务窗格中,选择自定义动画,单击【删除】按钮即可。

2) 其他幻灯片自定义动画设置

添加自定义效果的对象可以是:文本框、图片、按钮等幻灯片中的对象。利用"封面"幻灯片添加自定义动画的方法,参考样例,可为其他幻灯片设置自定义动画。

10.2.6 设置幻灯片的放映与打印

1. 演示文稿的放映

单击【幻灯片放映】/【开始放映幻灯片】,或者单击右下角的放映按钮。可以从头开始播放幻灯片,也可以从当前位置开始播放幻灯片。

还可以对放映进行一定的设置:

(1) 自定义放映:选择【幻灯片放映】|【开始放映幻灯片】|【自定义幻灯片放映】|【自定义放映】,如图 10-39 所示,单击【新建】按钮。

可以从左边的【在演示文稿中的幻灯片】中选择要自定义放映的幻灯片,单击【添加】按钮到【在自定义放映中的幻灯片】中并为幻灯片放映命名。可以根据需要重新排列幻灯片的顺序,单击【确定】即可,如图 10-40 所示。如果要修改自定义放映,单击【编辑】进行修改。做好后,单击【放映】即可,如图 10-39 所示。

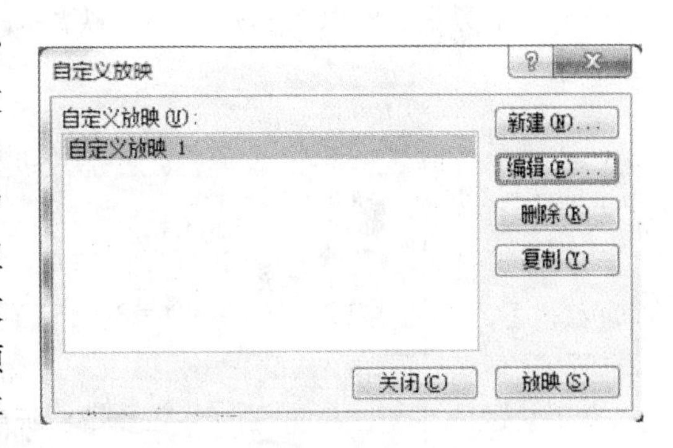

图 10-39 自定义放映对话框

(2) 设置放映时间:选择要设置的幻灯片,打开【幻灯片切换】|【换片方式】|【每隔】,输入时间间隔,可以将这种设置【应用于所有幻灯片】,如图 10-41 所示。

如果要按照自己的需要设置幻灯片的放映时间,就需要排练放映时间。如图 10-42 和图 10-43,选择【幻灯片放映】|【排练计时】,在弹出的【预演】对话框中进行设置,则 PowerPoint 会记录设置的幻灯片放映的各种参数,全部放映完后,会进行询问是否采用此次排练。

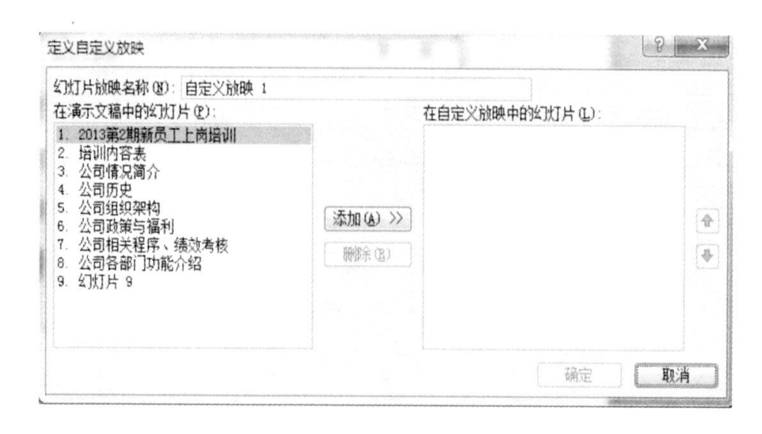

图 10－40　选择自定义放映的幻灯片

图 10－41　设置放映的时间

图 10－42　语言对话框

图 10－43　询问信息

(3) 录制旁白：可以为幻灯片的放映添加语音。选择【幻灯片放映】|【录制旁白】，如图 10－44 所示。

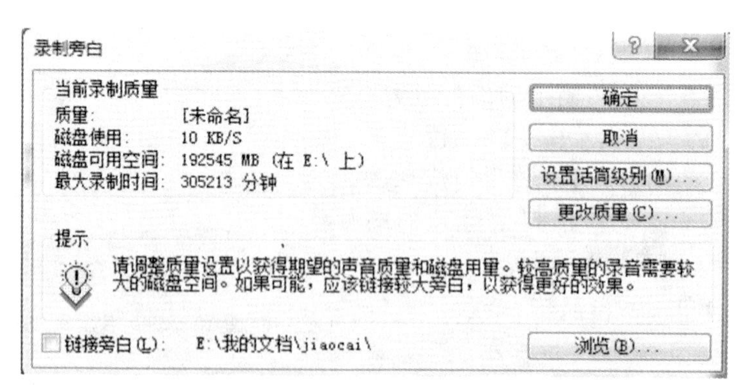

图 10－44　录制旁白对话框

2. 演示文稿的打印

单击【文件】|【打印】，在【打印】对话框中可以进行打印设置。

打印前，可以对幻灯片的页面进行相应的设置：单击【设计】|【页面设置】，在【页面设置】

对话框中设置。

3. 演示文稿的网上发布

单击【文件】|【另存为】，在【另存为】对话框中进行设置，如图 10-45 所示。

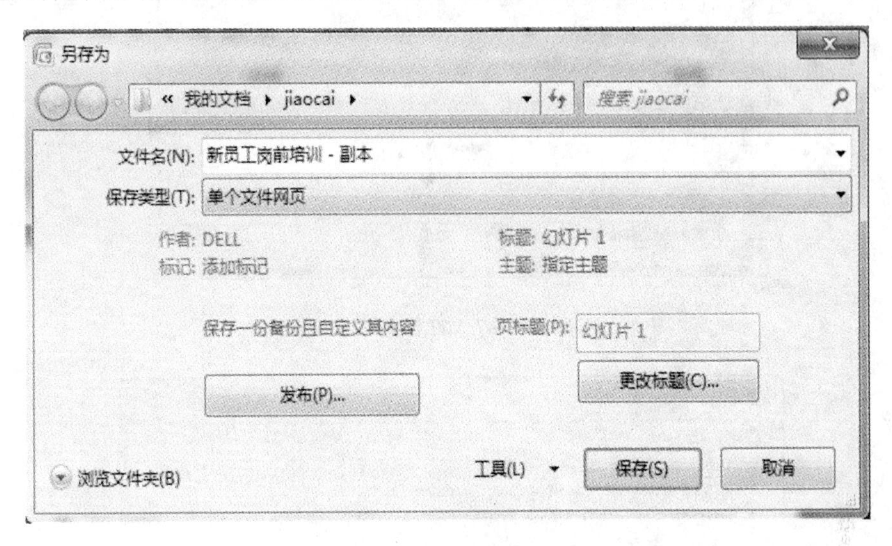

图 10-45　设置网上发布

在【文件名】中输入文件的名称，【保存类型】选择“单个文件网页”，【更改标题】设置新的【页标题】。然后单击【确定】，再单击【发布】，在【发布为网页】中设置发布的相应参数，最后单击【发布】即可，图 10-46 所示。

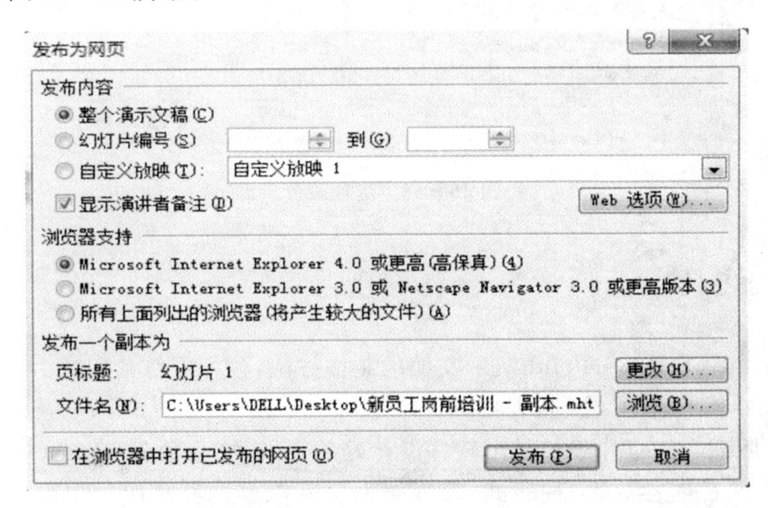

图 10-46　发布为网页对话框

4. 演示文稿的打包

选择【文件】|【保存并发送】|【将演示文稿打包成 CD】，在【打包成 CD】对话框中设置，如图 10-48 所示。

单击【选项】，在【选项】对话框中作相应的设置，如图 10-48 所示。然后在【打包成 CD】中单击【复制到文件夹】或【复制到 CD】，完成打包。

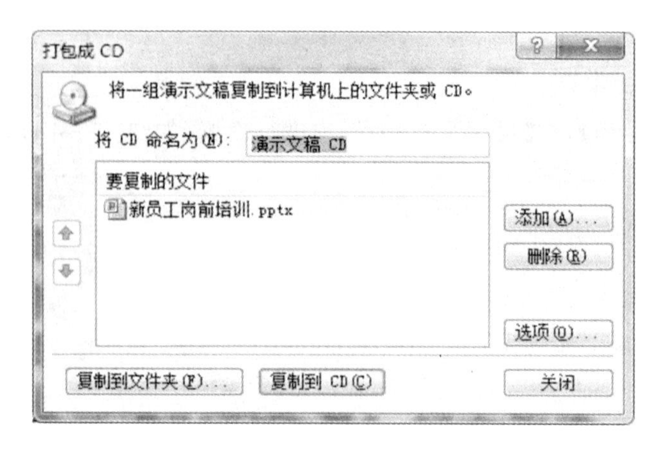

图 10-47　打包对话框

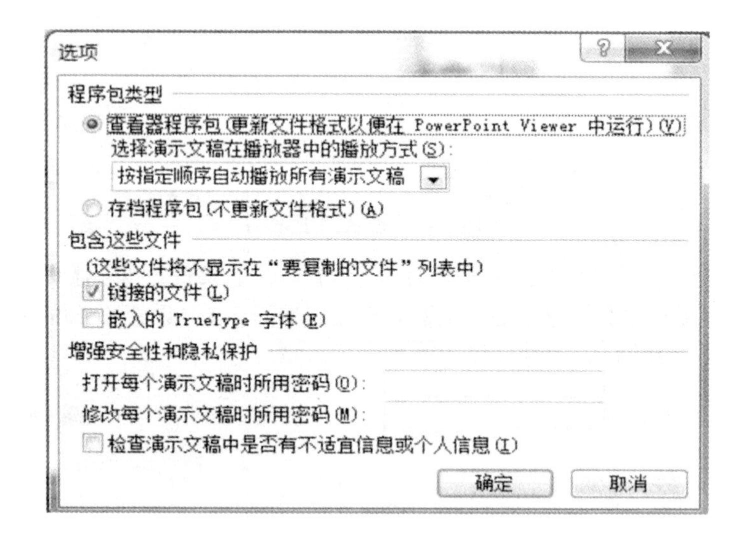

图 10-48　选项设置

10.3　案例总结

本案例主要介绍了 PowerPoint 演示文档的制作方法，包括幻灯片版式、主题母版、动画效果、放映效果、文本格式、图片处理、表格等。

(1) 幻灯片版式。幻灯片版式是由软件设计好的不同的“占位符”组成，包括：标题、标题和内容、节标题、两栏内容等 11 种版式，可以根据实际需要选择相应的幻灯片版式来插入幻灯片。

单击【开始】|【新建幻灯片】，选择合适的幻灯片版式，建立新的空幻灯片。

(2) 主题母版。空白演示文档，可以选择合适的主题来美化幻灯片，还可以利用母版来对主题进行修改，使得主题更符合实际需要。

打开演示文档，单击【设计】|【主题】，选择合适的主题来美化幻灯片。注意：右击相应主题，选择【应用于所有幻灯片】，则主题对所有幻灯片起作用；而选择【应用于选定幻灯片】，则只

对选定的幻灯片起作用。通过选择【视图】|【演示文稿视图】|【幻灯片母版】,对母版的各个版式进行修改。可以插入图片、文本框等来制作个性化的主题母版。注意：可以对不同版式的母版单独编辑。

(3) 幻灯片动画效果。幻灯片动画效果主要包括幻灯片切换效果和自定义动画效果。

设置幻灯片切换效果时,可以对切换声音、切换方式进行设置。

设置自定义动画效果时注意,设置对象可以是幻灯片中的所有对象,包括文本框、图片、艺术字、表格、媒体剪辑等。

【开始】选择："单击"、"之前"、"之后"。单击：单击后出现自定义动画。之前：与前一自定义动画同时出现自定义动画。之后：前一自定义动画出现后,随之出现自定义动画。

【添加效果】有"进入"、"退出"、"强调"、"路径"四种,重点掌握进入、退出。退出的设置方法与进入类同。

单击【动画】|【切换到此幻灯片】,设置幻灯片切换效果;单击【动画】|【自定义动画】,在"自定义动画"任务窗格设置自定义动画效果。

(4) 幻灯片放映效果。可以从头开始播放幻灯片,也可以从当前开始播放幻灯片;还可以自定义放映,选取需要播放的幻灯片,或者改变播放顺序。

单击【幻灯片放映】/【开始放映幻灯片】;或者单击右下角的放映按钮。

单击【幻灯片放映】|【开始放映幻灯片】|【自定义幻灯片放映】|【自定义放映】。

(5) 插入文本、图片、表格等。插入编辑表格、插图、文本与 Word 类同,不在赘述。

(6) 制作幻灯片时应遵循以下原则：

① "简明",尽量少的文字,充分借助图表,"文不如表,表不如图,图不如画"。

② 每页幻灯片应尽量采用文字、图表和图形的混合使用,这样更能吸引观众。

③ PPT 的目的是让别人看到文字,太多、太花哨、太鲜艳的图片会分散观看者的注意力。

④ 尽量少地使用动画和声音,好的 PPT 靠的是内容,不是靠动画效果,朴素一点更受欢迎。

⑤ 母版背景用空白,以凸显其上面的图文,切忌用图片等。

⑥ 整套 PPT 的格式应该一致,包括颜色、字体、背景等。

⑦ 一套 PPT 须含标题页、正文、结束页三类幻灯片。

通过本案例的学习读者还可以制作教师授课、产品演示、广告宣传等电子版幻灯片演示文稿,制作的演示文稿可以通过计算机屏幕或投影机播放。本案例通过新员工岗前培训演示文稿的制作,让同学们掌握相应 PowerPoint 使用方法及步骤的同时,也可以触类旁通、举一反三应用到实际 PPT 制作当中去。

(7) 在制作演示文稿时,一般可以遵循 10/20/30 法则,即演示文件不超过 10 页,演讲时间不超过 20 分钟,演示使用的字体不小于 30 点(30 point),这个原则可以演示文稿的需求自定。

(8) 一篇好的演示文稿不一定非要使用多种动画效果,在制作时应注意以下几个方面的制作技巧：

① 能用图表就用图表。所有的人都会先挑图看。

② 别写那么多字,没人看,除非你打算照着念。

③ 要想办法让人知道你的 PPT 还有多少,或者告诉人家你要说的条理和结构。

④ 不要用超过 3 种的动画效果,包括幻灯片切换。

⑤ 多用口语,效果往往加倍。

(9) 打开工具的其他方式:可以在桌面上创建 PowerPoint 的快捷方式,这样双击图表的话可以快速启动 PowerPoint,或者直接打开已保存的幻灯片。

10.4 知识拓展

1. 演示文稿视图

演示文稿视图包括:普通视图、幻灯片浏览视图、备注页视图。其中普通视图分为:幻灯片视图和大纲视图,如图 10-49、图 10-50 所示。

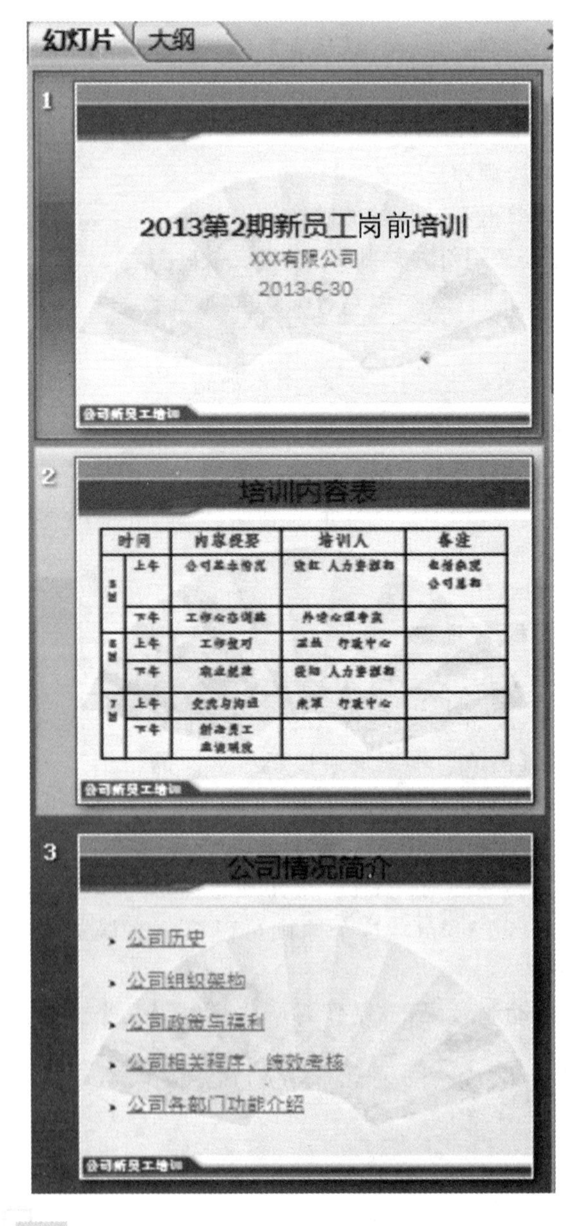

图 10-49　幻灯片视图

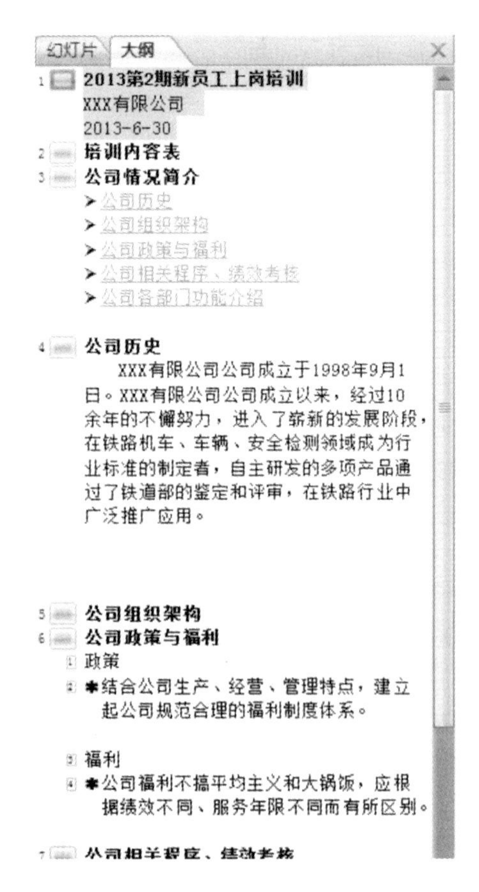

图 10-50　大纲视图

2. 插入媒体剪辑

可以为幻灯片插入媒体剪辑，包括影片和声音。

1）为幻灯片添加声音

（1）单击【插入】|【媒体剪辑】|【声音】，选择素材声音文件 Sleep Away. mp3，单击【确定】。弹出对话框，如图10－51所示。单击【自动】按钮，在幻灯片中出现小喇叭的标志。

【自动】：幻灯片播放时自动播放声音。【在单击时】：幻灯播放后，单击时才开始播放声音。

（2）双击小喇叭标志，设置声音选项，如图10－52所示。设置【放映时隐藏】、【循环播放，直到停止】、【播放声音】、【声音文件最大大小】。

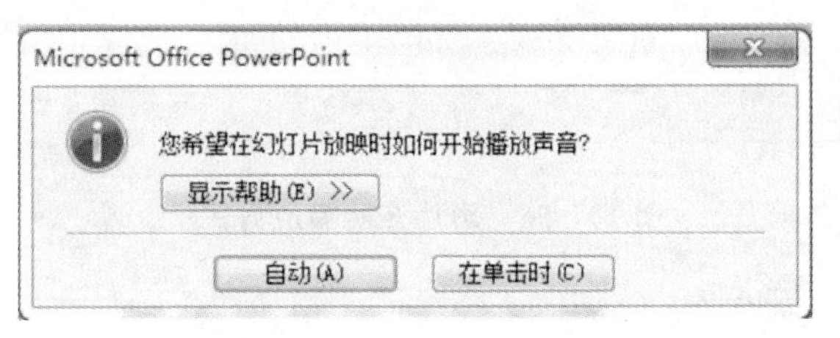

图10－51　声音开始播放方式

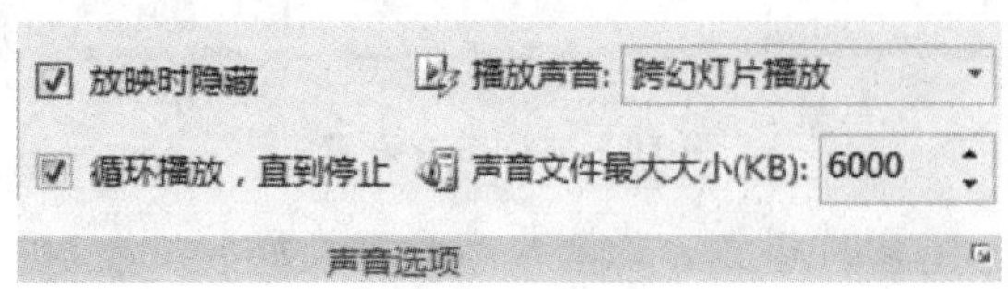

图10－52　声音选项

单击【动画】|【自定义动画】，在自定义动画任务窗格中，选择声音右侧下拉菜单，单击【效果】选项，如图10－53所示。

通过【播放声音】对话框，可以设置"开始播放"、"停止播放"、"增强"效果方式。

选择【计时】选项卡，可以设置声音"开始"方式、"重复"方式等，如图10－54所示。

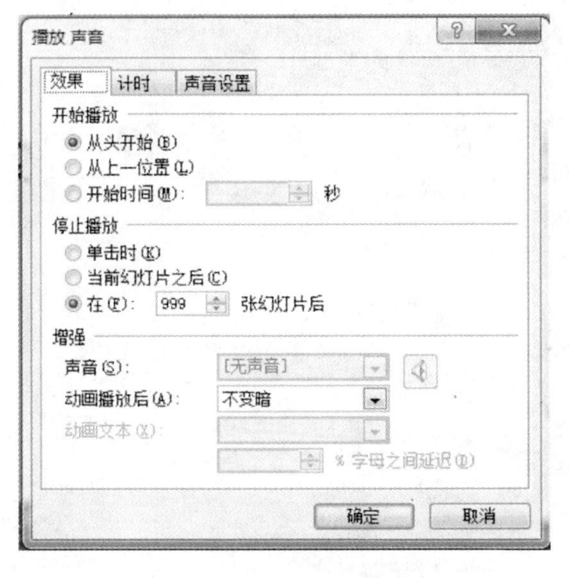

图10－53　声音效果

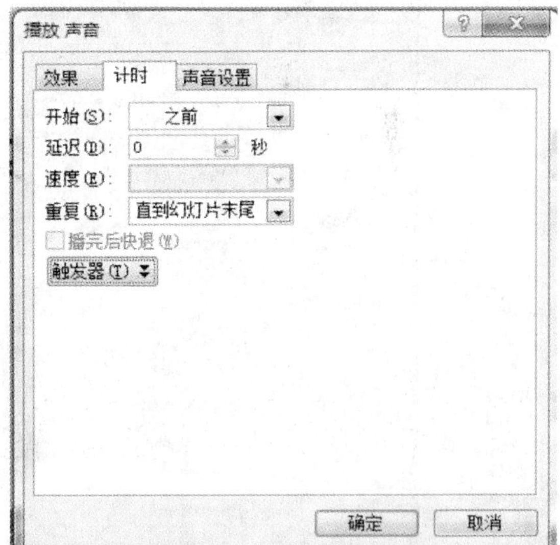

图10－54　声音计时

选择【声音设置】选项卡，也可以对"声音音量"、放映隐藏图标等进行设置，如图10－55所示。

2）为幻灯片添加影片

(1) 单击【插入】|【媒体剪辑】|【影片】，选择素材影片文件 Wildlife. wmv，单击【确定】。弹出对话框，如图 10－56 所示。单击【自动】按钮，在幻灯片中出现充满幻灯片大小的黑屏。

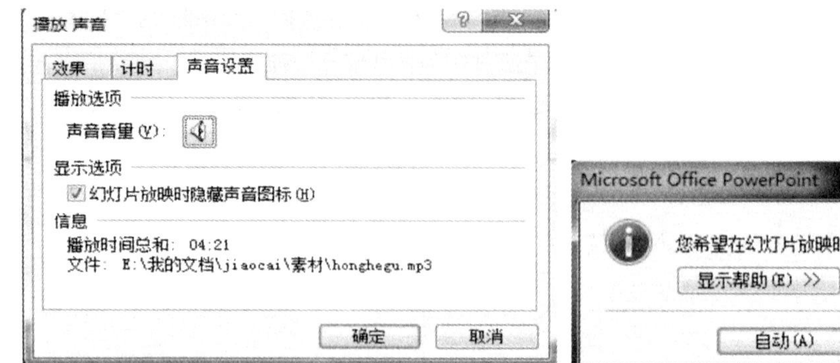

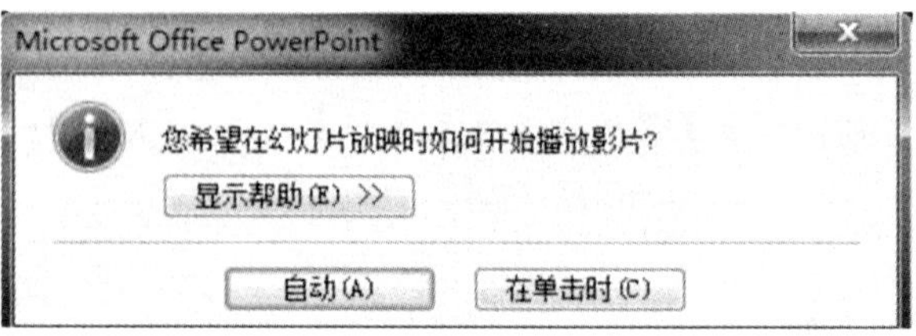

图 10－55 声音设置　　　　图 10－56 影片开始播放方式

影片设置方式与声音设置类同。

(2) 播放影片：

当幻灯片放映时，单击幻灯片，自动播放影片。但是在播放过程中只能控制影片的暂停与播放，对于文件的进度不能进行改变，而使用控件插入的文件可以对文件的暂停、播放、播放进度等进行控制。使用控件的具体方法如下：

① 在幻灯片中，选择【文件】|【选项】|【自定义功能区】，如图 10－57 所示。在列表中选择【控件】，单击【添加】按钮，单击【确定】按钮，在幻灯片菜单栏中出现了【开发工具】|【控件】项。

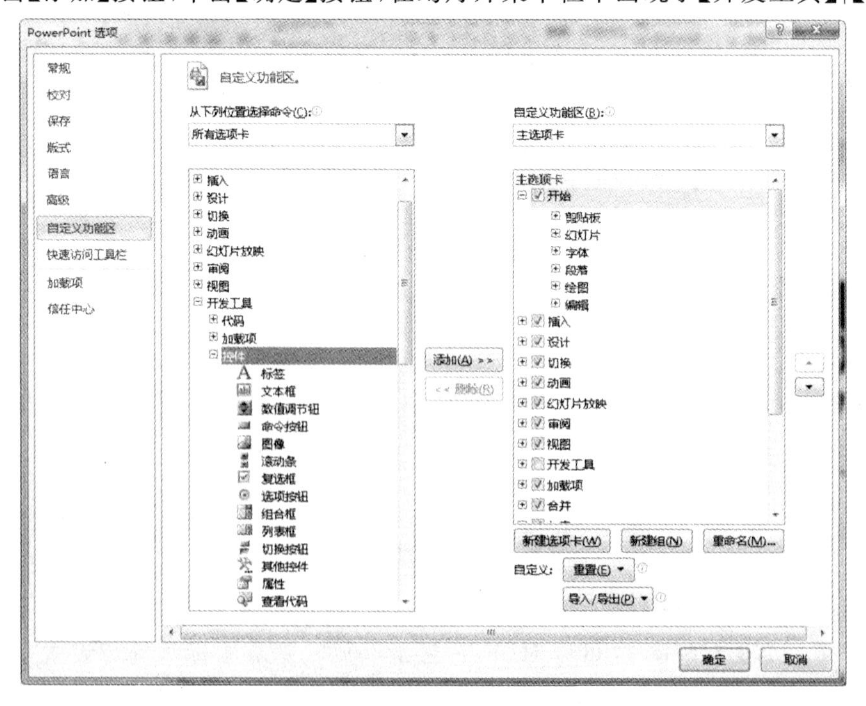

图 10－57 自定义控件

② 单击【开发工具】|【控件】中的按钮，选择【windows media payer】(如果要插入 flash 文件，就应该使用【shock wave flash object】。这里的选项要根据对插入的视频文件所使用的播放器而定)。

③ 在幻灯片中拖动鼠标，画出一个矩形框，右击“属性”。

④ 在弹出的【属性】对话框中的 URL 选项中，将要播放的视频文件的地址填入即可，如图 10－58和图 10－59 红框内所示。本实例中填入的地址为选择素材 Wildlife. wmv 的物理地址，读者可根据制作演示文稿时确定此处要输入的 URL 内容。

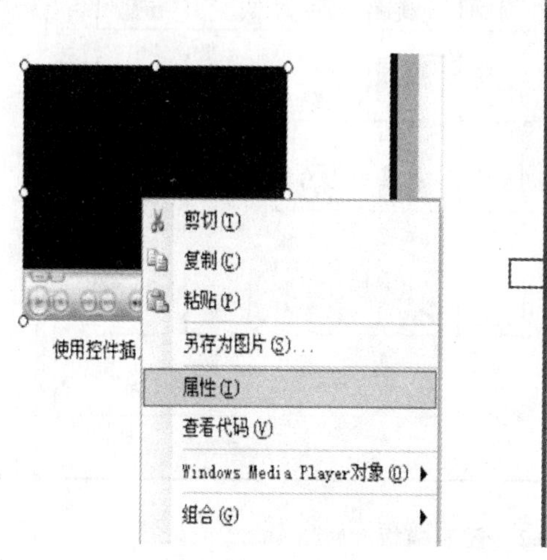

图 10－58　矩形框属性菜单

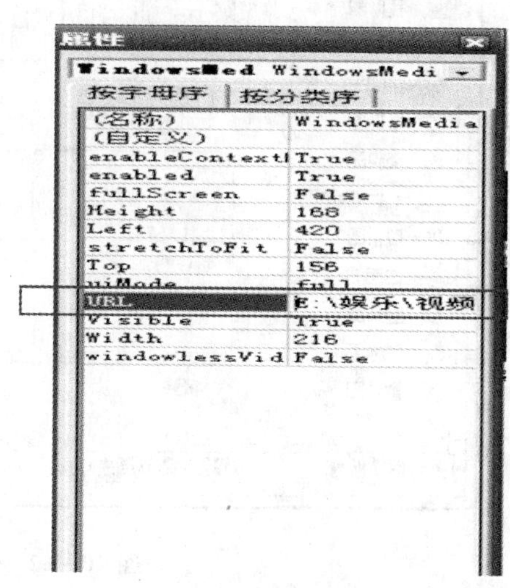

图 10－59　【属性】对话框

⑤ 将演示文稿切换为幻灯片放映视图进行播放后，可以看到利用控件插入的视频自动进行播放，并且可以对播放形式进行控制，而使用普通插入方式插入的文件在播放开始后则不能对播放进度进行控制。

3. 插入插图

1) 插入相册

单击【插入】|【插图】|【相册】，如图 10－60 所示。单击【文件/磁盘】按钮，选择一系列图片，单击【确定】，如图 10－61 所示。选择图片版式、主题，单击【创建】按钮即可建立相册。

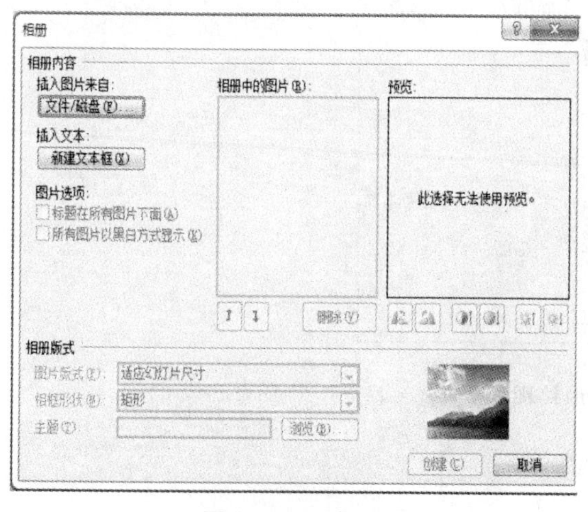

图 10－60　相册

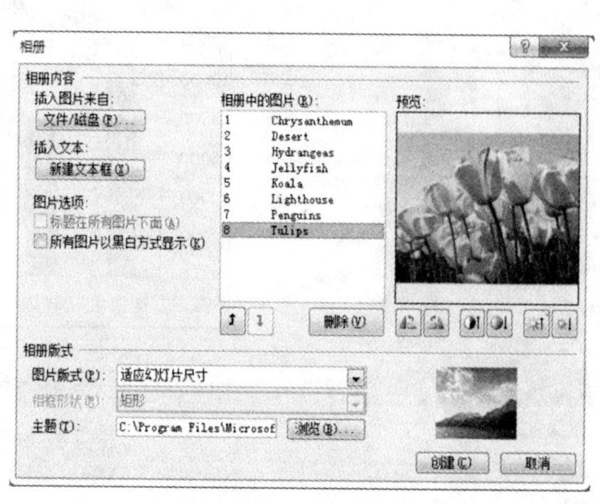

图 10－61　相册设置

2）插入图表

单击【插入】|【插图】|【图表】，如图 10－62 所示，选择柱形图中的“簇状柱形图”。单击【确定】按钮，并输入或者拷贝数据，如图 10－63 所示。编辑完成后关闭 Excel 环境，完成图表插入，最终如图 10－64 所示。

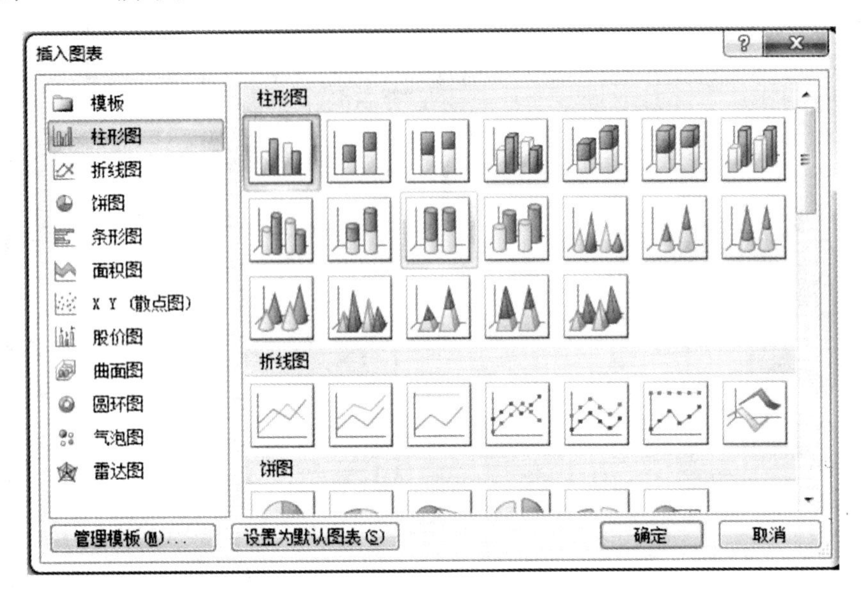

图 10－62　图表模板

	A	B	C	D	E	F
1		基本工资	系列 2	系列 3		
2	董事长	10000	2.4	2		
3	经理	8000	4.4	2		
4	组长	5000	1.8	3		
5	职员	3000	2.8	5		
6						
7						
8		若要调整图表数据区域的大小，请拖拽区域的右下角。				
9						

图 10－63　编辑 Excel 数据

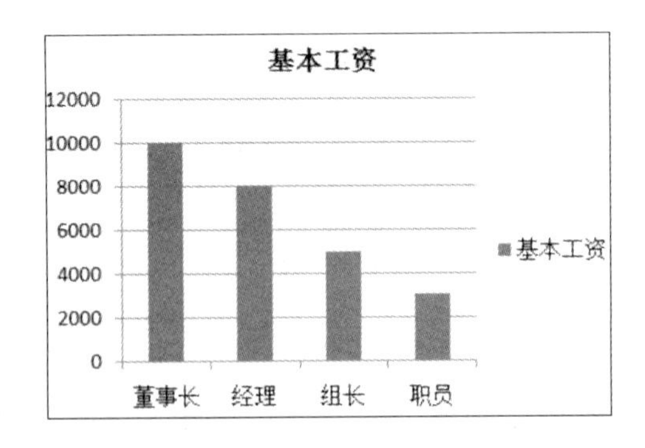

图 10－64　最终图表

3）插入对象

单击【插入】|【文本】|【对象】,如图 10－65 所示。选择“Microsoft 公式 3.0”,单击【确定】按钮,如图 10－66 所示进行编辑公式。

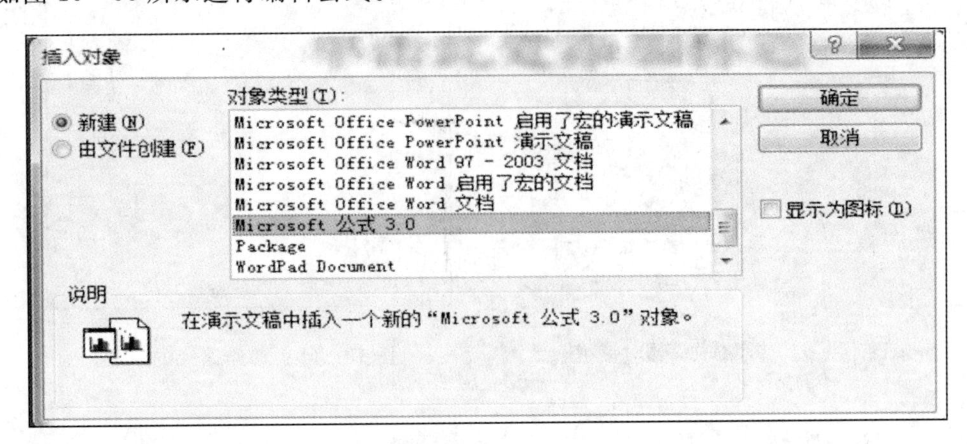

图 10－65　插入对象

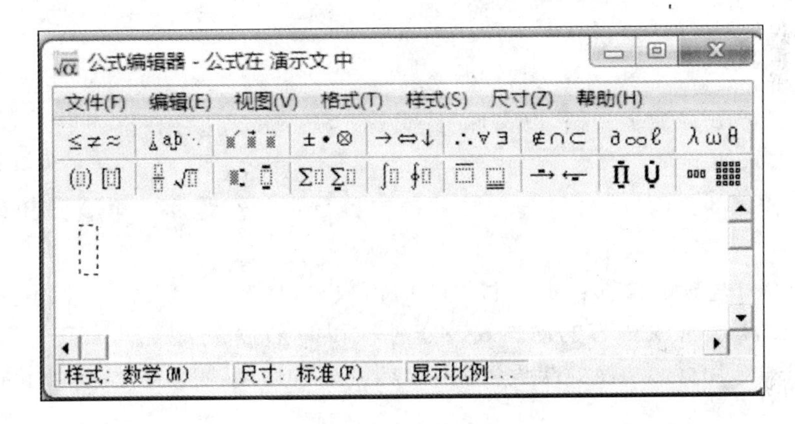

图 10－66　公式编辑

演示文稿中还可以插入形状、页眉页脚、日期和时间等。与 Word 中编辑类同,不再赘述。

4. 自定义动画

(1) 在 PowerPoint 里设置自定义动画时,可以选择【动作路径】|【绘制自定义路径】|【自由曲线】,如图 10－67 所示。

(2) 绘制对象经过的路径。应用铅笔绘制小球运动的轨迹“8”字,小球自动沿着“8”字轨迹运动,如图 10－68 所示。

(3) 如果想让小球不停地运动,选择【计时】,从【重复】中选择【直到下一次单击】,然后单击【确定】退出。

说明:自定义动画“开始”效果中,有进入(绿色图标)、退出(红色图标)、强调(黄色图标)、路径(白色图标)操作,退出、强调操作步骤和“进入”类同,不在赘述。自定义动画后,会有 0,1,2 动作顺序数字。

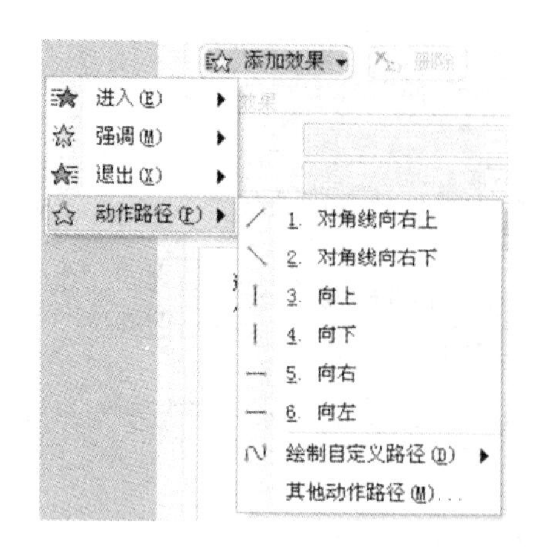

图 10-67 【添加效果】对话框

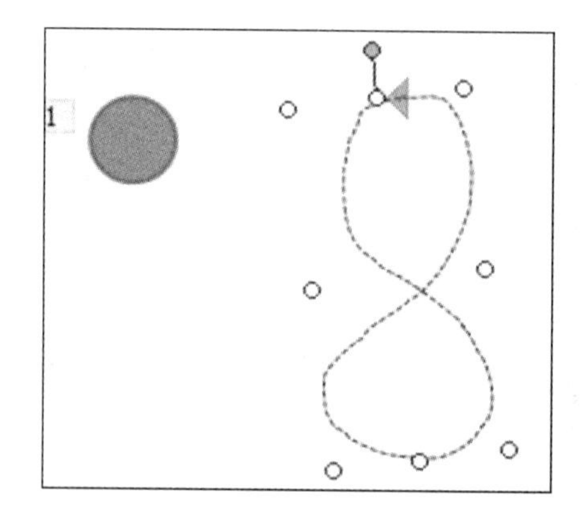

图 10-68 动作路径的应用

10.5 实践训练

10.5.1 基本训练

(1) 制作一个 PPT 演示文稿,以文件名“我的家庭.pptx”保存在桌面上。

实现效果要求如下:

① 演示文稿共 3 张幻灯片,每张幻灯片的内容自定。幻灯片中第 2 张和第 3 张要插入图片。

② 第 1 张幻灯片标题设置自定义动画“回旋”效果,且伴“风铃”声音,显示完毕后不变暗。第 2 张、第 3 张幻灯片正文内容的动画效果分别采用“向右擦去”、“由上部飞入”。

③ 给全部幻灯片页面切换效果设置为“玩具风车”,切换速度为“快速”,并在单击鼠标时进行切换。

制作过程提示:

① 要设置整张幻灯片的出现和消失效果,首先要选择需设置动画效果的幻灯片,按住 CTRL 键再单击每张幻灯片,选择【幻灯片放映】|【切换到此幻灯片】命令。

② 选择一种切换效果,在【切换速度】下拉列表框中选择切换速度。在【换片方式】选项组中,选择【单击鼠标时】或者【设置自动换片时间】。

③ 在【切换声音】下拉列表中,选择一种切换声音。如果单击【应用全部】按钮,设置效果将应用到该演示文稿的所有幻灯片上。

(2) 制作一个交互式选择的演示文稿,其效果如图 10-69 所示。

要实现的效果要求如下:

① 当单击铵钮 B、C、D 时,会弹出一个动画效果的标注,并发出一声爆炸声,随后标注隐藏。

② 当单击按钮 A 时,则弹出“答对了,中国……”的文本标注,同时发出鼓掌声,且标注信息不隐藏。

制作步骤如下:

① 运行 PowerPoint，单击菜单【文件】|【新建】，选择空白演示文稿，单击【创建】按钮。

② 使用【开始】|【标注】以及【动作按钮】工具，制作出如图 10－69 所示的题目及答案，并调整它们的位置、字体颜色及填充色。

③ 在添加动作按钮时，会弹出一个【动作设置】对话框，参照图 10－70 所示，将 4 个动作按钮分别链接到当前幻灯片。

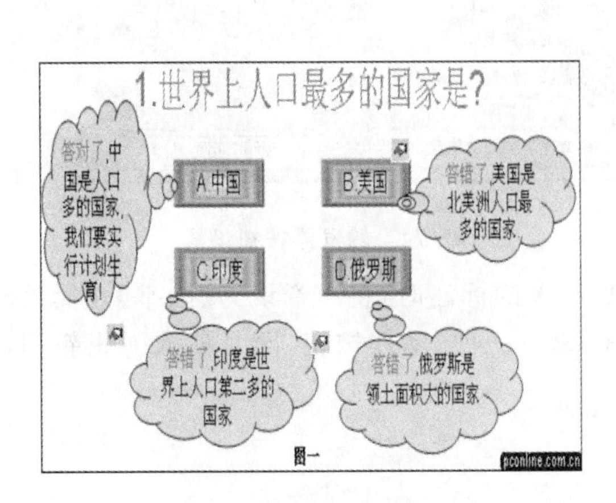

图 10－69　示例图

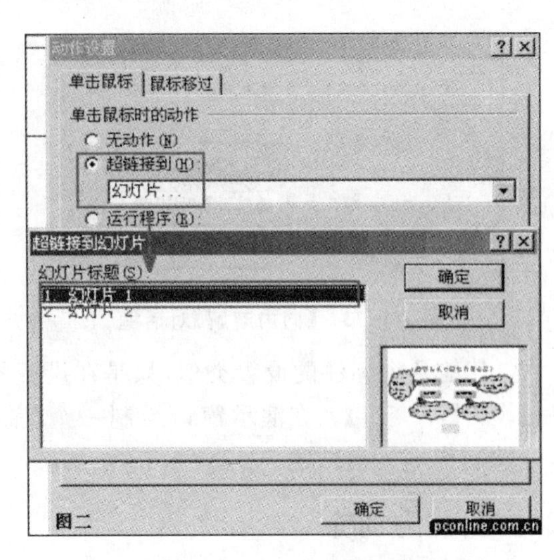

图 10－70　【动作设置】对话框

④ 设置标注的动画效果。单击其中一个标注文本框(如答案 B 的标注)，在【自定义动画】任务窗格单击【添加效果】，选择一种效果，如图 10－71 所示。

⑤ 右击【任务窗格】下部动画列表框中的标注 B 的缩略图，在弹出的快捷菜单中选择【效果选项】，如图 10－72 所示。

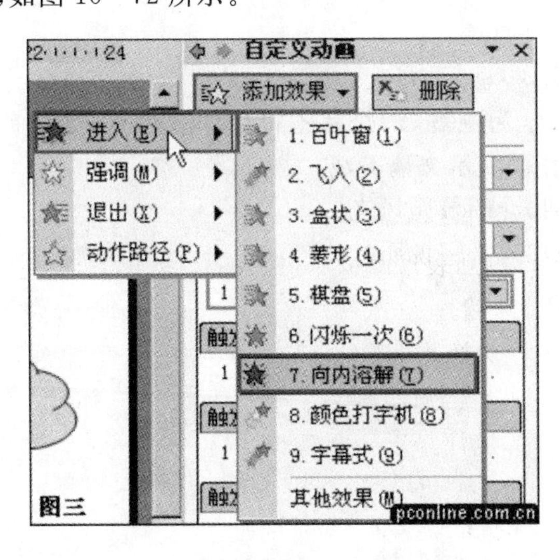

图 10－71　【自定义动画】对话框

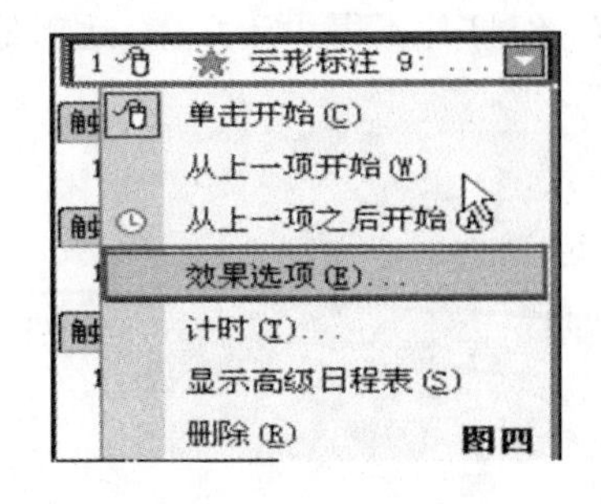

图 10－72　效果选项设置

⑥ 紧接着会弹出如图 10－73 所示的对话框，在【效果】标签下，为它设置一种爆炸声音，并设为【动画播放后隐藏】。

⑦ 为了使动画在播放后不立即隐藏，在对话框的【计时】选项卡中，【速度】一栏输入4秒，并单击【触发器】按钮进行设置。触发器的作用是使在单击按钮B时启动标注动画，如图10-74所示。

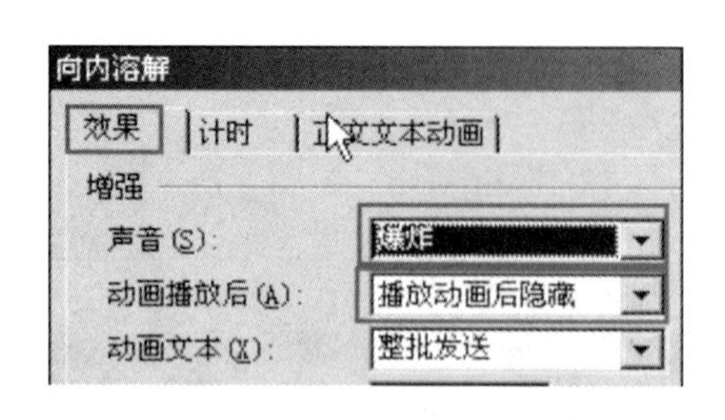

图10-73 【向内溶解】对话框

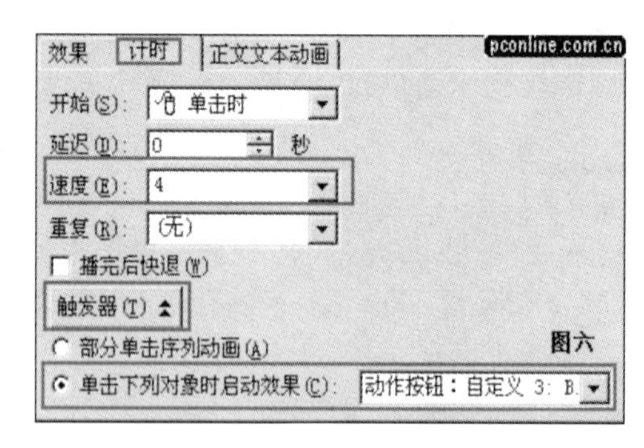

图10-74 触发器按钮设置

⑧ 其他几个标注的设置类似，只是在设置答案A的标注时，将声音设为【鼓掌】，【播放动画后】设为【不变暗】。在演示窗口绘制一个【前进或下一项】动作按钮，同时插入一张新幻灯片，开始制作下一道试题。

10.5.2 能力训练

(1) 请根据所学知识制作一篇以宣传奥运为主体的演示文稿，内容自定。

要求：不少于8张幻灯片。

幻灯片中需要插入声音文件，声音文件自选。

(2) 制作一个有关环保主体的演示文稿，内容、版式等自定。

要求：不少于8张幻灯片。

幻灯片中需要插入声音文件，声音文件自选。

(3) 制作一个有关自己班级介绍的PPT演示文稿。

要求：以介绍自己的班级、老师和同学为主题，幻灯片不得少于5张；采用多种板式，如“标题”、“标题与文本”板式，尽量使所制作的演示文稿美观。

(4) 使用演示文稿创建一个电子相册，介绍校园风光。

要求：幻灯片不得少于六张，适当地加入文字说明。

案例11　计算机基础知识

11.1　案例分析

计算机在人们的工作、生活中应用越来越广泛，成为工作生活不可缺少的工具。作为信息社会的一员，我们有必要了解计算机的定义、特点、发展、信息的表示、文件的上传下载等基础知识，进而能够熟练操作计算机。

11.1.1　任务提出

小孙上大学将近半年的时间了，通过 Microsoft Word 2010、Microsoft Execl 2010 和 Microsoft PowPoint 2010 的学习，学会了简报的制作、简历的制作、毕业论文的排版、数据的分析和演示文稿的制作。但是对计算机的特点、计算机的发展、网络信息资源的采集和传递不很熟悉。因此，他希望老师能够讲解这方面的知识，以加深对计算机的了解和应用。

11.1.2　解决方案

(1) 计算机的定义、发展和特点；
(2) 计算机中信息的表示；
(3) 信息的采集、加工、传输等。

11.2　案例实现

(1) 了解计算机定义、特点和发展；
(2) 了解计算机信息的表示、存储单位；
(3) 掌握收藏夹的使用、FTP 的使用和电子邮件的发送；
(4) 文件的上传和下载；
(5) 网友交流和操作系统的安全维护。

11.2.1　计算机定义、特点和发展

1. 电子计算机的概念

电子计算机是一种能够自动、高速地进行算术和逻辑运算的电子设备。它是 20 世纪科学技术发展最伟大的发明创造之一，是第三次工业革命中出现的最辉煌成就。目前，电子计算机已被广泛地应用于科学技术、国防建设、工农业生产以及人民生活等各个领域，对国民经济、国防建设和科学文化事业的发展产生了巨大的推动作用。今天，计算机的应用水平已成为各行各业步入现代化的重要标志之一，也是现代人才必备的能力之一。

2. 计算机的发展

第1台电子计算机ENIAC(Electronic Numerical Integrator and Calculator,电子数字积分计算器)于1946年在美国宾夕法尼亚大学研制成功。它是当时数学、物理等理论研究成果和电子管等电子器件相结合的结果。这台电子计算机由18 000多个电子管、1500多个继电器、10 000多只电容器和7000多只电阻构成,占地170多平方米,功耗为150千瓦,重量约30吨,采用电子管作为计算机的逻辑元件,存储容量为17 000多个单元,每秒能进行5000次加法运算。这台计算机的性能虽然无法与今天的计算机相比,但它的诞生却是科学技术发展史上的一次意义重大的事件,展示了新技术革命的曙光。

根据电子计算机所采用的物理器件,一般将电子计算机的发展分成4个阶段,也称为4代,如表11-1所列。

表11-1 电子计算机发展过程简表

计算机代	起迄年份	物理器件	主存储器	软件	应用范围
第1代	1946～1957	电子管	磁芯、磁鼓	汇编语言	科学计算
第2代	1958～1964	晶体管	磁芯、磁带	程序设计语言管理程序	科学计算数据处理
第3代	1965～1970	中、小规模集成电路	磁芯、磁盘	操作系统高级语言	逐步广泛应用
第4代	1971～	超大、大规模集成电路	半导体、磁盘	数据库网络软件	普及到社会生活各方面

3. 计算机的特点

电子计算机是一种能存储程序,能自动连续地对各种数字化信息进行算术、逻辑运算的电子设备。基于数字化的信息表示方式与存储程序工作方式,这样的计算机具有许多突出的特点。概括起来,电子计算机主要有以下几个显著特点:

1) 自动化程度高

由于采用存储程序的工作方法,一旦输入所编制好的程序,只要给定运行程序的条件,计算机从开始工作直到得到计算处理结果,整个工作过程都可以在程序控制下自动进行,一般在运算处理过程中不需要人的直接干预。对工作过程中出现的故障,计算机还可以自动进行"诊断"和"隔离"等处理。这是电子计算机的一个基本特点,也是它和其他计算工具最本质的区别所在。

2) 运算速度快

计算机的运算速度通常是指每秒钟所执行的指令条数。一般,计算机的运算速度可以达到上百万次,目前最快的已达到十万亿次以上。计算机的高速运算能力,为完成那些计算量大,时间性要求强的工作提供了保证。例如天气预报、大地测量的高阶线性代数方程的求解,导弹或其他发射装置运行参数的计算,情报、人口普查等超大量数据的检索处理等。

3) 数据存储容量大

计算机能够储存大量数据和资料,而且可以长期保留,还能根据需要随时存取、删除和修改其中的数据。计算机的大容量存储使得情报检索、事务处理、卫星图像处理等需要进行大量数据处理的工作可以通过计算机来实现。现在,一块存储芯片可以存储几百页书籍的内容。

4) 通用性强

由于计算机采用数字化来表示数值与其他各种类型的信息(如文字、图形、声音等),采用逻辑代数作为硬件设计的基本数学工具。因此，计算机不仅可以用于数值计算，而且还被广泛应用于数据处理、自动控制、辅助设计、逻辑关系加工与人工智能等非数值计算性质的处理。一般来说，凡是能将信息用数字化形式表示，就能归结为算术运算或逻辑运算的计算，并能够严格规则化的工作，都可由计算机来处理。因此计算机具有极强的通用性，能应用于科学技术的各个领域，并渗透到社会生活的各个方面。

正是由于以上特点，使得计算机能够模仿人的运算、判断、记忆等某些思维能力，代替人的一部分脑力劳动，按照人们的意愿自动地工作，因此计算机也被称为“计算机”。但计算机本身又是人类智慧所创造的，计算机的一切活动又要受到人的控制，它只是人脑的补充和延伸，利用计算机可以辅助提高人的思维能力。

11.2.2　计算机信息的表示、存储单位

在计算机中，数值都是以二进制数表示的。这种表示方法对计算机是合适的，但对于用惯了十进制的我们却很不方便，既不好读，又不好写，而且难以在脑子中形成一个明确的数值概念。为此，计算机技术中又提出了八进制和十六进制计数法，对于文字信息则采用特定的编码表示。

我们生活中用的十进制，即 0、1、2、3、4、5、6、7、8、9 十个数字符号。十进制的基本运算规则是“逢十进一”，各数位的权是 10 的幂。

1. 二进制数(Binary)

在二进制数中，基数为 2，它有 0、1 二个数字符号。二进制的基本运算规则是“逢二进一”，各数位的权是 2 的幂。

2. 八进制数(Octal)

在八进制中，基数为 8，它有 0、1、2、3、4、5、6、7 八个数字符号。八进制的基本运算规则是“逢八进一”，各数位的权是 8 的幂。

任意一个八进制数，如 425 可表示为$[425]_8$、$(425)_8$或 425Q（注：为了区分 O 与 0，把 O 用 Q 来表示）。

3. 十六进制数(Hexadecimal)

在十六进制中，基数为 16。它有 0、1、2、3、4、5、6、7、8、9、A、B、C、D、E、F 十六个数字符号。十六进制的基本运算规则是“逢十六进一”，各数位的权为 16 的幂。

任意一个十六进制数，如 7B5 可表示为$(7B5)_{16}$，或$[7B5]_{16}$，或者为 7B5H 。

4. 进制之间的相互转换

1）十进制数转换成二进制数

(1) 整数部分的转换—— 除 2 取余法：

整数部分的转换采用“除 2 取余法”，即用 2 多次除被转换的十进制数，直至商为 0。每次相除所得余数，按照第 1 次除 2 所得余数是二进制数的最低位，最后一次相除所得余数是最高位，排列起来，便是对应的二进制数。

【例】将十进制数$[13]_{10}$转换成二进制数。

解：用“除 2 取余的方法”可将 13 转换成二进制形式：$[13]_{10}=[1101]_2$

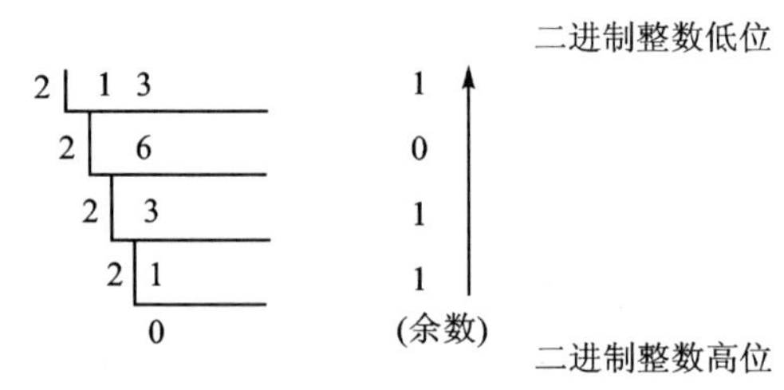

(2) 小数部分的转换——乘2取整法：

小数部分的转换采用"乘2取整法"，即用2多次乘被转换的十进制数的小数部分，每次相乘后，所得乘积的整数部分变为对应的二进制数。第1次乘积所得整数部分就是二进制数小数部分的最高位，其次为次高位，最后一次是最低位。

【例】将十进制纯小数0.562转换成保留六位小数的二进制小数。

解：可用"乘2取整法"求取相应二进制小数：

取整

0.562×2=1.124　1(二进制小数的最高位)

0.124×2=0.248　0

0.248×2=0.496　0

0.496×2=0.992　0

0.992×2=1.984　1(二进制小数的最低位)

由于最后所余小数0.984>0.5，则根据"四舍五入"的原则，可得最低位为1。

所以：$[0.562]_{10} \approx [0.100011]_{2}$。

2) 二进制数与八进制数之间相互转换

因为3位二进制数正好表示0~7八个数字，如表11-2所示，所以一个二进制数要转换成八进制数时，以小数点为界分别向左向右开始，每3位分为一组，一组一组地转换成对应的八进制数字。若最后不足3位时，整数部分在最高位前面加0补足3位再转换，小数部分在最低位之后加0补足3位再转换，然后按原来的顺序排列就得到八进制数了。

表11-2　八进制与二进制对照表

八进制	0	1	2	3	4	5	6	7
二进制	000	001	010	011	100	101	110	111

3) 二进制数与十六进制数之间相互转换

因为4位二进制数正好可以表示十六进制的16个数字符号，如表11-3所示，所以一个

表11-3　十六进制与二进制对照表

十六进制	0	1	2	3	4	5	6	7
二进制	0000	0001	0010	0011	0100	0101	0110	0111
十六进制	8	9	A	B	C	D	E	F
二进制	1000	1001	1010	1011	1100	1101	1110	1111

二进制数要转换成十六进制数时，以小数点为界分别向左向右开始，每 4 位分为一组，一组一组地转换成对应的十六进制数。若最后不足 4 位时，整数部分在最高位前面加 0 补足 4 位再转换，小数部分在最低位之后加 0 补足 4 位再转换。然后按原来的顺序排列就得到十六进制数了。

上面关于不同进制数值的转换方法只是为了了解各进制之间转换的规则，但最简单的方法就是利用一些辅助工具，如 Windows XP 等操作系统自带的计算器或带转换功能的计算器来进行数值间的转换。

5. 计算机内部采用二进制的原因

(1) 技术实现简单：计算机是由逻辑电路组成，逻辑电路通常只有两个状态，开关的接通与断开，这两种状态正好可以用“1”和“0”表示。

(2) 简化运算规则：两个二进制数和、积运算组合各有 3 种，运算规则简单，有利于简化计算机内部结构，提高运算速度。

(3) 适合逻辑运算：逻辑代数是逻辑运算的理论依据，二进制只有 2 个数码，正好与逻辑代数中的“真”和“假”相吻合。

(4) 易于进行转换，二进制与十进制数易于互相转换。

6. 二进制编码

1) ASCII 码

计算机只能直接接受、存储和处理二进制数。对于数值信息可以采用二进制数码表示，对于非数值信息可以采用二进制代码编码表示。编码是指用少量基本符号根据一定规则组合起来，以表示大量复杂多样的信息。一般说来，需要用二进制代码表示哪些文字、符号，取决于我们要求计算机能够“识别”哪些文字、符号。为了能将文字、符号也存储在计算机中，必须将文字、符号按照规定的编码转换成二进制数代码。目前，计算机中一般都采用国际标准化组织规定的 ASCII 码(美国标准信息交换码)来表示英文字母和符号。

基本 ASCII 码的最高位为 0，其范围用二进制表示为 00000000～01111111，用十进制表示为 0～127，共 128 种。基本 ASCII 字符表如表 11－4 所示。

表 11－4　基本 ASCII 字符表

	0000	0001	0010	0011	0100	0101	0110	0111
	NUL	DLE	SP	0	@	P	`	p
0001	SOH	DC1	!	1	A	Q	a	q
0010	STX	DC2	"	2	B	R	b	r
0011	ETX	DC3	#	3	C	S	c	s
0100	EOT	DC4	$	4	D	T	d	t
0101	ENQ	NAK	%	5	E	U	e	u
0110	ACK	SYN	&	6	F	V	f	v
0111	BEL	ETB		7	G	W	g	w
1000	BS	CAN	(	8	H	X	h	x
1001	HT	EM	)	9	I	Y	i	y

续表 11-4

	0000	0001	0010	0011	0100	0101	0110	0111
1010	LF	SUB	*	:	J	Z	j	z
1011	VT	ESC	+	;	K	[	k	{
1100	FF	FS	,	< ?	L	\	l	|
1101	CR	GS	-	=	M	]	m	}
1110	SO	RS	.	> ?	N	^	n	~
1111	SI	US	/	?	O	_	o	DEL

2) 汉字编码

对于英文,大小写字母总计只有52个,加上数字、标点符号和其他常用符号,128个编码基本够用,所以ASCII码基本上满足了英文信息处理的需要。我国使用的汉字不是拼音文字,而是象形文字,由于常用的汉字也有6000多个,因此使用7位二进制编码是不够的,必须使用更多的二进制位。

1981年我国国家标准局颁布的《信息交换用汉字编码字符集·基本集》,收录了6763个汉字和682个图形符号。在GB2312—80中规定用2个连续字节,即16位二进制代码表示一个汉字。由于每个字节的高位规定为1,这样就可以表示128×128=16 384个汉字。在GB2312—80中,根据汉字使用频率分为两级,第一级有3755个,按汉语拼音字母的顺序排列;第二级有3008个,按部首排列。

英文是拼音文字,基本符号比较少,编码比较容易,而且在计算机系统中,输入、内部处理、存储和输出都可以使用同一代码。汉字种类繁多,编码比西文要困难得多,而且在一个汉字处理系统中,输入、内部处理、输出对汉字代码要求不尽相同,所以用的代码也不尽相同。汉字信息处理系统在处理汉字和词语时,要进行一系列的汉字代码转换。下面介绍主要的汉字代码:

(1) 汉字输入码(外码)。汉字的字数较多,字形复杂,字音多变,常用汉字就有6000多个。在计算机系统中使用汉字,首先遇到的问题就是如何把汉字输入到计算机内。为了能直接地使用西文标准键盘进行输入,必须为汉字设计相应的编码方法。汉字编码方法主要有:拼音输入、数字输入、字形输入、音形输入等方法。

(2) 汉字内部码(内码)。汉字内部码是汉字在设备和信息处理系统内部最基本的表达形式,是在设备和信息处理系统内部存储、处理和传输汉字用的代码。目前,世界各大计算机公司一般均以ASCII码为内部码来设计计算机系统。汉字数量多,用1个字节无法区分,一般用2个字节来存放汉字的内码,2个字节共有16位,可以表示65 536个可区别的码。如果2个字节各用7位,则可表示16 384个可区别的码,这已经够用了。另外,汉字字符必须和英文字符能相互区别开,以免造成混淆。英文字符的机内代码是7位ASCII码,最高位为"0",汉字机内代码中2个字节的最高位均为"1",即在国标码的基础上与8080相加,汉字的内码与国标码是一一对应的。不同的计算机系统所采用的汉字内部码有可能不同。

(3) 汉字字形码(输出码)。汉字字形码是汉字字库中存储的汉字字形的数字化信息,用于汉字的显示和打印。字形码也称字模码,是用点阵表示的汉字字形代码。它是汉字的输出形式,根据输出汉字的要求不同,点阵的多少也不同。简易型汉字为16×16点阵,提高型汉字为24×24点阵、32×32点阵、48×48点阵等等。

字模点阵的信息量是很大的，所占存储空间也很大。以 16×16 点阵为例，每个汉字就要占用 32 个字节，两级汉字大约占用 256 KB，如图 11－1 所示。

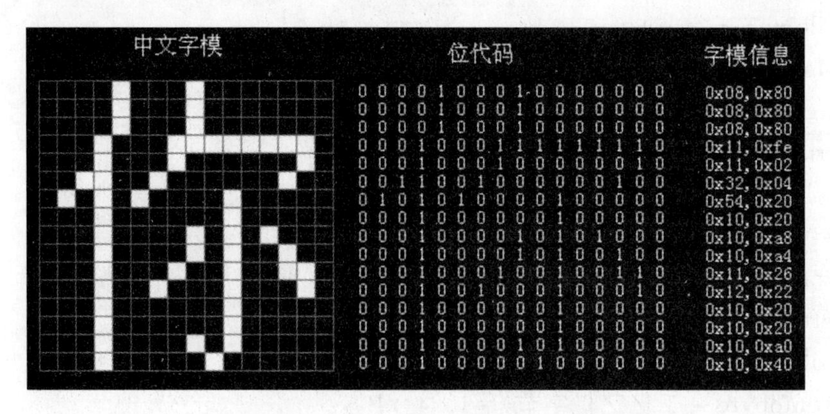

图 11－1　汉字的字型码(输出码)

一个完整的汉字信息处理离不开从输入码到机内码，由机内码到字形码的转换。虽然汉字输入码、机内码、字形码目前并不统一，但是只要在信息交换时，使用统一的国家标准，就可以达到信息交换的目的。

我国国家标准局于 2000 年 3 月颁布的国家标准 GB8030—2000《信息技术和信息交换用汉字编码字符集・基本集的扩充》，收录了 2.7 万多个汉字。它彻底解决邮政、户政、金融、地理信息系统等迫切需要人名、地名所用汉字，也为汉字研究、古籍整理等领域提供了统一的信息平台基础。

3）其他信息在计算机中的表示

现代计算机除了能处理数值型数据和文字等非数值型数据外，还能处理许多其他形式的信息媒体，如图形、声音、图像等。任何形式的信息要被计算机处理，首先应该以计算机所能接受的形式表示。ASCII 码和 GB 码，它们都能用有限个二进制位的结合来表示，因为所要表示的字符数量是有限的。

但是像图形、图像和声音这类信号就不一样，它们在每个时间可能出现的信号值完全不同，且数量不限，我们称之为模拟信号。它们的出现通常还具有随机性，这样就不适合前面说的列表的方法进行编码。

目前我们先用采样的办法将模拟信号离散化，然后再对每一个采样点的信号进行量化，并用二进制码对其进行数值编码，形成一串二进制编码形式的信息。

7. 数据的存储单位

计算机内所有的信息都是以二进制的形式表示的，单位是“位”。

位：计算机只认识由 0 或 1 组成的二进制数，二进制数中的每个 0 或 1 就是信息的最小单位，称为“位”(bit)。

字节：是衡量计算机存储容量的单位。一个 8 位的二进制数据单元称 1 个字节(byte)。在计算机内部，1 个字节可以表示一个数据，也可以表示一个英文字母或其他特殊字符；2 个字节可以表示一个汉字。

字：在计算机中，作为一个整体单元进行存储和处理的一组二进制数。一台计算机，字的二进制数的位数是固定的。字长：一个字中包含二进制数位数的多少称为字长。字长是标志计算机精度的一项技术指标。

最常用的单位:

1 KB(Kilobyte 千字节)=1024 B,

1 MB(Megabyte 兆字节简称“兆”)=1024 KB,

1 GB(Gigabyte 吉字节又称“千兆”)=1024 MB,

1 TB(Trillionbyte 万亿字节,太字节)=1024 GB,

其中 1024=2^10(2 的 10 次方),

1 PB(Petabyte 千万亿字节,拍字节)=1024 TB,

1 EB(Exabyte 百亿亿字节,艾字节)=1024 PB,

1 ZB(Zettabyte 十万亿亿字节,泽字节)=1024 EB,

1 YB(Yottabyte 一亿亿亿字节,尧字节)=1024 ZB,

1 BB(Brontobyte 一千亿亿亿字节)=1024 YB。

注:“兆”为百万级数量单位。

11.2.3 收藏夹的使用

在 Internet Explorer 中有一个收藏夹,利用它可以很方便地将一些常去的网站归入其中,下次访问时只要直接选择即可。不过,对 IE 的收藏夹进行了一番研究,发现它完全可以为我们所用,拥有一些鲜为人知但却十分实用的功能。

1. 共享收藏夹资源

我们在上网时访问了大量的网站,并将它们收藏进了收藏夹,访问起来倒也方便。看到别人收藏了那么好的网址,是不是也想将它据为己有呢?不过,在 Windows 7 中我们只能够拥有一个收藏夹。那么我们怎样才能够和别人共享收藏夹呢?

其实,经过分析,发现原来收藏夹中的文件或文件夹只不过是放置在 Windows 系统中的 Favorites 文件夹下的一些指向相应网站的快捷方式文件罢了。在 Windows 2000、XP 或 NT 中则存放在 C:Documents and Settings 用户名 Favorites 中。知道了这个道理后操作起来就非常简单了,只要在自己的收藏夹文件夹下新建一个文件夹,并命名为“别人的收藏夹”,然后将别人的收藏夹中的所有文件连同文件夹拷贝到此文件夹下,下次启动 IE 时就可以使用别人的收藏夹中的内容了。

2. 快速导入导出收藏夹

Windows 是一个极不稳定的操作系统,恐怕我们一般每隔几个月就得重新安装操作系统。一旦我们重新安装系统后,再次打开 IE 浏览网站时原来收藏中的内容不见了!要重新输入一个一个搜集又太麻烦,怎么办呢?从上述可知,收藏夹中的文件或文件夹只不过是放置在 Windows 系统中的 Favorites 文件夹下的一些指向相应网站的快捷方式。那就好办了,重新安装系统之前把 Windows 文件夹下的 Favorites 备份一下,等安装系统结束后再拷贝覆盖一下就行了。有时必须备份多个用户的收藏夹,这样就可以做到有备无患。

3. 利用收藏夹来管理程序

系统中安装一软件时,安装程序会自动地为其建立在开始菜单上的快捷方式,这样一来,时间一长,安装的软件多了,开始菜单就显得有一些臃肿不堪了。我们不得不借助于第三方的清除程序来进行删除。其实,经过分析发现,开始菜单在 Windows 2000、NT、XP 则放在 C:Documents and SettingsAdministrator「开始」菜单程序下,而且它们也是指向软件运行程序的快捷方式。这样我们可以先在 Windows 系统中的 Favorites 文件夹下新建一个“开始”文件夹,并将这些快捷方式连同文件夹信息剪切(注意不是拷贝!)到开始文件夹中。这样就可以在 Internet Explorer 的收藏夹中看到一个“开始”文件夹,单击后就是开始菜单中的内容了。

11.2.4　FTP 的使用

下面以教师使用 FTP 将教学资料上传到服务器上,学生们下载教学资源为例(学生做完后也可以上传给教师)介绍 FTP 的使用方法。具体操作步骤如下:

(1) 打开 IE 浏览器,在地址栏输入:172.20.73.2,回车进入 Serv - U 登录界面。

(2) 在登陆界面输入用户名和密码,按【登录】,如图 11 - 2 所示。

图 11 - 2　登录界面

(3) 按【登录】后,会弹出图 11 - 3 所示对话框,选择默认的“基本网页客户端”,按【确定】即可进入 SERV - U 主页面。

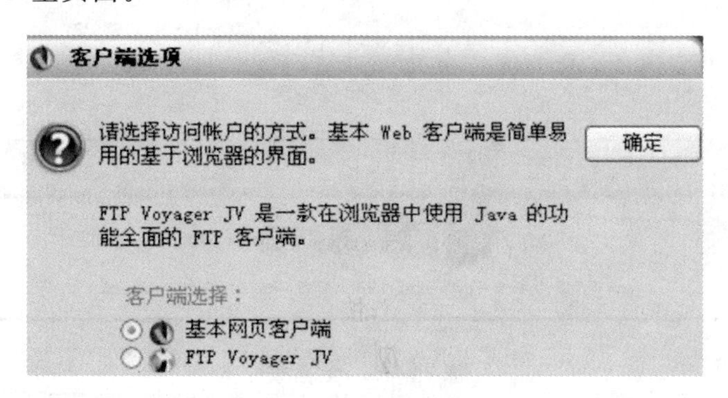

图 11 - 3　【客户端选项】对话框

(4) 以下就是教师个人的主页面,下面显示的就是学生要拷贝的内容,如图 11 - 4 所示。

具体操作说明:

① 创建目录:可以在自己的文件下创建分类子目录。

② 上传文件:可以把自己的教学资料进行上传。

③ 重命名和删除:选中要重命名或删除的文件,再按“重命名”或“删除”。

图 11-4　教师个人页面

④ 下载：选中要下载的文件，按“下载”即可。

(5) 在 SERV-U 平台的上面是主菜单，如图 11-5 所示。

图 11-5　主菜单

① 主页，即文件夹页面。

② 单击【父目录】进入下面的界面，双击【公用文件夹】，存放用于共享的资料。如图 11-6 所示。

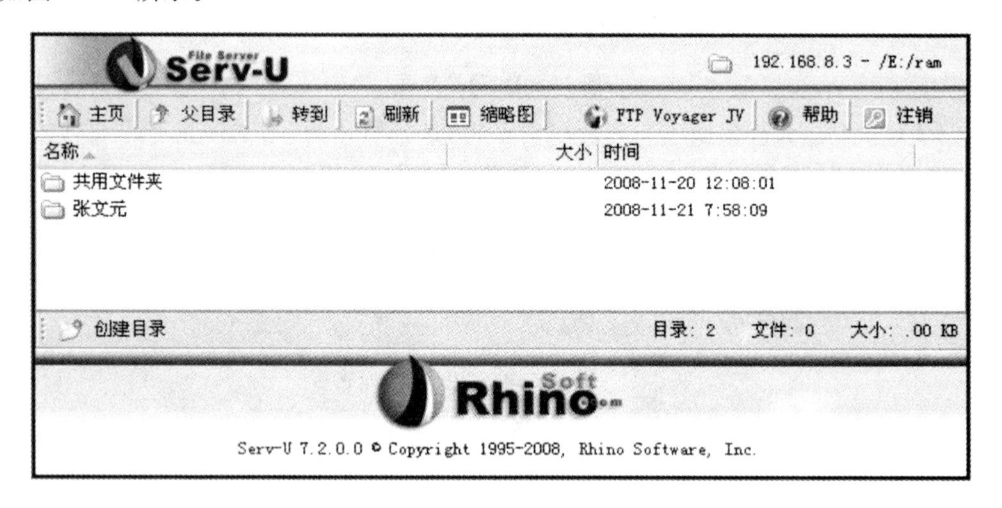

图 11-6　父目录

说明：为了保持公用文件夹有一个良好的秩序和方便空间的管理，要求老师们根据实际情况，及时清理个人在公用文件夹里上传的资料，网络管理员也将定期进行清理。

(6) SERV-U 平台登录成功，会有时间限制，时间一到平台可能会自动断开，老师们在登录成功后一定要及时上传或下载文件。如果在使用中出现平台自动断开现象，请按【注销】，然后重新登录，或者关闭再重新登录，如图 11-7 所示。

图 11－7　重新登录界面

11.2.5　电子邮件的发送

(1) 登录邮箱，单击页面左侧【写信】按钮，如图 11－8 所示。

图 11－8　进入邮箱

(2) 输入“收件人”地址，若多个地址，地址间用半角“;”隔开；也可在“通讯录”中选择一位或多位联系人，选中的联系人地址将会自动填写在“收件人”一栏中，如图 11－9 所示。

(3) 若想抄送信件，请单击【添加抄送】，将会出现抄送地址栏，如图 11－10 所。

(4) 若想密送信件，请单击【添加密送】，将会出现密送地址栏，再填写密送人的 e－mail 地址，如图 11－11 所示。

图 11－9　写信界面

图 11－10　抄　送

图 11－11　密　送

(5)【主题】一栏中填入邮件的主题,如图 11－12 所示。

(6)如要添加附件,请单击主题下方的【添加附件】、【批量上传附件】、【网盘附件】,可上传

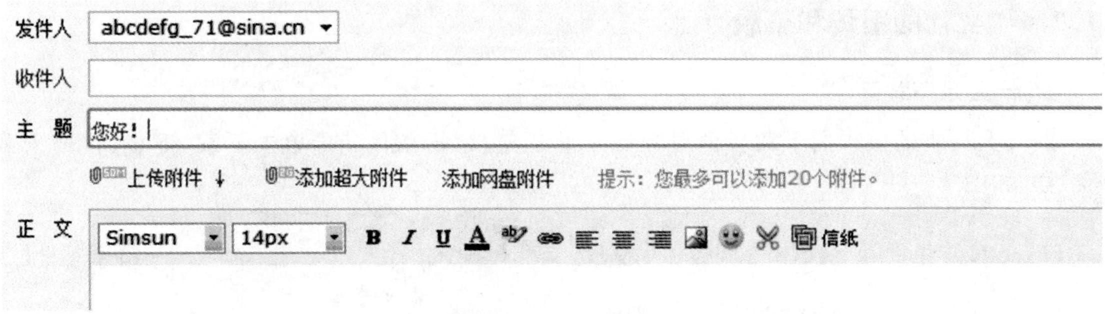

发件人
abcdefg_71@sina.cn
收件人
主 题
您好！
上传附件
添加超大附件
添加网盘附件
提示：您最多可以添加20个附件。
正 文
Simsun
14px
信纸

图 11－12　主　题

相应的附件，如图 11－13 所示。

收件人
主 题
您好！
上传附件
添加超大附件
添加网盘附件
提示：您最多可以添加20个附件。
正 文
Simsun
14px
信纸

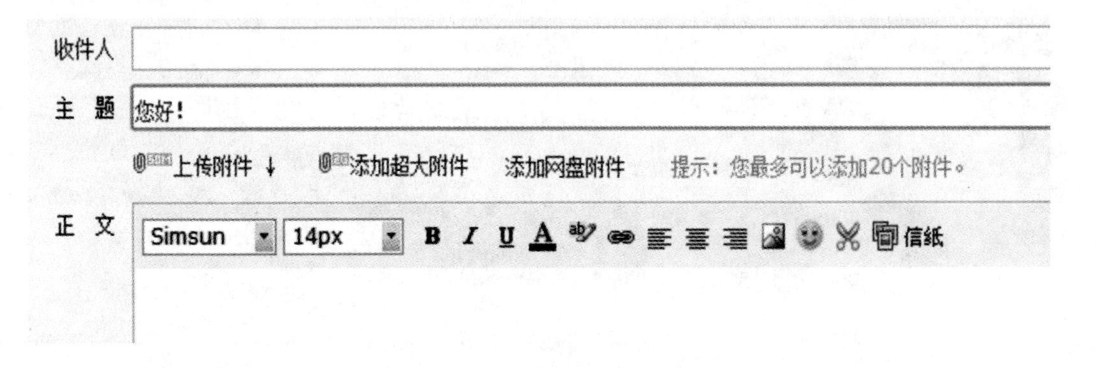

图 11－13　添加附件

（7）在正文框中填写您的信件正文，如图 11－14 所示。

发件人
abcdefg_71@sina.cn
收件人
主 题
您好！
上传附件
添加超大附件
添加网盘附件
提示：您最多可以添加20个附件。
正 文
Simsun
14px
信纸
您好！
中秋节快乐！
保存到"已发送"
紧急
回执
定时发信
纯文本格式
发送
存草稿
取消

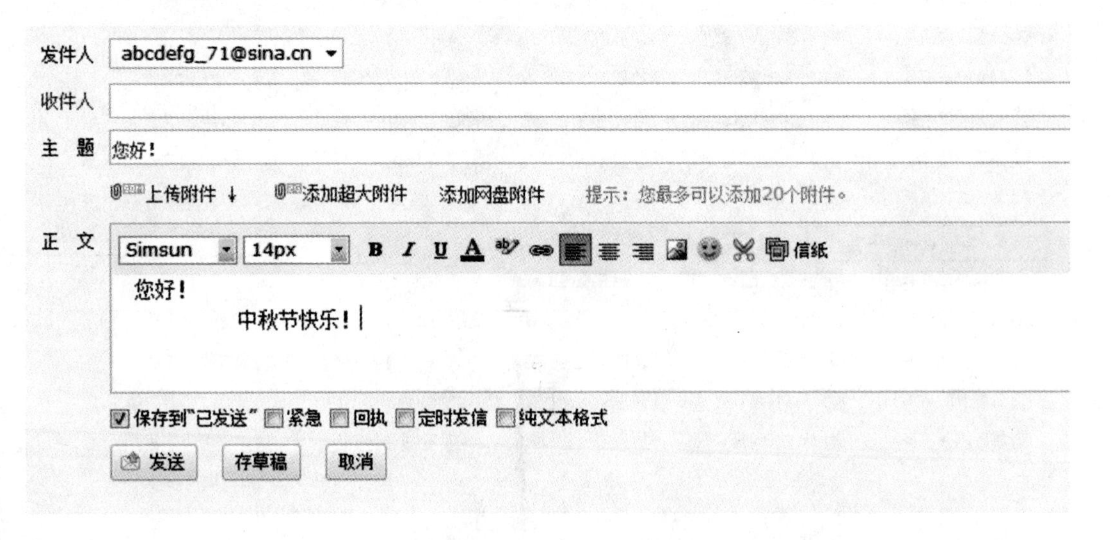

图 11－14　编辑信件

一切准备就绪，单击页面上方或下方任意一个【发送】按钮，邮件就发出去了。

11.2.6 文件的上传和下载

1. 什么是下载区

网页上提供的供人们下载各种对象的一些超链接，一般附有：单击下载、下载、快速下载等字样，如图 11-15、图 11-16 所示。

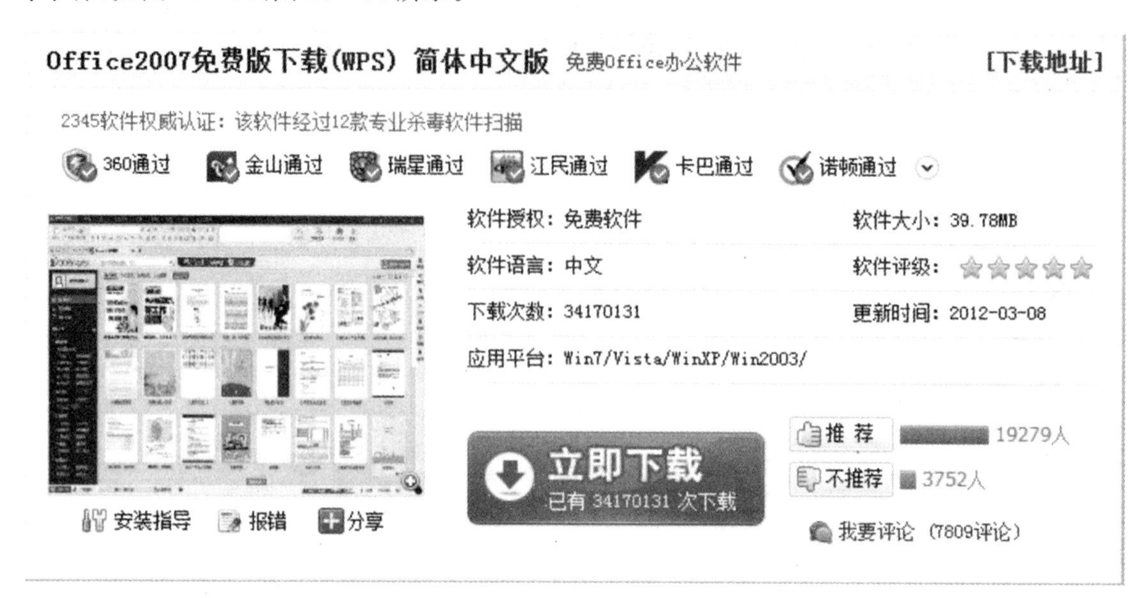

图 11-15 下载区

图 11-16 下载地址

2. 以天空软件站为例下载“Office 2007”

(1) 单击下载专区中的某一个超链接，如图 11-17 所示。

(2) 出现对话框，如图 11-18 所示。

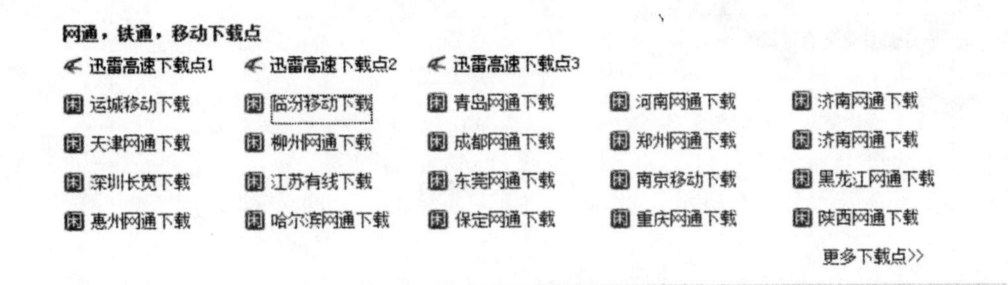

图 11－17　选择下载地址

图 11－18　对话框

(3) 指定位置并修改名称后单击【确定】,如图 11－19 所示。

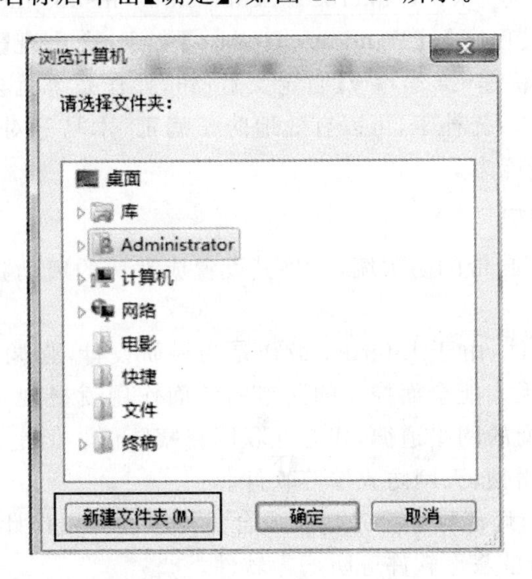

图 11－19　路径选择

(4) 下载当中,可出现下载进度界面,如图 11－20 所示。

(5) 回到指定位置可看到压缩包,解压后看到程序安装图标。

图 11-20 下载进度

11.2.7 Windows 与 Internet 的安全维护

为了能更方便地使用 Internet,除了熟练掌握操作系统及 IE 浏览器的使用与参数设置外,还要根据微软提供的补丁程序,不断更新相关软件的版本,以修复设计错误和安全漏洞。另外,通过网络下载、安装一些免费软件也可以提高 Internet 的应用质量。

1. 利用微软网站升级软件

微软设有中英文网站提供在线服务。它比较常用的中文网址有:

(1) 微软(中国)主页地址为http://www.microsoft.com/china/。

(2) 微软下载中心地址为www.microsoft.com/china/msdownload/default.asp。

也可以执行【开始】|【程序】|【Windows Update】命令,会出现【Microsoft Windows Update】的网页窗口。单击【快速(推荐)】或【自定义】按钮,操作系统就会自动地完成更新操作。

通过及时地安装操作系统补丁,可以有效地防止病毒、木马等对系统的入侵,从而提高系统的安全性和抗病毒攻击能力。

2. Internet 的安全维护

(1) 使用 Windows 7 自带的防火墙,应将其设置成默认的启动状态,拦截一些非法入侵,当然其功能有限。

(2) 使用网络安全软件,由于 Internet 最初是为科研设计,强调"开放"、"共享"、"自由",当将其推向社会时,这个无人能全面控制的网络的负面作用就显现出来了。各国都在制定有关互联网的法令,弘扬高尚的网络道德,建立互联网督察队伍。但是为了用户计算机及信息的安全,应在用户机上安装诺顿、天网防火墙等软件。

(3) 安装防病毒软件,病毒程序都是伪装成合法程序进入用户计算机的,只能通过杀毒软件发现并清除。可使用瑞星杀毒软件等防病毒软件。

防火墙及杀毒软件一般都提供在线升级或免费下载升级程序。

11.3 案例总结

本案例主要介绍了计算机的定义、计算机的发展和特点,在学习操作的同时,全面了解计算机。另外也讲解了我们在生活、工作和学习中经常用到的信息的采集和传输的工具，比如用来在局域网中上传和下载文件的 FTP、为了避免重复输入的收藏夹、方便沟通的电子邮件、信息采集文件的上传和下载，以及涉及系统及网络安全的一些常识。

11.4　实践训练

（1）计算机内部采用二进制的原因。

（2）在 Internet Explorer 浏览器中，运用搜索引擎谷歌或百度，搜索有关“神州十号飞船”的网页。在搜索结果中，打开浏览某个网页，再将该网页添加到 IE 收藏夹。

（3）上机的时候登录 FTP 网站 Ftp://192.168.1.250，选择文件或文件夹下载到本地机。

（4）给自己发一封电子邮件，主题为“国庆快乐”，正文自定，附件为制作好的一张明信片，再给联系人列表中的某个联系人发一封内容自定的邮件。

参考文献

[1] 许晞.计算机应用基础[M].北京：高等教育出版社，2007.
[2] 阳东青，徐也可，谢晓东，等.计算机应用基础项目教程[M].北京：中国铁道出版社，2010.
[3] 郭贺彬.计算机应用基础[M].北京：北京航空航天大学出版社，2008.
[4] 周利民，刘虚心.计算机应用基础 Windows7 + office2010[M].北京：南开大学出版社，2013.
[5] 龙马工作室. Word2010 办公应用实战从入门到精通[M].北京：人民邮电出版社，2013.

尊敬的读者：

您好！

感谢您选用北京航空航天大学出版社出版的教材！为了更详细地了解本社教材使用情况，以便今后出版更多优秀图书，请您协助我们填写以下表格，并寄至：北京市海淀区学院路 37 号·北京航空航天大学出版社·理工事业部 收（100191）。

您也可以通过电子邮件**索取本表电子版**，填写后发回即可。联系邮箱：goodtextbook@126.com。咨询电话：010-82317036，82317037。

我们重视来自每一位读者的声音，来信必复。对选用教材的教师和提出建设性意见的读者，还将**赠送精美礼品**一份。期待您的来信！

北京航空航天大学出版社·理工事业部
http://blog.sina.com.cn/ligongbook

北京航空航天大学出版社

教材信息反馈表

书名：______________ 作者：__________ 书号：ISBN 978-7-__________

★ 读者简要信息

姓名：______ 年龄：____ 职业：□教师 □学生 □其他__________（请填写）

文化程度：□研究生（硕博） □本科 □高职高专 □其他__________（请填写）

★ 联系方式（至少填 2 种）

电话/手机：________ E-mail：__________ QQ/MSN：________

使用院校：______________ 使用年级：________ 学年用量：______册

礼品寄送详细地址：______________________________）

★ 您此前关注过北航出版社吗？

□一直关注 □有时会关注 □有点儿印象 □没印象 □从来不关注任何出版社

★ 您如何获知本书？

□教师、同学、学长推荐 □同行、同事、朋友推荐 □报纸、杂志等平面媒体宣传

□图书经销商推荐 □新华书店宣传 □网上书店宣传 □网络论坛宣传 □偶遇

★ 您如何购买本书？

□学校订购 □网上书店 □新华书店 □校园书店 □其他__________（请填写）

★ 您希望我们通过何种方式向您推荐教材？

□寄信 □电子邮件 □电话 □QQ 等即时通讯工具 □其他__________（请填写）

★ 您对本书的评价——

内容质量 □很满意 □比较满意 □不太满意 □很不满意 □无所谓
纸张质量 □很满意 □比较满意 □不太满意 □很不满意 □无所谓
印装质量 □很满意 □比较满意 □不太满意 □很不满意 □无所谓
封面设计 □很满意 □比较满意 □不太满意 □很不满意 □无所谓
版式设计 □很满意 □比较满意 □不太满意 □很不满意 □无所谓
增值服务 □很满意 □比较满意 □不太满意 □很不满意 □无所谓

以上几项中，您最看重的是：

□内容质量 □纸张质量 □印装质量 □封面设计 □版式设计 □增值服务

★ 您希望得到本书的何种配套服务产品？

□电子课件 □习题答案 □程序源代码 □试卷 □其他______________（请填写）

★ 您还用过北京航空航天大学出版社的哪些书？

（1）______________________________

（2）______________________________

（3）______________________________

★ 您对本书有何具体意见及建设性意见？

★ 您对我社教材有何整体意见及建设性意见？

再次感谢您的支持！别忘了寄给我们，有精美礼品赠送哦！